高等学校安全科学与工程类系列教材

安全系统工程

马会强　主编

张园园　李　爽　副主编

化学工业出版社

·北京·

内容简介

本书以系统的思想为基础和统领，从闭环解决系统安全问题的角度出发，安排以下内容：第 1 章安全系统工程概论，第 2 章危险、有害因素辨识，第 3 章系统安全定性分析，第 4 章系统安全定量分析，第 5 章系统安全评价，第 6 章系统安全预测与决策，第 7 章系统安全控制。教材精选的 87 个案例，充分融入了工程实践成果，反映了专业新进展，有较强的实践性。全书推荐延伸阅读文献 453 篇，充分体现了知识先进性和系统性。本书特别加入了危险、有害因素辨识和系统安全控制的内容，以及 HAZOP 计算机辅助应用、贝叶斯算法、人因可靠性分析方法、蚁群算法、大数据控制等人工智能领域的前沿知识，完善了安全系统工程知识体系。本书中的拓展阅读、延伸阅读文献、复习思考题答案可扫描二维码阅读。

本书可作为高等学校安全科学与工程类相关专业教学使用，亦可供安全工程领域从业人员参考阅读。

图书在版编目（CIP）数据

安全系统工程/马会强主编；张园园，李爽副主编. —
北京：化学工业出版社，2024. 8
　ISBN 978-7-122-45741-7

　Ⅰ. ①安… Ⅱ. ①马… ②张… ③李… Ⅲ. ①安全系
统工程 Ⅳ. ①X913. 4

中国国家版本馆 CIP 数据核字（2024）第 107628 号

责任编辑：郝英华 　　　文字编辑：刘建平　李亚楠　杨振美
责任校对：李　爽 　　　装帧设计：关　飞

出版发行：化学工业出版社
　　　　　（北京市东城区青年湖南街 13 号　邮政编码 100011）
印　　装：大厂聚鑫印刷有限责任公司
787mm×1092mm　1/16　印张 15　字数 553 千字
2024 年 9 月北京第 1 版第 1 次印刷

购书咨询：010-64518888　　售后服务：010-64518899
网　　址：http://www.cip.com.cn
凡购买本书，如有缺损质量问题，本社销售中心负责调换。

定　　价：58. 00 元
版权所有　违者必究

安全系统工程是安全科学的重要内容之一，是安全科学与工程类本科专业的核心课程，是安全工程专业学生考研必考科目之一，是部分高校安全科学与技术研究生专业的必修课程。

本书编写的主要目的是为安全工程专业学生提供适用的教材，同时为安全工程专业学生考研和安全工程领域在职人员学习提供一份有价值的参考资料。编者在考虑不同层次本科院校课程差异的前提下，编写了这本内容全面而丰富，实践性和可操作性强，能够紧跟时代发展前沿，涵盖计算机辅助应用、人工智能、新模型、新算法的《安全系统工程》教材。

本书以"安全＋石化＋智能"交叉融合为主线，围绕新能源、新材料、智能及高端装备制造、人工智能等前沿领域编写具有石油化工特色的内容，将学科/专业新进展、实践新经验、社会需求新变化及时编入教材。注重引入新理论、新知识、新技术、新方法及工程技术最新实践成果，为读者提供了大量的工程实践应用案例。本书每章还单独设计了能够培养学生实践能力的拓展应用案例。每章末尾均附有大量的拓展阅读文献，可以供工程技术人员和研究生参考学习；增加计算机辅助化工计算、模拟、评价、决策、控制与优化等内容，特别编入了 HAZOP 计算机辅助应用、贝叶斯算法、人因可靠性分析方法、蚁群算法、大数据控制等人工智能领域的前沿知识，能够为读者架起一座从传统系统安全分析方法通向人工智能安全分析方法的桥梁，方便读者打开机器学习、深度学习、人工智能风险评估的大门。特别为读者提供了危险、有害因素辨识和系统安全控制的内容，方便读者从理论到实践，全面地分析、评价、控制系统的危险、有害因素。

全书以系统的思想为基础和统领，从闭环解决系统安全问题的角度出发，安排以下内容：第 1 章安全系统工程概论（张园园、安会勇编），第 2 章危险、有害因素辨识（马会强、张园园编），第 3 章系统安全定性分析（张园园、李爽编），第 4 章系统安全定量分析（马会强、张园园编），第 5 章系统安全评价（张园园、李爽编），第 6 章系统安全预测与决策（马会强编），第 7 章系统安全控制（张园园、张莹莹编），电子资源、拓展应用案例（张园园、秦毅、赵龙等编）。

本书配套电子课件可提供给采用本书作为教材的院校使用，如有需要，可登录 www. cipedu. com. cn 注册后下载使用。

特别感谢辽宁石油化工大学的赵龙博士、韩聪老师，上海第二工业大学的许芹副教授， WOOSUK UNIVERSITY 的张泽晨博士、张涛博士，恒力重工集团的安全总监王欢先生，中油国际管道公司的肖博舰高工，徐州格雷安环保设备有限公司的张雷工程师，辽宁石油化工大学的张继国高工、孙麟副教授、姚彦桃副教授、刘晓培老师等对本书编写工作的大力支持，他们丰富的实践和教学经验为本书提供了宝贵的案例素材。

最后希望本书有助于事故预防，能够为我国培养复合型安全专业人才做出贡献，为安全专业考研学生专业课复习提供支持。由于编写人员的水平有限，在编写过程中难免出现疏漏之处，敬请读者多加指正！

编　者

2024 年 4 月

目录

第 3 章　系统安全定性分析/ 43

第 4 章 ▶ 系统安全定量分析 / 74 ◀

第 5 章 ▶ 系统安全评价 / 125 ◀

第 6 章 ▶ 系统安全预测与决策 / 188 ◀

第 7 章　系统安全控制 / 213

附录 / 223

复习思考题答案 / 229

安全系统工程概论

本章学习目标

① 掌握系统、安全系统、系统工程、安全系统工程的定义。

② 理解系统的特征、系统工程的特征，熟悉系统工程的基本观点与安全系统工程相关的概念。

③ 了解系统的分类，了解安全系统工程的研究内容、研究对象，了解安全系统工程的发展概况、应用特点。

从古至今，安全这一概念总与人类的生存密切相关。原始人懂得在其居住的部落周围挖掘出沟壕以防止野兽的袭击，奴隶社会人们从狩猎和农业实践中认识到凶猛野兽和自然现象对人类的危害，发明了一些简单的防护办法。其后，由青铜器到铁器时代，防护器械随生产工具的进步而发生了质的飞跃。

随着生产的发展和技术的进步，人们对安全技术的要求也越来越高。特别是自18世纪60年代工业革命以来，由于使用了蒸汽机，每年锅炉爆炸致使成千上万人死亡。19世纪末期至20世纪初期，西方世界进入资本主义发展时期，工业生产规模不断扩大，煤矿、化工、水运、堤坝、土木等工程经常发生涉及数百人甚至上千人的重大伤亡事故。生产条件恶化，工伤事故和职业病日益严重，引起了人们的不安和广泛的关注。为加强管理，各国政府纷纷制定了有关安全法令，用法律来促使企业对安全的重视，并重视对安全技术的研究，从而使安全逐步形成一个综合性的学科。

21世纪的今天，工业技术进步所带来的对人类的威胁和损害，引起人们对安全更为广泛的重视。当前是我国历史上最重视安全生产的时期，为提高安全生产水平，新方针、新体制和新法规不断推出，安全防护技术和管理方法也不断创新。为避免事故的发生，人们在长期的实践中，创造和总结了预防事故的办法。归结而言，可以把这些办法分成问题出发型和问题发现型两大类。

问题出发型办法指的是在事故发生后，为吸取其经验教训而确立的，进行事故预防的安全工作法，是一种凭经验孤立被动的安全工作方法。它的特点是纵向分科、界限明显，各学科间相互独立、自我封闭，只能实现单项工作安全，即只能针对已经出现失误或事故的某项具体工作提出安全对策，事后处理仅局限于对在过去时间里已发事故的经验教训的总结。不具备对事故进行预测的手段和模型，对事故难以防患于未然，安全工作落后于生产发展。

问题出发型办法就是通常所说的传统安全工作方法。传统安全工作方法的产生和发展基于特定的社会生产力发展阶段，虽然为防止事故做出了贡献，但仍存在不少的缺点。这类工作方法凭经验处理生产系统中的安全问题多，由表及里地深入分析，发现潜在的事故隐患少，难以彻底改善安全面貌；或定性的概念多，而定量的概念少，解决安全问题时总是片段地和零碎地进行，以致形成"头痛医头，脚痛医脚，到处堵塞漏洞"的被动局面。

问题发现型工作方法是从系统内部出发，研究各构成要素之间存在的安全上的联系，系统地分析系统存在的各种危险，查出可能导致事故发生的各种潜在因素及其发生途径，通过优化系统设计、改造或重建原有系统来降低或消除系统的危险性，把系统发生事故的可能性降低到最小。这是利用安全系统工程控制事故发生的方法，即安全系统工程工作方法。

科学技术的进步和生产的发展引起了从生产工具到劳动对象、生产组织和管理的一系列变革，同时给安全工作带来了许多新的问题，使人们深深地认识到传统安全工作方法已不能适应生产的快速发展。因此，安全工作者总想找出一个方法，能够事先预测事故发生的可能性，掌握事故发生的规律，做出定性和定量的评价，以便能在设计、施工、运行和管理等各环节中对事故实现预警、控制及减轻事故后果等功能，达到控制事故的目的。

安全系统工程就是为了达到这一目的而产生和发展起来的，以系统论、信息论、控制论等为理论基础，以安全工程、系统工程、可靠性工程的原理和方法为手段，以安全管理、安全技术和职业健康为载体，对研究对象中的风险进行辨识、评价、控制和消除，以期实现系统及其全过程安全的新兴学科。

1.1 系统

1.1.1 系统的定义

系统的概念，来源于人类社会的实践经验，并在长期的社会实践中不断发展并逐渐形成。系统在《辞海》中的解释为：两个或两个以上相互有关联的单元，为达成共同任务时所构成的完整体。

一般系统论的创始人——奥地利的贝塔朗菲指出："系统的定义可以确定为处于一定的相互关系中，并与环境发生关系的各组成部分的总体。"

我国科学家钱学森对系统的定义为："把极其复杂的研究对象称为系统，即由相互作用和相互依赖的若干组成部分结合成的具有特定功能的有机整体，而且这个系统本身又是它所从属的一个更大系统的组成部分。"

虽然对于系统概念有多种理解，但其基本意义大致相同，即系统是由相互作用、相互依赖的若干组成部分结合而成的具有特定功能的有机整体。任何一个系统都应符合以下几个条件：必须由两个或两个以上的元素所组成，元素间互有联系和作用，元素有着共同的目的和特定的功能，元素受外界环境和条件的影响。

系统是一种由若干元素组成的集合体，人们用它来完成某种特殊功能。系统中的每一个元素间相互联系、相互渗透、相互促进，彼此间保持着特定的关系，以保证系统所要达到的最终目的。一旦元素间特定的关系遭到破坏，就会造成工作被动和不必要的损失。

客观世界由大大小小的系统组成。组成系统的元素或者子系统又由一定数量的元素组成，各有其特定的功能和目标。它们之间相互关联，分工合作，以达到整体的共同目标。例如科学技术系统包括七个基本元素，即机构、法、人、财、物、信息和时间七个子系统。它们集合在一起的共同目标是多出成果，快出人才，推动国民经济向前发展。而科学技术系统又是人类社会经济大系统的一个组成部分，或者说是一个子系统。

任何一个团体、工厂、企业都可称为一个系统，在这个系统中，包含管理机关、运行体系，继续往下分，就又出现一个系统，我们称其为子系统，它们包括班组及其成员等。

1.1.2　系统的分类

按照不同的分类标准可把系统划分成以下类型。

（1）按照系统的起源划分

① 自然系统。由自然物组成的系统。它是由自然现象发展而来的，如太阳系、银河系、原子结构、山脉系统、河流系统、森林系统、矿产系统等。

② 人造系统。由人类按一定的目的设计和改造而成的，并由人的智能或机械的动力来完成特定目标的系统。如政府机构、民间团体、交通运输系统、电力传输系统、企业系统等。

（2）按照系统与环境的关系划分

① 开放性系统。与外界环境发生联系的系统。

② 封闭性系统。与外界环境隔绝或不受外界环境影响的系统。

（3）按照组成系统的要素存在形态划分

① 实体系统。组成系统的元素是实体的、物理方面的存在物。

② 概念系统。以概念、原理、原则、方法、制度、程序等非物理方面的存在物组成的系统。

（4）按照系统与时间的依赖关系划分

① 静态系统。决定系统特性的一些因素不会随时间的变化而变化的系统。

② 动态系统。决定系统特性的因素随时间的变化而变化的系统。

（5）按照物质运动的发展阶段划分

① 无机系统。如力学系统、物理学系统、化学系统等。

② 有机系统。如生物系统等。

③ 人类社会系统。如管理系统、经营系统、作业系统等。

（6）按照系统包含的范围划分

① 大型系统。如生态平衡系统等。

② 中型系统。如工程系统等。

③ 小型系统。如班组管理系统等。

（7）按照系统的构成划分

① 简单系统。由性质相近的若干部分组成的系统，如物资系统等。

② 复杂系统。由人造系统和自然系统相结合的系统，如农业系统、企业系统、武器系统以及社会经济大系统等。

（8）按照系统的功能划分

① 环境系统。自然系统和人类社会共同组成的大系统，以及与所要研究的系统周围具有一定关系的系统。

② 军事系统。由军人组成的、保卫国家和本国人民安全以及对世界和平做出贡献的整个系统。

③ 安全系统。由人、机、料、法、环等组成的维持社会团体、机关、企业等安全运行的系统。

某些系统的形态并不是一成不变的，它是随着人们认识客观世界的深度，以及改造客观世界的需要，按照人们提出的分类标准进行划分的。在实际工作中这些系统也并非孤立存在的，有时是相互交叉、相互依存、相互对立和相辅相成的。

1.1.3 系统的特征

从系统的定义可以看出系统具有整体性、目的性、阶层性、相关性、环境适应性、动态性六个基本特征。

（1）整体性

系统是由两个或两个以上相互区别的要素（元件或子系统）组成的整体，而且各个要素都服从实现整体最优目标的需要。构成系统的各要素虽然具有不同的性能，但它们通过综合、统一（而不是简单拼凑）形成的整体就具备了新的特定功能。就是说，系统作为一个整体才能发挥其应有功能。所以，系统的观点是一种整体的观点，是一种综合的思想方法。

（2）目的性

任何系统都是为完成某种任务或实现某种目的而发挥其特定功能的。要达到系统的既定目的，就必须赋予系统规定的功能，这就需要在系统的整体生命周期内，即系统的规划、设计、试验、制造和使用等阶段，对系统采取最优规划、最优设计、最优控制、最优管理等优化措施。

（3）阶层性

系统阶层性主要表现在系统空间结构的层次性和系统发展的时间顺序性。系统可分成若干子系统和更小的子系统，而该系统又是其所属系统的子系统。这种系统的分割形式表现为系统空间结构的层次性。另外，系统的生命过程也是有序的，它总是要经历孕育、诞生、发展、成熟、衰老、消亡的过程，这一过程表现为系统发展的阶层性。系统的分析、评价、管理都应考虑系统的阶层性。

（4）相关性

构成系统的各元素之间、元素与子系统之间、系统与环境之间都存在着相互联系、相互依赖、相互作用的特殊关系，通过这些关系使系统各元素有机地联系在一起，发挥其特定功能。即系统的各元素不仅都为完成某种任务而起作用，而且任一元素的变化也都会影响其任务的完成。有些元素彼此关联，有些元素相互排斥，有些元素则互不相干。例如生产班组管理系统的人员增加或减少，就会影响到设备装置、工时安排的改变。

（5）环境适应性

系统是由许多特定部分组成的有机集合体，而这个集合体以外的部分就是系统的环境。一方面，系统从环境中获取必要的物质、能量和信息，经过系统的加工、处理和转化，产生新的物质、能量和信息，然后再提供给环境。另一方面，环境也会对系统产生干扰或限制，即约束条件。环境特性的变化往往能够引起系统特性的变化，系统要实现预定的目标或功能，必须能够适应外部环境的变化。研究系统时，必须重视环境对系统的影响。

（6）动态性

世界上没有一成不变的系统。系统不仅作为状态而存在，而且具有时间性的程序。整个人类社会和自然环境的运行中，系统中的各个元素、子系统，都是随着时间的改变而不断改变的。

1.1.4 系统方法的地位和作用

系统方法是哲学方法和其他科学研究方法之间的中间环节，是唯物辩证法的具体化和实际运用，也是科学理论与实践相结合的工具。它广泛适用于科学研究的各个阶段和各个环节，贯穿于科学研究和人类社会实践的全过程。如今许多传统的研究方法，正在受到或将要受到系统方法的冲击和洗礼。

（1）系统方法是哲学方法和其他科学研究方法之间的桥梁

随着现代科学技术的发展和方法论研究的深入，各种科学的研究方法按照其概括程度和适用范围的不同，分别处于不同的层次。目前，科学方法论按水平方向描述，一般可分为三个层次。

① 哲学方法：探讨一切科学普遍适用的方法原理，它既能指导自然科学研究，也能指导社会科学研究。

② 一般科学方法：探讨自然科学和社会科学共同适用或分别适用的一些原则和方法。它具有跨学科性质，能够从一门学科转移到另一门学科。一般科学方法包括数学方法、控制论方法、信息方法、系统方法和基本的逻辑方法，它们是自然科学和社会科学都适用的。观察方法和试验方法等适用于自然科学，社会调查和典型试验等适用于社会科学，这两类方法也列入一般科学方法的范畴。

③ 专门科学方法：探讨各门学科专门的具体方法和技术。例如在安全管理系统中，运用安全系统工程的事故树分析方法来预测事故发展的规律性等。

系统方法在方法论体系中的地位属于第二层次，发挥一般科学方法的功能。它在辩证法的指导下形成自己的方法论，在各门学科运用系统方法的基础上概括出一套专门的概念工具。

系统方法为科学知识数学化提供中间过渡模式，加快了各门科学数量化的进程。以控制论为理论指导的功能模拟方法，是以事物、机器以及社会现象中所普遍存在的某些功能和行为的相似性为基础，模拟原型的功能和行为的方法。以信息论为基础的信息方法，就是把有目的的运动，看作一个信息的获取、传递、加工和处理的过程，把系统内外各种因素的相互关系，看作信息的交换过程而加以研究的方法。功能模拟方法和信息方法作为系统方法的研究范围，从其概念可知它们之间的关系是十分密切的。

系统方法在研究社会现象时，比其他任何方法更能把分析和综合、归纳和演绎等方法有机地结合起来。因而为应用数理逻辑方法和现代电子计算机开辟了广阔的道路。

由此可见，系统方法一方面与哲学方法——唯物辩证法直接衔接，另一方面又与其他科学方法紧密结合，它在促进科学方法论知识的整体化，加强哲学与自然科学、技术科学、社会科学的联系方面，发挥着越来越重要的作用。

（2）系统方法既是确定目标的方法，又是实现目标的方法

各种科学研究方法，按照它们在认识过程中的功能一般可分为确定目标的方法和实现目标的方法。实现目标的方法又分为接收信息的方法和加工信息的方法。前者包括观察方法、试验方法以及调查方法，后者包括分析法和综合法、归纳法和演绎法、科学抽象法等。这样，科学方法论体系就形成一种垂直方向的结构。系统方法则横贯并作用于各种科学研究方法，在确定目标和实现目标两个方面，都形成了一些新的专门方法和技术。

系统方法在确定目标方面发挥的重要功能是加强了传统的科学方法论研究中主要关心和侧重实现目标的方法，而忽视了确定目标方法的研究这个比较薄弱的环节。确定目标的过程也是一个认识过程，其中包括接收信息、获得感性材料以及加工信息、整理感性材料，上升到理性认识两个阶段。随着科学技术的进步和社会的发展，人们在现代的科学研究活动中创造和发展了一系列先进方法。如系统分析，使确定目标的方法程序化、精确化，从而使这种方法的效果达到最佳化。

系统分析要求对特定的问题进行周到和必要的调查，掌握大量数据资料，运用数学方法和计算机进行精确运算，针对目标制订各种可行和适用的方案，提出可行的建议，帮助决策者进行最佳决策。它全面贯彻了系统方法的基本原则。实践证明，这是确定目标和制订计划的现代化的科学方法。

1.2 系统工程

系统工程是系统科学中改造客观世界，并使改造过程合理化的一门技术。它以运筹学、控制论、信息论、系统论中一些具有普遍意义的基本理论为指导，在自然科学、社会科学以及工程建设和管理中发挥作用。多年来，许多学者和科学家一直在探索将系统工程的理论和原理运用到安全管理方面，并逐步发展为安全系统工程，使之成为安全科学中的主要分支。

1.2.1 系统工程的发展概况

19世纪后半叶及20世纪初先后出现了电子系统工程学、控制系统工程学、人机系统工程学等学科，大大促进了20世纪科学技术（如航天技术以及计算机技术）的发展，同时，也促使军事技术迅速发展，在第一次和第二次世界大战中得到广泛的应用。

20世纪30年代末，一批科学家研究雷达系统的运用问题，创造了"运筹学"一词来命名这个应用科学的新分支。在第二次世界大战期间，运筹学逐步推广到军事决策和战争指挥，著名的大西洋潜艇战役和北非登陆战役，都借助于运筹学取得了胜利，这是系统工程的萌芽。

20世纪40年代初，贝尔电话公司首先创造了"系统工程"这一学科名称，在发展微波通信网络时，初步运用了系统工程的方法。随后，贝尔公司和丹麦哥本哈根电话公司在电话自动交换机的工程设计中运用了系统方法。1940年，爱因斯坦等科学家提出研制原子弹的建议，罗斯福采纳后，请理论物理学家奥本海默来组织领导这项军事科研生产计划。他动员了15000名科学家和工程师，组织各种专业科技人员进行全面合作。在执行计划的过程中，奥本海默从整体出发，把研究课题逐级分解为许多小课题，组织相应的小组分别从事各个相同或不同课题的研究工作。他非常重视各项课题之间的联系，注意它们的等级和层次，随时进行协调，使所有课题结合起来达到整个计划的最优结构。在生产原子弹材料的中心研究项目方面，他组织大家仔细研究，提出六七千个方案同时试验，在实践中比较优劣。1944年5月，第一颗原子弹爆炸成功，这是大规模地组织起来顺利地完成一项军事科研生产任务的著名实例，是系统工程方法应用的胜利。

1967年，阿波罗登月计划的实现，是正式运用系统工程的巨大成功。这一规模巨大的载人登月计划，参加的科学家和工程师达42万人，投资300亿美元，参加单位2万多个，历时11年完成全部任务。这是科技史上的伟大壮举，它标志着人类在组织管理的技术方面正在走向一个新的时代。同时，世界范围内重大事故频频发生，引起了人们对系统可靠性和安全性的研究和开发的高度重视，出现了运用系统的原理和方法对系统安全进行研究的科学方法，为其他科学领域的飞跃提供了可靠的理论基础和实践基础。

钱学森对系统工程的建立和发展，做出了重大的贡献。他提出了一个清晰的现代科学技术的体系结构，认为从应用实践到基础理论，现代科学技术可以分为四个层次：第一个层次是工程技术，第二个层次是直接为工程技术做理论基础的技术科学，第三个层次是基础科学，第四个层次是通过进一步综合、提炼达到最高概括的马克思主义哲学。整个科学技术包括自然科学、社会科学、系统科学、思维科学和人体科学五大门类。这就给系统工程一个确切的描绘，进而论述了系统工程在整个系统科学体系中所处的地位。

系统工程在我国已受到普遍的重视和应用，在全面质量管理、计划评审技术、库存管理、价值工程等方面的应用都取得了显著效果，在生态、区域、能源规划和人口控制、教育系统以及各类工程系统中也得到了较好的应用。

1.2.2　系统工程的定义

传统的"工程"概念指的是生产技术的实践。它往往以"硬件"作为其目标和对象，如采矿工程、桥梁工程、电气工程等。它所研究的对象主要是人力、材料、价格等。系统工程的"工程"目标和对象既包括"硬件"，也包括"软件"，如人类工程、生态工程等，它泛指一切由人参加的，以改变系统某一特征为目标的工作过程，其含义较传统概念中的"工程"更为广泛。

系统工程是以系统为研究对象，以现代科学技术为研究手段，以系统最佳化为研究目标的工程学，是对系统进行合理规划、研究、设计和运行管理的思想、步骤、组织和技巧等的总称，它是以实现系统最优化为目的的一门基础科学，是一种对所有系统都具有普遍意义的科学方法。

这个定义表示：系统工程的研究对象是系统；系统工程属工程技术范畴，主要是组织管理各类工程的方法论，即组织管理工程；系统工程的目的是实现系统的最优目标，是解决系统整体及其全过程优化问题的工程技术；系统工程对所有系统都具有普遍适用性。

系统工程的开发和应用并不排斥或替代传统工程，而是以系统的观点和方法为基础，运用先进的科学技术和手段，从全面、整体、长远出发去考察问题，拟订目标和功能，并在规划、开发、组织、协调各关键时刻，进行分析、综合、评价，求得优化方案，然后用行之有效的方法去进行工程设计、生产、安装，建造新的系统或改造旧的系统。总之，系统工程是一门特殊工程，它不仅是一门应用科学管理技术，而且还是一门跨越各学科领域的新兴科学。它是一种管理方法，是一种用于管理系统的规划、研究、设计、制造、实验和使用的科学方法。

1.2.3　系统工程的特征

系统工程的基本原理就是用管理工程的办法组织管理整个系统。它以系统为对象，把要组织和管理的事物，用概率、统计、运筹和模拟等方法，经过分析、推理、判断和综合，建成某种系统模型，以最优化的方法，求得最佳化的结果。使系统达到技术性、经济性、时间性、协调性等综合最优效果。因此，它具有以下特征。

① 优化的方法使系统达到最佳。

② 与具体的环境和条件、事物本来的性质和特征的密切相关性。

③ 它着眼于整个系统的状态和过程，而不拘泥于局部的、个别的部分，它表现出系统最佳途径并不需要所有子系统都具有最佳的特征。

④ 它包含着深刻的社会性，涉及组织、政策、管理、教育等上层建筑因素。

⑤ 它的精华在于它是软技术，即在科学技术领域，由重视有形产品转向更加重视无形产品带来的效益。

1.2.4 系统工程的基本观点

根据系统工程的特征，在处理问题时，以下一些系统工程的基本观点是值得强调的。

（1）全局观点

就是强调把要研究和处理的对象看成一个系统，从整个系统（全局）出发，而不是从某一个子系统（局部）出发。例如美国喷气推进实验室早就研究过喷气发动机。后来美国陆军希望搞一个"下士"导弹系统，它涉及弹头、弹体、发动机和制导系统等。当时想用该实验室研制的发动机，由于开始没有从总体考虑，只是把已有的东西（各个系统）进行了拼凑，虽然可以使用，但造价昂贵，不便维修，很不成功。后来搞"中士"导弹系统，该实验室提出要参与整个导弹系统的设计，即对全系统的"特定功能"有所了解，而且要求了解设计、生产、使用的全部过程，结果"中士"导弹系统各个方面的功能得以大大改进。

全局性的观点承认并坚持：凡是系统都要遵守系统学第一定律，即系统的属性总是多于组成它的元素在孤立状态时的属性；在复杂系统内部或这个复杂系统和环境中其他系统之间，存在着复杂的互依、竞争、吞噬或破坏关系；一个系统可以在一定的条件下由无序走向有序，也可以在一定的条件下由有序走向无序；对于非工程系统的研究，必须保证模型和原系统之间的相似性等基本观点。

（2）总体最优化观点

人们设计、制造和使用系统最终是希望完成特定的功能，而且总是希望完成的功能效果最好。这就是所谓最优计划、最优设计、最优控制和最优管理和使用等。这里需要使用运筹学中的优化方法、最优控制理论、决策论等。值得注意的是近年来关于多目标最优性的讨论，由于考虑的功能很多，有的系统方案在这方面功能较好，而另一方面较差，很难找到一个十全十美的系统。因此在一些互相矛盾的功能要求中，必须有一个合理的妥协和折中，再加上定性目标的研究有时很难做到定量的最优化。因此，近年来有人开始提出"满意性"的观点，也就是总体最优性的观点。

系统总体最优性包含三层意思：一是空间上要求整体最优；二是从时间上要求全过程最优；三是总体最优性是从综合效应反映出来的，它并不等于构成系统的各个要素（或子系统）都是最优。

（3）实践性观点

系统工程和某些学科的区别是它非常注重实用，如果离开具体的项目和工程也就谈不上系统工程。正如钱学森指出的："系统工程是改造客观世界的，是要实践的。"当然，实践性并不排斥对系统工程理论的探讨和对其他项目系统工程经验的借鉴。

（4）综合性观点

由于复杂的大系统涉及面广，不但有技术因素，还有经济因素、社会因素等，仅靠一两门学科的知识是不够的，需要综合应用诸如数学、经济学、运筹学、控制论、心理学、社会学和法学等各方面的学科知识。由于一个人所掌握的学科知识有局限性，所以系统工程的研究需要吸收各方面的专家、领导、工程技术人员乃至有经验的工人参加，组成一个联合攻关和研讨小组开展工作。

（5）定性和定量分析相结合观点

运用系统工程来研究并解决问题，强调把定性分析与定量分析结合起来。这是因为在处理一些庞大而复杂的系统时，经典数学的精确性与这些大系统的某些因素的不确定性存在着不少矛盾。因此，在对整个系统进行定性分析和定量分析时，必须合理地将定性分析与定量分析有机地结合起来。脱离定性研究来进行定量分析，就只能是数字游戏，不能说明系统的本质问题；同样，只注意对系统进行定性分析，而不进行定量研究，就不可能得到最优化的结果。

1.3 安全系统工程

1.3.1 安全系统工程发展概况

安全系统工程在论著中正式出现在公众面前是在 1947 年 9 月美军航空科学院的一篇题为《安全工程》的论文中。随后的 20 多年里，多项标准规范相继出台，逐渐建立了安全系统工程的概念、设计、分析、综合等原则，使人们对系统安全认识不断深化。

另外，英国以原子能公司为中心，从 20 世纪 60 年代中期开始收集有关核电站故障的数据，采用概率的方法对系统的安全性和可靠性进行评价，后来进一步推动了定量评价的工作，并设立了系统可靠性服务所和可靠性数据库。

1974 年，美国原子能委员会发表了原子能电站事故评价有关报告（WASH-1400）。该项研究是在原子能委员会的支持下，由麻省理工学院的拉斯姆逊教授组织了十几个人，用时 2 年，花费 300 万美元完成的。报告中收集了原子能电站各个部位历年发生的事故，分析了发生的概率，采用了事故树和事件树分析方法，做出核电站的安全性评价。这个报告的发表引起了世界各国同行的关注。

日本引进安全系统工程的方法虽为时稍晚，但发展很快。自从 1971 年日本科学技术联盟召开了"可靠性安全学术讨论会"以来，他们在电子、航天、航空、铁路、公路、原子能、化工、冶金、煤炭等领域的研究工作十分活跃。日本于 1976 年公布的化工联合企业 6 段安全评价方法就包含了安全系统工程的内容。他们还推广事故树定性分析法，甚至要求每个工人都能熟练应用。

在我国，安全系统工程的研究、开发是从 20 世纪 70 年代中期开始的。最早始于事故树的研究和应用，其后安全系统工程的各类方法在各领域逐步得到了使用。到 20 世纪 80 年代中后期，人们研究的注意力逐渐转移到系统安全评价的理论和方法，开发了多种系统安全评价方法，特别是企业安全评价方法，重点解决了对企业危险程度的评价和企业安全管理水平的评价问题。自 20 世纪 80 年代，我国已将事故树分析（FTA）、事件树分析（ETA）、故障类型与影响分析（FMEA）等先后列入国家标准，有力地推动了安全系统工程的应用。

21 世纪以来，系统安全分析和评价仍然是安全系统工程学的主要内容，同时关于系统安全分析、评价、预测的方法越来越多，已经超出了早期安全系统工程课本上介绍的范围。各种关于分析和评价方法改进的论文也层出不穷。例如，在评价方法上出现了动态安全评价的概念，有学者提出应用 PHA-Pro 软件指导 HAZOP（危险与可操作性研究）方法分析，还出现了一些事故树分析软件。模糊数学和层次分析法两种方法是安全评价的主要方法，其次有神经网络、灰色系统理论、火灾爆炸指数评价法、GIS 遗传算法等，还有些研究人员将上述其中两种或者多种方法结合起来，形成了一些综合评价法，对于完善评价技术起到了积极作用。此外，还有递推算法、混沌理论、突变理论以及计算机辅助安全评价方法等，这些技术方法的使用，丰富了安全预测与安全评价的内容，也推动了学科发展。

由于恶性事故常造成严重的人员伤亡和巨大的财产损失，促使多国政府、立法机关立法或颁布法令，规定工程项目、技术开发项目都必须进行安全评价，并对安全设计提出明确的要求。日本《劳动安全卫生法》规定，由该国劳动基准监督署对建设项目实行事先审查和许可证制度。美国对重要工程项目的竣工、投产都要求进行安全评价。英国政府规定，凡未进行安全评价的新建生产经营单位不准开工。国际劳工组织也先后公布了《重大事故控制指南》（1988年）、《重大工业事故预防实用规程》（1990年）和《工作中安全使用化学品实用规程》（1992年），对安全评价提出了要求。2002年，欧盟在未来化学品白皮书中，明确危险化学品的登记注册及风险评价，作为政府的强制性指令。

我国从20世纪80年代开始，对于工业企业的安全评价、安全标准化建设、安全生产应急预案的编制、风险分级管控和事故隐患排查治理双重预防机制以相关法律、法规和标准的形式予以确立，如《中华人民共和国安全生产法》《中华人民共和国矿山安全法》《危险化学品安全管理条例》《安全评价通则》《安全预评价导则》《安全验收评价导则》《非煤矿山安全评价导则》《危险化学品经营单位安全评价导则（试行）》《关于加强建设项目安全设施"三同时"工作的通知》《煤矿安全评价导则》《企业安全生产标准化基本规范》《关于实施遏制重特大事故工作指南构建双重预防机制的意见》等。在上述的法律法规应用中都渗透了安全系统工程的思想与算法，如危险源辨识与风险评价等。

综上所述，安全系统工程的发展大致经历了以下四个阶段。

（1）军事产品的可靠性和安全性问题研究

安全系统工程的产生与应用来自人类长期的生活及生产积累，但正式以文献形式提出是始于20世纪40年代末，在此阶段产生了可靠性工程和用系统的方法来处理安全性问题。

（2）工业安全管理开始应用安全系统工程方法

如20世纪60年代初，核工业、化工工业开始应用事故树分析法（FTA）和故障类型与影响分析法（FMEA）等系统安全分析法和概率风险评价技术，逐步形成安全系统工程学科。

（3）安全系统工程方法广泛应用阶段

20世纪70年代以后，工业安全管理和工程广泛使用安全系统工程方法，形成了较为完整的安全系统工程学科并不断完善。安全系统工程不仅在各领域生产现场运用管理方法来预测、预防事故，而且是从机器设备的设计、制造和研究操作方法阶段就采取预防措施，并着眼于人-机系统运行的稳定性，保障系统的安全。

（4）安全系统工程新方法发展阶段

进入21世纪后，安全系统工程理论研究与应用不断发展，新的理论与方法不断创新，应用范围不断扩大。其内容包括辨识、预测、评价、控制、安全大数据和安全管理程序等。

1.3.2 安全系统工程的定义

安全系统工程是指应用系统工程的基本原理和方法，辨识、分析、评价、排除和控制系统中的各种危险，对工艺过程、设备、生产周期和资金等因素进行分析评价和综合处理，使系统可能发生的事故得到控制，并使系统安全性达到最佳状态的一门综合性技术科学。

对这个定义，可以从以下几个方面理解。

安全系统工程是系统工程在安全工程学中的应用，安全系统工程的理论基础是安全科学和系统科学，安全系统工程追求的是整个系统及系统运行全过程的安全，安全系统工程的核心是系统危险因素的识别、分析，系统风险评价和系统安全决策与事故控制，安全系统工程要达到的预期安全目标是将系统风险控制在人们能够容忍的限度以内，也就是在现有经济技术条件下，最经济、最有效地控制事故，使系统风险在安全指标以下。

由于安全系统工程是从根本上和整体上来考虑安全问题，因而它是解决安全问题的具有战略性的措施，为安全工作者提供了一个既能对系统发生事故的可能性进行预测，又可对安全性进行定性、定量分析的方法，从而为有关决策人员提供决策依据，并据此采取相应安全措施。

"安全系统工程"是"安全科学技术"一级学科下的三级学科。几十年来，许多经典的应用范例始终激励人们进行不懈探索，不断充实和发展其自身的理论体系，以期实现更好的应用效果。为了使更多的人了解安全系统工程，提高其普及性和实用性，有必要进一步明确安全系统工程的相关思想和基本概念。

1.3.3　与安全系统工程相关的基本概念

（1）安全

"安全"是人们频繁使用的词汇。"安"字是指不受威胁，没有危险，即所谓"无危则安"，"全"字是指完满、完整、齐备或是指没有伤害、无残缺、无损坏、无损失等，可谓"无损则全"。安全通常是指人和物在社会生产生活实践中没有或不受或免除了侵害、损伤和威胁的状态。对安全的理解主要有以下几点。

无伤害、无损伤、无事故灾害发生，这些只是安全的表征，不是安全的本质。安全的本质在于能够预测、分析系统存在的危险，并控制、消除危险。不能预测、控制或消除危险的暂时的平安无事不是真正的安全。仅凭人们自我感觉的安全是不可靠的安全。

安全的本质在于能够预测、分析，并控制、消除系统的危险，然而，人类对危险的认识与控制受到许多自然、社会及自身条件的限制。因此，安全是一个相对的概念，其内涵与标准随着人类社会的发展而不断进化。

从系统的观点来看，安全包括三个不可或缺的要素：人——安全行为，物——安全条件，人与物的关系——安全状态。此三者有机结合，构成一个动态的安全系统。人和物是安全系统中的直接要素，人与物的关系是安全系统的核心。安全的三要素相互制约，并在一定条件下相互转化。安全取决于人、物、人与物的关系协调，所以安全的状态也是动态变化的。

（2）危险

危险在不同的资料中有不同的阐述。按照一般的认识和理解，所谓危险是指存在着导致人身伤害、物资损失与环境破坏的可能性。若当这种可能性因某种（或某些）因素的激发而变成现实时，就是事故。

（3）安全和危险的关系

① 安全是相对的，危险是绝对的。

安全的相对性：绝对安全是不存在的，系统的安全是相对于危险而言的，安全标准是相对于人的认识和社会经济的承受能力而言的，人的认识是无限发展的，即安全对于人的认识而言具有相对性。

危险的绝对性：事物一诞生，危险就存在，中间过程中危险可能变大或变小，但不会消失，危险存在于一切系统的任何时间和空间中，不管人们的认识多么深刻，技术多么先进，设施多么完善，危险始终不会消失。

② 安全与危险是一对矛盾，具有矛盾的所有特性。

安全与危险两种状态互相依存，共同处于同一个系统中。双方互相排斥、互相否定，危险越低则安全度越高，反之亦然。

（4）风险

广义的风险是指生产目的与劳动成果之间的不确定性，狭义的风险表现为损失的不确定性。在安全生产领域，风险一般是指事故发生的可能性及其损失的组合。事故可能性或概率是指产生某种危险事件或显现为事故的总的可能性。后果严重度是最严重事故后果的估计。

（5）危险源

一般来说，危险源是指可能导致人员伤害或疾病、物质财产损失、工作环境破坏或这些情况组合的根源或状态因素。

危险源实质是具有潜在危险的源点或部位，是爆发事故的源头，是能量、危险物质集中的核心，是能量传出来或爆发的地方。一般来说，危险源可能存在事故隐患，也可能不存在事故隐患，对于存在事故隐患的危险源一定要及时加以整改，否则随时都可能导致事故。

（6）事故

根据我国安全生产法律法规立法精神及事故特征，将事故的概念定义为：在生产经营活动或社会生活中，因违反安全生产法规或意外突然发生的造成人身伤亡或者财产损失的事件。安全系统工程研究的事故通常有以下几个特征：事故会造成人身伤害或物质损失；事故具有突发性；事故具有偶然性；事故发生是违背人类意愿的；事故后果有随机性，并符合统计规律；事故发生是必然性的结果，有可追溯的原因；事故具有平稳性，即相似性等。

安全与事故是两个不同的概念。安全是系统存在发展的状态描述量，而事故是系统朝目标发展过程中的某一个结果，是结果量。系统事故的发生只能是其不安全的必要条件，而充分条件，即未发生事故的系统不一定是安全的，而发生了事故的系统未必是不安全的，而相对安全的系统对人类所造成的威胁比不安全的系统造成的危险要小。

（7）隐患

"隐"字是指潜藏、隐蔽，而"患"字则体现了祸患、不好的状况。根据海因里希（Heinrich）的理论，隐患是导致事故发生的潜在危险。张景林等学者认为，隐患是指有可能导致事故，但通过一定的办法或采取措施能够排除或抑制的、潜在的不安全因素。根据我国安全生产的相关法律法规，隐患通常是指违反安全生产法律、法规、规章、标准、规程和安全生产管理制度的规定，或者因其他因素在生产经营活动中存在可能导致事故发生的物的危险状态、人的不安全行为和管理上的缺陷。

从上述的定义可以看出，隐患是事故的基本组成因子，是事故发生的必要条件，是事故发生的源头，是潜在的因素。事故发生之前必然蕴含隐患，但是隐患不一定会发生事故。

按照安全系统工程的观点，事故的发生必定是一系列隐患在时间、空间序列上的相互交叉、逐步增强造成的结果。从隐患到事故要经历一段时间，而不是瞬间转变。若在这一段时间，迅速、有效地辨识隐患并消除隐患，则可以从根本上消除和抑制事故的发生。这是安全系统工程的一个重大哲学命题。

（8）安全系统

有了安全和系统的概念就不难给安全系统下定义：安全系统是以人为中心，由安全工程、卫生工程技术、安全管理、人-机工程等几部分组成，以消除伤害、疾病、损失，实现安全生产为目的的有机整体，它是生产系统的一个重要组成部分。

① 安全系统的特点。安全系统的特点可以归纳为如下若干方面。

（a）系统性。与安全有关的影响因素构成了安全系统。因为与安全有关的因素纷繁交错，所以安全系统是一个复杂的巨大系统。由于安全系统中各因素之间，以及因素与目标之间的关系多数有一定灰度，所以安全系统是灰色系统。依据安全问题所涉及范围大小不同，安全系统大小之差可能很悬殊。一般地讲，纯属技术领域的安全系统，比如一台设备、器具，可能只涉及机和物，而对于一个车间甚至一个工厂，考虑安全问题的系统范围，则不只是机和物，肯定要把人、机、环境都考虑进来。实际上，人、机、环境的提法是考虑了安全问题的空间跨度和时间跨度两个方面。如此说来，即便是一台设备，如果把它的制造安全与使用安全考虑进来，也仍然是人-机-环境组成的复杂系统。安全系统的目标不是寻求最优解。这是因为安全系统目标的多元化，以及安全目标的极强相对性、时间延滞性与其理想化理念很难协调，所以安全系统的目标解是具有一定灰度的满意解或可接受解。

（b）开放性。安全系统是客观存在的，这是因为安全系统是建立在安全功能构件的物质基础之上的。但同时安全系统总是寄生在客体（另一个系统）中，在处理方法上，如果把客体看成一个黑匣子，安全系统是通过客体的能量源、物流和信息流的流入-流出的非线性变化趋势，确认安全和事故发生的可能性，因此安全系统具有开放性特点。开放性不仅是安全系统在动态中保持稳定存在的前提，也是安全系统复杂性及安全-事故转换发生的重要机制。

（c）确定性与非确定性。确定性是指制约系统演化的规则确定性，不含任何随机性因素。确定性的特征是演化方向及演化结果确定，可精确预测。非确定性是指演化方向和演化结果不确定，或者具有刻画事物运动特征的特征不能客观精确地确定，非确定性包括随机性和模糊性。

随机性可能有两个方面的来源：一是在不含任何外在的随机影响因素作用下，完全由确定性系统演化而产生的随机性（例如产生混沌），这种随机性称为本质随机性；二是系统还可能因其外在影响因素的随机作用而产生随机性行为，从而使系统在一定条件下表现了随机的特征，这种随机性称为外在随机性。由于安全系统把环境看成是它的组成部分，所以对安全系统而言，本质随机性和外在随机性的区别不是绝对的。

模糊性是指事物的本身不清楚或衡量事物尺度不清楚。对于安全系统，就是指系统的构成及其相互关系，以及组成与目标的关系不清楚。造成这些不清楚的可能来源在于主观和客观两个方面，即具有主观模糊性和客观模糊性。首先，刻画安全运行轨迹的以模糊数学方法建立的数学模型具有主观模糊性。因为数学模型常常不可能严格地确定安全系统各因素之间及其与目标之间完整的客观关系。当然，对于自然的技术因素之间的关系尚好一些。而对于社会的因素及其与技术因素的耦合关系将难以量化，因而也将难以建立准确的数学关系。应该强调的是，出现上述问题不完全是由于安全系统本身不清楚，它可能只是人们的安全系统主观模糊性的表现。

另外，对安全系统安全度的评价尺度以及构成安全度等级的评价指标体系也具有客观模糊性，即从事物的本质上无法给出其客观衡量尺度。

（d）安全系统是有序与无序的统一体。序主要反映事物的组成规律和时域。依据序的性质，可分为有序、混沌序和无序。有序通常同稳定性、规则性相关联，主要表现为空间有序、时间有序和结构有序。无序通常与不稳定、无规则相关联。而混沌序则是不具备严格周期和对称性的有序态。现代复杂系统演化理论认为，复杂系统的演化中，不同性质的序之间可以相互转化。安全系统序的转化是否引发灾害或使灾害扩大，取决于序结构的类型及系统对特定序结构下的运动的（灾害意义上的）承受能力。

有序和无序，确定性和非确定性都会在系统演化过程中通过其空间结构、时间结构、功能结构和信息结构的改变体现出来。

（e）突变性或畸变性。安全系统发展过程的突变或畸变，或过程由连续到非连续变化，在本质上还是服从于量变引起质变的哲理。

量变到质变的转化形式可以用畸变、突变或飞跃来描述，但也可通过渐变实现。所以安全系统的渐变也可能孕育着事故，而突变、畸变则肯定对应于灾害事故的启动，是致灾物质或能量的突然释放。

综上所述，安全系统虽然与一般系统、非线性系统等有若干共同点，但安全系统的个性还是非常明显的，这是决定它客观存在并区别于其他系统的根本原因。

② 安全系统的动力学特征。从系统的结构和功能形成看，可把系统分为两类：一类是自组织系统，一类是被组织系统。协同学的创始人哈肯曾给自组织下了一个非常经典的定义，他认为，如果系统在获得空间的、时间的或功能的结构过程中，没有外界的特定干预，

我们便说系统是自组织的。这里的"特定"一词是指那种结构或功能并非外界强加给系统的，而且外界是以非特定的方式作用于系统的。可见，自组织与被组织的区别就在于，系统行为是否受外界某种特定干预的影响。显然，自组织的动力在系统内部，是自己运动的结果，而被组织的动力在系统外部，是在外部特定的干预下运动的结果，一般而言，自组织系统因其动力来自系统内部，因而它具有持久永恒的生机和活力；相反，被组织系统因其动力来自系统外部，因而其生机和活力随外部干预状态的变化而变化。

安全系统是物质系统。安全系统既可能是自组织的，也可能是被组织的，也可能两者兼而有之。对安全系统来说，所谓外界的特定干预主要是指社会属性中的被动因素。它可能有两种发展形式：一种是非组织的向组织的有序发展过程，其本质组织程度从相对较低向相对较高演化；另一种则是维持相同组织层次，但复杂程度必定相对增加。前一种过程反映了安全系统组织层次跃升过程，后一种过程则标志着安全系统组织结构与功能从简单到复杂的组织水平的提高。

安全系统的自组织的演化过程主要反映了它的自然属性与社会属性共同作用的过程和结果。因为安全系统也是开放系统，它可以不断与外界交换物质、能量和信息，从而出现上述的两种发展形式，即从原有的混沌无序状态转变为一种在时间、空间或功能上的有序状态。

一旦安全过程出现被组织的情况，如不可预见的天灾、地震、战争、纵火、瞎指挥、违规操作等，则会发生灾难或事故。

当然安全系统也是非线性系统，因而也具有非线性系统的共同特征。非线性是系统产生自组织行为的内因，没有这个内因，所谓开放性将不起作用，无序-有序的过程也就不会发生。

1.3.4 安全系统工程的研究对象

安全系统工程作为一门科学技术，有它本身的研究对象。任何一个生产系统都包括三个部分，即从事生产活动的操作人员和管理人员，生产必需的机器设备、厂房等物质条件，以及生产活动所处的环境。这三个部分构成一个人-机-环境系统，每一部分就是该系统的一个子系统，称为人子系统、机器子系统和环境子系统。

（1）人子系统

该子系统的安全与否涉及人的生理和心理因素，以及规章制度、规程标准、管理手段、方法等是否适合人的特性，是否易于为人们所接受的问题。研究人子系统时，不仅要把人当作"生物人""经济人"，更要看作"社会人"，必须从社会学、人类学、心理学、行为科学角度分析问题、解决问题，不仅把人子系统看作系统固定不变的组成部分，更要看作自尊自爱、有感情、有思想、有主观能动性的人。

（2）机器子系统

对于该子系统，不仅要从工件的形状、大小、材料、强度、工艺、设备的可靠性等方面考虑其安全性，而且要考虑仪表、操作部件对人提出的要求，以及从人体测量学、生理学、心理与生理过程有关参数对仪表和操作部件的设计提出要求。

（3）环境子系统

对于该子系统，主要应考虑环境的理化因素和社会因素。理化因素主要有噪声、振动、粉尘、有毒气体、射线、光、温度、湿度、压力、热、化学有害物质等，社会因素有管理制度、工时定额、班组结构、人际关系等。

三个子系统相互影响、相互作用的结果就使系统总体安全性处于某种状态。例如，理化因素影响机器的寿命、精度甚至损坏机器，机器产生的噪声、振动、温度又影响人和环境，人的心理状态、生理状况往往是引起误操作的主观因素，环境的社会因素又会影响人的心理状态，给安全带来潜在危险。这就是说，这三个相互联系、相互制约、相互影响的子系统构成了一个人-机-环境系统的有机整体。分析、评价、控制人-机-环境系统的安全性，只有从三个子系统内部及三个子系统之间的这些关系出发，才能真正解决系统的安全问题。安全系统工程的研究对象就是这种人-机-环境系统（以下简称"系统"）。

1.3.5 安全系统工程的研究内容和任务

安全系统工程是专门研究如何用系统工程的原理和方法确保实现系统安全功能的科学技术，其主要研究内容有系统安全分析、系统安全评价、系统安全决策与控制。

（1）系统安全分析

要提高系统的安全性，使其不发生或少发生事故，其前提条件是预先发现系统可能存在的危险因素，全面掌握其基本特点，明确其对系统安全性影响的程度。只有这样，才有可能抓住系统可能存在的主要危险，采取有效的安全防护措施，改善系统安全状况。这里所强调的"预先"是指：无论系统生命过程处于哪个阶段，都要在该阶段开始之前进行系统的安全分析，发现并掌握系统的危险因素。这就是系统安全分析要解决的问题。系统安全分析有安全目标、可选用方案、系统模式、评价标准、方案选择五个基本要素和程序。

① 把所研究的生产过程或作业形态作为一个整体，确定安全目标，系统地提出问题，确定明确的分析范围。

② 将工艺过程或作业形态分成几个单元和环节，绘制流程图，选择评价系统功能的指标或顶端事件。

③ 确定终端事件，应用数学模式或图表形式及有关符号，以使系统数量化或定型化，将系统的结构和功能加以抽象化，将其因果关系、层次及逻辑结构变换为图像模型。

④ 分析系统的现状及其组成部分，测定与诊断可能发生的事故的危险性、灾害后果，分析并确定导致危险的各个事件的发生条件及其相互关系，建立数学模型或进行数学模拟。

⑤ 对已建立的系统，综合采用概率论、数理统计、网络技术、模糊技术、最优化技术等数学方法，对各种因素进行数量描述，分析它们之间的数量关系，观察各种因素的数量变化及规律。根据数学模型的分析结论及因果关系，确定可行的措施方案，建立消除危险，防止危险转化或条件耦合的控制系统。

系统安全分析是使用系统工程的原理和方法，辨别、分析系统存在的危险因素，并根据实际需要对其进行定性、定量描述的技术方法。

根据有关文献介绍，系统安全分析有多种形式和方法，使用中应注意以下几点。

（a）根据系统的特点、分析的要求和目的，采取不同的分析方法。因为每种方法都有其自身的特点和局限性，并非处处通用。使用中有时要综合应用多种方法，以取长补短或相互比较，验证分析结果的正确性。

（b）使用现有分析方法不能生搬硬套，必要时要根据实用、好用的需要对其进行改造或简化。

（c）不能局限于分析方法的应用，而应从系统原理出发，开发新方法，开辟新途径，还要在以往行之有效的一般分析方法基础上总结提高，形成系统性的安全分析方法。

（2）系统安全评价

安全评价的目的是为决策提供依据。系统安全评价往往要以系统安全分析为基础，通过分析，了解和掌握系统存在的危险、有害因素，但不一定要对所有危险、有害因素采取措施，而是通过评价掌握系统的事故风险大小，以此与预定的系统安全指标相比较，如果超出指标，则应对系统的主要危险、有害因素采取控制措施，使其降至该标准以下。这就是系统安全评价的任务。

评价方法也有多种，评价方法的选择应考虑评价对象的特点、规模与评价的要求和目的，从而采用不同的方法。同时，在使用过程中也应和系统安全分析的使用要求一样，坚持实用和创新的原则。过去许多年，我国在许多领域都进行了系统安全评价的实际应用和理论研究，开发了许多实用性很强的评价方法，特别是企业安全评价技术和各类危险源的评估、控制技术。

（3）系统安全决策与控制

任何一项系统安全分析技术或系统安全评价技术，如果没有一种强有力的管理手段和方法，也不会发挥其应有的作用。因此，在出现系统安全分析的同时，也出现了系统安全决策。其最大的特点是从系统的整体性、相关性、阶层性等出发，对系统实施全面、全过程的安全管理，实现对系统的安全目标控制。最典型的例子是道（Dow）化学公司的安全评价程序，国际劳工组织、国际标准化组织倡导的《职业安全卫生管理体系》。系统安全管理是应用系统安全分析和系统安全评价技术，以安全工程技术为手段，控制系统安全性，使系统达到预定安全目标的一整套管理方法、管理手段和管理模式。

安全措施是指根据安全评价的结果，针对存在的问题，对系统进行调整，对危险点或薄弱环节加以改进。安全措施主要有两个方面：一是预防事故发生的措施，即在事故发生之前采取适当的安全措施，排除危险因素，避免事故发生；二是控制事故损失扩大的措施，即在事故发生之后采取补救措施，避免事故继续扩大，使损失减到最小。

安全系统工程的主要任务有以下六点。

① 危险源辨识。

② 分析、预测危险源由触发因素作用而引发事故的类型及后果。

③ 设计和选用安全措施方案，进行安全决策。

④ 安全措施和对策的实施。

⑤ 对措施效果做出总体评价。

⑥ 不断改进，以求最佳效果，使系统达到最佳安全状态。

1.3.6 安全系统工程的应用特点和优点

安全系统工程是一门应用性很强的科学技术。多年来，许多经典的应用范例始终激励人们进行不懈探索，不断充实和发展其自身的理论体系，以期获得更好的应用效果，这是安全系统工程始终保持快速发展的重要原因。

（1）安全系统工程应用特点

为了进一步促进学科发展，提高其实用性，有必要进一步明确安全系统工程的应用特点，具体如下。

① 系统性。不论是系统安全分析、系统安全评价的理论，还是系统安全管理模式和方法的应用，都表现了系统性的特点，它从系统的整体出发，综合考虑系统的相关性、环境适应性等特性，始终追求系统总体目标的满意解或可接受解。

② 预测性。安全系统工程的分析技术与评价技术的应用，无论是定性的，还是定量的，都必须是为了预测系统存在的危险因素和风险水平。它通过这些预测来掌握系统安全状况如何，风险能否接受，以便决定是否应当采取措施控制系统风险。所以，安全系统工程也可称为系统的事故预测技术。

③ 层序性。安全系统工程的应用按照系统的时空两个跨度有序展开，管理规范执行，

一般按照系统生命过程有序进行，而且贯彻到系统的方方面面。因此，安全系统工程具有明显的动态过程研究特点。

④ 择优性。择优性的应用特点主要体现在系统风险控制方案的综合与比较，从各种备选方案中选取最优方案。在选取控制风险的安全措施方面，一般按下列优先顺序选取方案：设计上消除→设计上降低→提供安全装置→提供报警装置→提出专门规程。因此，冗余设计、安全联锁、有一定可靠保证的安全系数是安全系统工程经常采用的设计思想。

⑤ 技术与管理的融合性。安全系统工程是自然（技术）科学与管理科学的交叉学科，随着科技与经济的发展，人们对安全追求的目标（特别是生产领域）是本质安全。但是，一方面由于新技术的不断涌现，另一方面由于经济条件的制约，对于一时做不到本质安全的技术系统，则必须用安全管理来补偿。所以，在相当长的时间内，解决安全问题还必须把技术与管理通过系统工程的方法有机地结合起来。

这些安全系统的应用特点应在该学科的理论研究和实际应用中得到充分重视，使安全系统工程发展更快，应用效果更明显。

（2）安全系统工程应用优点

从上述介绍可看出，安全系统工程在解决安全问题上与传统的方法不同，它改变了以往凭直接经验和事后处理的被动局面，因而形成了它本身的一些优点。

运用系统安全分析方法。识别系统中存在的薄弱环节和可能导致事故发生的条件。通过定量分析，预测事故发生的可能性和事故后果的严重度，从而可以采取有效措施控制事故的发生，减少伤亡事故。这是安全系统工程最大的优点。

现代工业的特点是规模化、连续化和自动化，其生产关系日趋复杂，各个环节和工序之间相互联系、相互制约。安全系统工程通过系统分析，全面地、系统地、彼此联系地以及预防性地处理生产系统中的安全性，而不是孤立地、就事论事地解决生产系统中的安全问题。

安全系统工程方法不仅适用于工程，而且适用于管理。其应用范畴可以归纳为四个方面：发现事故隐患、预测由故障引起的危险、设计和调整安全措施方案、实施最优化的安全措施。

对安全进行定量分析、评价和优化技术，为安全事故预测提供了科学依据，根据分析可以选择最佳方案，使各子系统之间达到最佳配合，用最少投资得到最佳的安全效果，从而可以大幅度地减少人身伤亡和设备损坏事故。

促进各项标准的制定和有关可靠性参数的收集。安全系统工程既然包括安全性评价，就需要有各种标准和数据，如许可安全值、故障率、人-机工程标准，以及安全设计标准等。

通过安全系统工程的开发和应用，可以迅速提高安全技术人员、操作人员和管理人员的业务水平和系统分析能力，同时为培养新人提供了一套完整的参考资料。

拓展阅读 1-1

安全系统工程拓展应用案例

本章小结

（1）系统：把极其复杂的研究对象称为系统，即由相互作用和相互依赖的若干组成部分

第1章 安全系统工程概论

结合成的具有特定功能的有机整体,而且这个系统本身又是它所从属的一个更大系统的组成部分。

(2) 系统的特征:整体性、目的性、阶层性、相关性、环境适应性、动态性。

(3) 系统工程:对系统进行合理规划、研究、设计和运行管理的思想、步骤、组织和技巧等的总称,它是以实现系统最优化为目的的一门基础科学,是一种对所有系统都具有普遍意义的科学方法。

(4) 系统工程的基本观点:全局观点、总体最优化观点、实践性观点、综合性观点、定性和定量分析相结合观点。

(5) 安全:通常是指人和物在社会生产生活实践中没有或不受或免除了侵害、损伤和威胁的状态。

(6) 危险:是指存在着导致人身伤害、物资损失与环境破坏的可能性。

(7) 危险源:是指可能导致人员伤害或疾病、物质财产损失、工作环境破坏或这些情况组合的根源或状态因素。

(8) 事故:一般是指人们在实现其有目的的行动过程中,突然发生了与人的意志相违背的、迫使其有目的的行动暂时或永久停止的事件。

(9) 隐患:是指有可能导致事故,但通过一定的办法或采取措施能够排除或抑制的、潜在的不安全因素。

(10) 安全系统:是以人为中心,由安全工程、卫生工程技术、安全管理、人-机工程等几部分组成,以消除伤害、疾病、损失,实现安全生产为目的的有机整体,它是生产系统的一个重要组成部分。

(11) 安全系统工程:是指应用系统工程的基本原理和方法,辨识、分析、评价、排除和控制系统中的各种危险,对工艺过程、设备、生产周期和资金等因素进行分析评价和综合处理,使系统可能发生的事故得到控制,并使系统安全性达到最佳状态的一门综合性技术科学。

(12) 安全系统工程的研究对象:人子系统、机器子系统与环境子系统组成的人-机-环境系统。

(13) 安全系统工程的研究内容:系统安全分析、系统安全评价、系统安全决策与控制。

<<<< 复习思考题 >>>>

(1) 系统、系统工程、安全系统工程的定义是什么?

(2) 系统的特征有哪些?

(3) 安全系统工程的研究内容是什么?

(4) 辨析系统、系统工程、安全系统工程的区别与联系。

参考文献

[1] 沈斐敏. 安全系统工程 [M]. 北京:机械工业出版社,2022.

[2] 徐志胜. 安全系统工程 [M]. 3版. 北京:机械工业出版社,2016.

[3] 田宏. 安全系统工程 [M]. 北京:中国质检出版社,2014.

[4] 王洪德,等. 安全系统工程 [M]. 北京:国防工业出版社,2013.

[5] 吕品,王洪德. 安全系统工程 [M]. 徐州:中国矿业大学出版社,2012.

[6] 胡毅亭,等. 安全系统工程 [M]. 南京:南京大学出版社,2009.

[7] 沈斐敏. 安全评价 [M]. 徐州:中国矿业大学出版社,2009.

[8] 林柏泉,张景林. 安全系统工程 [M]. 北京:中国劳动社会保障出版社,2007.

[9]　陈喜山 . 系统安全工程学 [M]. 北京：中国建材工业出版社，2006.

[10]　黄贯虹，等 . 系统工程方法与应用 [M]. 广州：暨南大学出版社，2005.

[11]　蒋军成，等 . 安全系统工程 [M]. 北京：化学工业出版社，2004.

[12]　张景林，等 . 安全系统工程 [M]. 北京：煤炭工业出版社，2003.

[13]　沈斐敏 . 安全系统工程理论与应用 [M]. 北京：煤炭工业出版社，2001.

[14]　甘心孟，沈斐敏 . 安全科学技术导论 [M]. 北京：气象出版社，2000.

[15]　何学秋 . 安全工程学 [M]. 徐州：中国矿业大学出版社，2000.

[16]　曹庆贵 . 安全评价 [M]. 北京：机械工业出版社，2017.

[17]　汪元辉 . 安全系统工程 [M]. 天津：天津大学出版社，1999.

[18]　张乃禄 . 安全评价技术 [M]. 西安：西安电子科技大学出版社，2011.

[19]　中国就业培训技术指导中心，中国安全生产协会 . 安全评价师（国家职业资格一级）[M]. 北京：中国劳动社会保障出版社，2010.

[20]　中国就业培训技术指导中心，中国安全生产协会 . 安全评价师（国家职业资格二级）[M]. 北京：中国劳动社会保障出版社，2010.

[21]　中国就业培训技术指导中心，中国安全生产协会 . 安全评价师（国家职业资格三级）[M]. 北京：中国劳动社会保障出版社，2010.

[22]　李华，胡奇英 . 预测与决策教程 [M]. 北京：机械工业出版社，2019.

延伸阅读文献

第 1 章　安全系统工程概论

第 2 章

危险、有害因素辨识

本章学习目标

① 掌握危险、有害因素的定义，掌握《生产过程危险和有害因素分类与代码》（GB/T 13861—2022）中危险、有害因素辨识的内容，掌握《企业职工伤亡事故分类》（GB 6441—1986）中危险、有害因素辨识的内容，掌握工业过程危险、有害因素辨识的内容。

② 了解危险、有害因素辨识的原则、辨识的方法。

2.1 危险、有害因素概述

危险、有害因素指可对人造成伤亡、影响人的身体健康甚至导致疾病的因素，可以拆分为危险因素和有害因素。

危险因素是指能对人造成伤亡或对物造成突发性损害的因素。有害因素是指能影响人的身体健康，导致疾病，或对物造成慢性损害的因素。通常情况下，对两者并不严格区分而统称为危险、有害因素。

（1）危险、有害因素的产生原因

危险、有害因素尽管表现形式不同，但从事故发生的本质上讲，之所以能造成危险和有害后果，主要是因为存在危险、有害物质和能量，且危险、有害物质和能量失去控制。存在危险、有害物质和能量是导致事故的根本原因。

① 危险、有害物质和能量。能量与危险、有害物质是危险、有害因素产生的根源。一方面，系统具有的能量越大，存在的危险、有害物质数量越多，其潜在危险性和危害性就越大。另一方面，只要进行生产活动，就需要相应的能量和物质（包括危险、有害物质）。危险、有害因素是客观存在的，是不能完全消除的。

（a）能量就是做功的能力。它既可以造福人类，也可以造成人员伤亡和财产损失。一切产生、供给能量的能源和能量的载体在一定条件下都可能是危险、有害因素。例如，锅炉、爆炸危险物质爆炸时产生的冲击波、温度和压力，高处作业（或吊起的重物等）的势能，带电导体上的电能，行驶车辆（或各类机械运动部件、工件等）的动能，噪声的声能，激光的光能，高温作业及剧烈热反应工艺装置的热能，各类辐射能等，在一定条件下都能造成各类事故。静止的物体棱角、毛刺、地面等之所以能伤害人体，也是人体运动、摔倒时的动能、势能造成的。这些都是由于能量意外释放形成的危险因素。

（b）危险、有害物质在一定条件下能损伤人体的生理机能和正常代谢功能，破坏设备和物品的效能，也是最根本的危险、有害因素。例如，作业场所中有毒物质、腐蚀性物质、有害粉尘、窒息性气体等危险、有害物质的存在，当它们直接、间接与人体或物体发生接触时，能导致人员的死亡、职业病、伤害、财产损失或环境的破坏等。

② 危险、有害物质和能量的失控。在生产实践中，危险、有害物质和能量在受控条件下，按照人们的意志在系统中流动、转换，进行生产。如果发生失控（没有控制、屏蔽措施或控制措施失效），就会发生危险、有害物质和能量的意外释放和泄漏，造成人员伤亡和财产损失。因此，失控也是一类危险、有害因素。

人类的生产和生活离不开能量，能量在受控条件下可以做有用功，一旦失控，能量就会做破坏功。如果意外释放的能量作用于人体，并且超过人体的承受能力，则会造成人员伤亡。如果意外释放的能量作用于设备、设施、环境等，并且能量的作用超过其抵抗能力，则会造成设备、设施的损坏或环境的破坏。用此观点解释事故产生的机理，可以认为所有事故都是因为系统接触到了超过其组织或结构抵抗力的能量，或系统与周围环境的正常能量交换受到了干扰。

（2）危险、有害因素与事故的关系

根据危险、有害因素在事故发生、发展中的作用，以及从导致事故和伤害的角度出发，我们把危险因素划分为"固有危险因素"和"失效危险因素"两类。固有危险因素指系统中存在的、可能发生意外释放而伤害人员和破坏财物的危险、有害物质或能量。失效危险因素是指导致约束、限制能量措施失效或破坏的各种不安全因素。

一起灾害事故的发生是系统中固有危险因素和失效危险因素共同作用的结果，如图 2-1 所示。

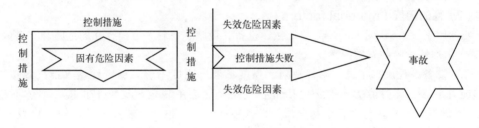

图 2-1　危险因素与事故的关系

在事故的发生、发展过程中，固有危险因素和失效危险因素是相辅相成、相互依存的。固有危险因素是灾害事故发生的前提，决定事故后果的严重程度。失效危险因素出现的难易程度决定事故发生的可能性大小，失效危险因素的出现是导致固有危险因素产生事故的必要条件。

2.2　危险、有害因素分类

危险、有害因素的分类，对伤亡事故原因的辨识和分析具有重要意义。危险、有害因素分类便于安全评价时进行危险、有害因素的分析与识别。安全评价中常按导致事故的直接原

因、导致事故的后果类别、导致职业病的原因进行分类。

2.2.1 按导致事故的直接原因分类

《生产过程危险和有害因素分类与代码》（GB/T 13861—2022）将生产过程中的危险和有害因素分为4类，分别是人的因素、物的因素、环境因素、管理因素。危险和有害因素分类代码用6位数字表示，共分4层。

（1）人的因素（personal factors）

人的因素（personal factors）指在生产活动中，来自人员自身或人为性质的危险和有害因素。

① 心理、生理性危险和有害因素。

（a）负荷超限：体力负荷超限（指易引起疲劳、劳损、伤害等的负荷超限），听力负荷超限，视力负荷超限，其他负荷超限。

（b）健康状况异常（指伤、病期等）。

（c）从事禁忌作业。

（d）心理异常：情绪异常，冒险心理，过度紧张，其他心理异常。

（e）辨识功能缺陷：感知延迟，辨识错误，其他辨识功能缺陷。

（f）其他心理、生理性危险和有害因素。

② 行为性危险和有害因素。

（a）指挥错误：指挥失误（包括生产过程中的各级管理人员的指挥），违章指挥，其他指挥错误。

（b）操作错误：误操作，违章操作，其他操作错误。

（c）监护失误。

（d）其他行为性危险和有害因素（包括脱岗等违反劳动纪律的行为）。

（2）物的因素（material factors）

物的因素（material factors）指机械、设备、设施、材料等方面存在的危险和有害因素。

① 物理性危险和有害因素。

（a）设备、设施、工具、附件缺陷：强度不够，刚度不够，稳定性差（指抗倾覆、抗位移能力不够、抗剪能力不够。包括重心过高、底座不稳定、支承不正确、坝体不稳定等），密封不良（指密封件、密封介质、设备辅件、加工精度、装配工艺等缺陷以及磨损、变形、气蚀等造成的密封不良），耐腐蚀性差，应力集中，外形缺陷（指设备、设施表面的尖角利棱和不应有的凹凸部分等），外露运动件（指人员易触及的运动件），操纵器缺陷（指结构、尺寸、形状、位置、操纵力不合理及操纵器失灵、损坏等），制动器缺陷，控制器缺陷，设计缺陷，传感器缺陷（精度不够，灵敏度过高或过低），设备、设施、工具、附件其他缺陷。

（b）防护缺陷：无防护，防护装置、设施缺陷（指防护装置、设施本身安全性、可靠性差，包括防护装置、设施、防护用品损坏、失效、失灵等），防护不当（指防护装置、设施和防护用品不符合要求、使用不当。不包括防护距离不够），支撑不当（包括矿井、建筑施工支护不符要求），防护距离不够（指设备布置、机械、电气、防火、防爆等安全距离不够和卫生防护距离不够等），其他防护缺陷。

（c）电危害：带电部位裸露（指人员易触及的裸露带电部位），漏电，静电和杂散电流，电火花，电弧，短路，其他电危害。

（d）噪声：机械性噪声，电磁性噪声，流体动力性噪声，其他噪声。

（e）振动危害：机械性振动，电磁性振动，流体动力性振动，其他振动危害。

（f）电离辐射（包括 X 射线、γ 射线、α 粒子、β 粒子、中子、质子、高能电子束等）。

（g）非电离辐射：紫外辐射，激光辐射，微波辐射，超高频辐射，高频电磁场，工频电场，其他非电离辐射。

（h）运动物危害：抛射物，飞溅物，坠落物，反弹物，土、岩滑动（包括排土场滑坡、尾矿库滑坡、露天采场滑坡），料堆（垛）滑动，气流卷动，撞击，其他运动物危害。

（i）明火。

（j）高温物质：高温气体，高温液体，高温固体，其他高温物质。

（k）低温物质：低温气体，低温液体，低温固体，其他低温物质。

（l）信号缺陷：无信号设施（指应设信号设施处无信号，如无紧急撤离信号等），信号选用不当，信号位置不当，信号不清（指信号量不足，如响度、亮度、对比度、维持时间不够等），信号显示不准（包括信号显示错误，显示滞后或超前等），其他信号缺陷。

（m）标志标识缺陷：无标志标识，标志标识不清晰，标志标识不规范，标志标识选用不当，标志标识位置缺陷，标志标识设置顺序不规范（如多个标志牌在一起设置时，应按警告、禁止、指令、提示类型的顺序），其他标志标识缺陷。

（n）有害光照（包括直射光、反射光、眩光、频闪效应等）。

（o）信息系统缺陷：数据传输缺陷（如是否加密），自供电装置电池寿命过短（如标准工作时间过短，经常出现监测设备断电），防爆等级缺陷（如 Exib 等级较低，不适合在涉及"两重点一重大"环境安装），等级保护缺陷（防护不当导致信息错误、丢失、盗用），通信中断或延迟（光纤或 GPRS/NB-IOT 等传输方式不同导致延迟严重），数据采集缺陷（导致监测数据变化过于频繁或遗漏关键数据），网络环境（保护过低，导致系统被破坏、数据丢失、被盗用等）。

（p）其他物理性危险和有害因素。

② 化学性危险和有害因素。

（a）理化危险：爆炸物，易燃气体，易燃气溶胶，氧化性气体，压力下气体，易燃液体，易燃固体，自反应物质或混合物，自燃液体，自燃固体，自热物质和混合物，遇水放出易燃气体的物质或混合物，氧化性液体，氧化性固体，有机过氧化物，金属腐蚀物。

（b）健康危险：急性毒性，皮肤腐蚀/刺激，严重眼损伤/眼刺激，呼吸或皮肤过敏，生殖细胞致突变性，致癌性，生殖毒性，特异性靶器官系统毒性——一次接触，特异性靶器官系统毒性——反复接触，吸入危险。

（c）其他化学性危险和有害因素。

③ 生物性危险和有害因素。

（a）致病微生物：细菌，病毒，真菌，其他致病微生物。

（b）传染病媒介物。

（c）致害动物。

（d）致害植物。

（e）其他生物性危险和有害因素。

（3）环境因素（environment factors）

环境因素（environment factors）指生产作业环境中的危险和有害因素，包括室内、室外、地上、地下（如隧道、矿井）、水上、水下等作业（施工）环境。

① 室内作业场所环境不良。

（a）室内地面滑（指室内地面、通道、楼梯被任何液体、熔融物质润湿，结冰或有其他易滑物等）。

（b）室内作业场所狭窄。

（c）室内作业场所杂乱。

（d）室内地面不平。

（e）室内梯架缺陷（包括楼梯、阶梯、电动梯和活动梯架，以及这些设施的扶手、扶栏和护栏、护网等）。

（f）地面、墙和天花板上的开口缺陷（包括电梯井、修车坑、门窗开口、检修孔、孔洞、排水沟等）。

（g）房屋基础下沉。

（h）室内安全通道缺陷（包括无安全通道、安全通道狭窄、不畅等）。

（i）房屋安全出口缺陷（包括无安全出口、设置不合理等）。

（j）采光照明不良（指照度不足或过强、烟尘弥漫影响照明等）。

（k）作业场所空气不良（指自然通风差、无强制通风、风量不足或气流过大、缺氧、有害气体超限等，包括受限空间作业）。

（l）室内温度、湿度、气压不适。

（m）室内给、排水不良。

（n）室内涌水。

（o）其他室内作业场所环境不良。

② 室外作业场地环境不良。

（a）恶劣气候与环境（如风、极端的温度、雷电、大雾、冰雹、暴雨雪、洪水、浪涌、泥石流、地震、海啸等）。

（b）作业场地和交通设施湿滑（如铺设好的地面区域、阶梯、通道、道路、小路等被任何液体、熔融物质润湿，冰雪覆盖或有其他易滑物等）。

（c）作业场地狭窄。

（d）作业场地杂乱。

（e）作业场地不平（如不平坦的地面和路面，有铺设的、未铺设的、草地、小鹅卵石或碎石地面和路面）。

（f）交通环境不良：航道狭窄、有暗礁或险滩，其他道路、水路环境不良，道路急转陡坡、临水临崖。

（g）脚手架、阶梯和活动梯架缺陷（包括这些设施的扶手、扶栏和护栏、护网等）。

（h）地面及地面开口缺陷（包括升降梯井、修车坑、水沟、水渠等）。

（i）建（构）筑物和其他结构缺陷（包括建筑中或拆毁中的墙壁、桥梁、建筑物，筒仓、固定式粮仓、固定的槽罐和容器，屋顶、塔楼等）。

（j）门和周围设施缺陷（包括大门、栅栏、畜栏和铁丝网等）。

（k）作业场地地基下沉。

（l）作业场地安全通道缺陷（包括无安全通道、安全通道狭窄、不畅等）。

（m）作业场地安全出口缺陷（包括无安全出口、设置不合理等）。

（n）作业场地光照不良（指光照不足或过强、烟尘弥漫影响光照等）。

（o）作业场地空气不良（指自然通风差或气流过大、作业场地缺氧、有害气体超限等）。

（p）作业场地温度、湿度、气压不适。

（q）作业场地涌水。

（r）排水系统故障。

（s）其他室外作业场地环境不良。

③ 地下（含水下）作业环境不良（不包括以上室内外环境已列出的有害因素）。

安 / 全 / 系 / 统 / 工 / 程

(a) 隧道/矿井顶板或巷帮缺陷。

(b) 隧道/矿井作业面缺陷。

(c) 隧道或矿井底板缺陷。

(d) 地下作业面空气不良（如有害气体超限等）。

(e) 地下火。

(f) 冲击地压（岩爆）（指井巷或工作面周围的岩体由于弹性变形能的瞬时释放而产生的突然剧烈破坏的动力现象）。

(g) 地下水。

(h) 水下作业供氧不当。

(i) 其他地下作业环境不良。

④ 其他作业环境不良。

(a) 强迫体位（指生产设备、设施的设计或作业位置不符合人类工效学要求而易引起作业人员疲劳、劳损或事故的一种作业姿势）。

(b) 综合性作业环境不良（显示有两种以上作业环境致害因素，且不能分清主次的情况）。

(c) 以上未包括的其他作业环境不良。

（4）管理因素（management factors）

管理因素（management factors）指因管理和管理责任缺失所导致的危险和有害因素。

① 职业安全卫生组织机构设置和人员配备不健全。

② 职业安全卫生责任制不完善或未落实。

③ 职业安全卫生管理制度不完善或未落实。

(a) 建设项目"三同时"制度。

(b) 操作规程。

(c) 培训教育制度。

(d) 安全风险分级管控。

(e) 事故隐患排查治理。

(f) 职业卫生管理制度。

(g) 其他职业安全卫生管理规章制度不健全。

④ 职业安全卫生投入不足。

⑤ 应急管理缺陷。

(a) 应急资源调查不充分。

(b) 应急能力、风险评估不全面。

(c) 事故应急预案缺陷。

(d) 应急预案培训不到位。

(e) 应急预案演练不规范。

(f) 应急演练评估不到位。

(g) 其他应急管理缺陷。

⑥ 其他管理因素缺陷。

【例 2-1】对某企业进行安全现状评价时现场勘察发现如下问题：厂区有些建筑物之间的防火间距小于设计标准，某设备表面有尖角利棱，某作业部位受眩光影响，地面沉降使固定式槽罐倾斜，高处作业人员体格健康检查报告中发现有一名低血压患者，本企业从未进行安全预评价和安全验收评价。

问题：根据《生产过程危险和有害因素分类与代码》（GB/T 13861—2022），列出危险和有害因素的名称、分类和代码，并说明理由。

答：按照《生产过程危险和有害因素分类与代码》（GB/T 13861—2022），将危险和有害因素分类、代码及理由列于表 2-1。

表 2-1　危险和有害因素分类、代码及理由

序号	存在的问题	危险和有害因素分类			理由
		名称	分类	代码	
1	厂区有些建筑物之间的防火间距小于设计标准	防护距离不够	第二类物的因素	210205	机械、电气、防火、防爆安全距离不够
2	某设备表面有尖角利棱	外形缺陷	第二类物的因素	210107	设备设施表面存在尖角利棱和不应有的凹凸部分
3	某作业部位受眩光影响	有害光照	第二类物的因素	2114	存在直射光、反射光、眩光、频闪效应
4	地面沉降使固定式槽罐倾斜	作业场地地基下沉	第三类环境因素	3211	室外作业场地环境不良
5	高处作业人员体格健康检查报告中发现有一名低血压患者	从事禁忌作业	第一类人的因素	1103	低血压患者不得从事登高作业
6	本企业从未进行安全预评价和安全验收评价	建设项目"三同时"制度	第四类管理因素	4301	安全预评价与同时设计相关，安全验收评价与同时投入生产和使用相关

2.2.2　按导致事故的后果类别分类

参照《企业职工伤亡事故分类》（GB 6441—1986），考虑起因物、致害物、伤害方式等，将危险有害因素分为 20 类。

（1）物体打击

物体在重力或其他外力的作用下产生运动，打击人体造成人身伤亡事故，如落物、滚石、砸伤等。不包括因机械设备、车辆、起重机械、坍塌等引发的物体打击。

（2）车辆伤害

企业机动车辆在行驶中引起的人体坠落和物体倒塌、下落、挤压伤亡事故。不包括起重设备提升、牵引车辆和车辆停驶时引发的事故。

（3）机械伤害

机械设备运动（静止）部件、工具、加工件直接与人体接触引起的夹击、碰撞、剪切、卷入、绞、辗、割、刺等伤害。不包括车辆、起重机械引起的机械伤害。

（4）起重伤害

各种起重作业（包括起重机安装、检修、试验）中发生的挤压、坠落、（吊具、吊重）物体打击和触电。

（5）触电

电流流过人体或人与带电体间发生放电引起的伤害，包括雷击伤亡事故。

（6）淹溺

水大量经口、鼻进入肺内，导致呼吸道阻塞，发生急性缺氧而窒息死亡的事故。包括高处坠落淹溺，不包括矿山、井下透水淹溺。

（7）灼烫

火焰烧伤、高温物体烫伤、化学灼伤（酸、碱、盐、有机物引起的体内外灼伤）、物理

安／全／系／统／工／程

灼伤（光、放射性物质引起的体内外灼伤）。不包括电灼伤和火灾引起的烧伤。

（8）火灾

火灾引起的烧伤、窒息、中毒等伤害。

（9）高处坠落

在高处作业时发生坠落造成的伤亡事故，包括由高处落地和由平地落入地坑。不包括触电坠落事故。

（10）坍塌

物体在外力或重力作用下，超过自身的强度极限或因结构稳定性破坏而造成的事故，如挖沟时的土石塌方、脚手架坍塌、堆置物倒塌等。不包括矿山冒顶、片帮和车辆、起重机械、爆破引起的坍塌。

（11）冒顶片帮

矿井工作面、巷道侧壁支护不当或压力过大造成的顶板冒落、侧壁垮塌事故。

（12）透水

从事矿山、地下开采或其他坑道作业时，因涌水造成的伤害。不包括地面水害事故。

（13）放炮

放炮是由爆破作业引起的伤害，包括因爆破引起的中毒（"放炮"在《煤炭科技名词》中已规范为"爆破"）。

（14）火药爆炸

火药爆炸是指火药、炸药及其制品在生产、加工、运输、储存中发生的爆炸事故。

（15）瓦斯爆炸

瓦斯爆炸是指可燃性气体瓦斯、煤尘与空气混合形成的混合物的爆炸。

（16）锅炉爆炸

锅炉爆炸适用于工作压力在 0.07MPa 以上、以水为介质的蒸汽锅炉的爆炸。

（17）容器爆炸

容器爆炸是指压力容器破裂引起的气体爆炸（物理性爆炸）以及容器内盛装的可燃性液化气体在容器破裂后立即蒸发，与周围的空气混合形成爆炸性气体混合物遇到火源时产生的化学爆炸。

（18）其他爆炸

其他爆炸是指可燃性气体、蒸气、粉尘等与空气混合形成爆炸性混合物的爆炸，如炉膛、钢水包、亚麻粉尘等爆炸。

（19）中毒和窒息

中毒和窒息是指职业性毒物进入人体引起的急性中毒事故，或缺氧窒息性伤害。

（20）其他伤害

其他伤害是指上述范围之外的伤害事故，如扭伤、非机动车碰撞轧伤、滑倒碰倒、非高处作业跌落损伤等。

【例 2-2】某机械加工企业的主要生产设备为金属切削机床，包括车床、钻床、冲床、剪床、铣床、磨床等，车间还安装了 3t 桥式起重机，配备了 2 辆叉车。该公司事故统计资料显示某一年内发生冲床断指的事故共有 14 起。

问题：根据《企业职工伤亡事故分类》（GB 6441—1986）对该企业的危险和有害因素进行辨识，并说明产生危险和有害因素的原因。

答：根据《企业职工伤亡事故分类》（GB 6441—1986），该企业存在危险和有害因素及产生原因列于表 2-2。

表 2-2　危险和有害因素类别及其产生原因

序号	危险和有害因素	产生原因
1	机械伤害	机械设备旋转部位(齿轮、联轴节、工具、工件等)无防护设施或防护装置失效,以及因人员操作失误或操作不当等导致碾、绞、切等伤害;机械设备之间的距离过小或设备活动机件与墙、柱的距离过小而造成人员挤伤;冲剪压作业时由于防护失灵等造成伤人事故;机械设备上的尖角、锐边等可能划伤人体
2	物体打击	机械设备防护不到位,工件装夹不牢固,操作失误等造成工件、工具或零部件飞出伤人
3	起重伤害	起重设备质量缺陷、安全装置失灵、操作失误、管理缺陷等因素均可造成起重机械伤害
4	车辆伤害	由场内叉车引起的事故
5	高处坠落	由于从事高处作业可能引起事故
6	触电	设备漏电,未采取必要的安全技术措施(如保护接零、漏电保护、安全电压、等电位连接等),或安全措施失效,操作人员的操作失误或违章作业等可能导致人员触电
7	火灾	机械设备使用的润滑油属于易燃物品,在外界火源作用下可能会引起火灾;电气设备出现故障、电线绝缘老化、电气设备检查维护不到位等还可能引起电气火灾

2.2.3　按导致职业病的原因分类

国家卫生计生委、人力资源社会保障部、安全监管总局、全国总工会于 2015 年 11 月 17 日联合发布了《职业病危害因素分类目录》,可根据此目录对职业病危害因素进行分类,具体如下。

（1）粉尘（52 类）

主要包括：矽尘（游离 SiO_2 含量≥10％）、煤尘、石墨粉尘、铝尘、棉尘、硬质合金粉尘等。

（2）化学因素（375 类）

主要包括：铅及其化合物（不包括四乙基铅）、汞及其化合物、钡及其化合物、氯气、光气（碳酰氯）、氨、一氧化碳、硫化氢、氯酸钾等。

（3）物理因素（15 类）

主要包括：噪声、高温、低温、高原低氧、振动、激光、微波、紫外线、高频电磁场等。

（4）放射性因素（8 类）

主要包括：密封放射源产生的电离辐射、非密封放射源物质、X 射线装置（含 CT 机）产生的电离辐射、加速器产生的电离辐射、中子发生器产生的电离辐射、铀及其化合物等。

（5）生物因素（6 类）

主要包括：艾滋病病毒、布鲁氏菌、伯氏疏螺旋体、森林脑炎病毒、炭疽芽孢杆菌等。

（6）其他因素（3 类）

主要包括：金属烟等。

2.3 危险、有害因素辨识

2.3.1 危险、有害因素辨识原则

（1）科学性

危险、有害因素辨识是分辨、识别、分析确定系统内存在的危险，它是预测安全状态和事故发生途径的一种手段，这就要求进行危险、有害因素识别时必须有科学的安全理论指导，使之能真正揭示系统安全状况，危险、有害因素存在的部位和方式，事故发生的途径及其变化规律，并予以准确描述，以定性、定量的概念清楚地表示出来，用严密的合乎逻辑的理论予以解释。

（2）系统性

危险、有害因素存在于生产活动的各个方面，因此要对系统进行全面、详细的剖析，研究系统与系统以及各子系统之间的相关和约束关系，分清主要危险、有害因素及其危险危害性。

（3）全面性

危险、有害因素辨识时不要发生遗漏，以免留下隐患。要从厂址、自然条件、储存、运输、建（构）筑物、生产工艺、生产设备装置、特种设备、公用工程、安全管理系统、设施、制度等各个方面进行分析与识别。不仅要分析正常生产运行时的操作中存在的危险、有害因素，还要分析识别开车、停车、检修、装置受到破坏及操作失误等情况下的危险危害性。

（4）预测性

对于危险、有害因素辨识，还要分析其触发事件，即危险、有害因素出现的条件或设想的事故模式。

2.3.2 危险、有害因素辨识内容

危险、有害因素辨识的内容主要包括以下几个方面。

（1）危险的组分

例如：燃料、爆炸物、毒物的结构材料、压力系统等。

（2）环境的约束条件

例如：坠落、冲击、振动、高温、噪声、着火、雷击、静电等。

（3）系统构成中与安全问题有关的内容

例如：着火及爆炸的开始、材料的兼容性等。

（4）使用、试验、维修与应急程序

例如：人-机工程、设备布局、照明要求、紧急出口、营救等。

（5）设施、保障设备

例如：可能包含毒物、可燃物、爆炸物、腐蚀性等。

（6）安全设备、安全措施和可能的备选方法

例如：联锁保护、人员防护设备等。

2.3.3 危险、有害因素辨识方法

不同种类的危险、有害因素有不同的辨识方法，对于有可供参考先例的，可以用直观经验法辨识。直观经验法包括对照分析法和类比推断法。

（1）对照分析法

对照分析法即对照有关标准、法规、检查表或依靠分析人员的观察能力，借助其经验和判断能力，直观地对分析对象的危险、有害因素进行分析。对照分析法具有简单、易行的优点，但由于它借鉴以往的经验，因此容易受到分析人员的经验、知识和资料局限等方面的限制。

（2）类比推断法

类比推断法也是实践经验的积累和总结，它是利用相同或类似工程中作业条件的经验以及安全的统计来类比推断被评价对象的危险、有害因素。新建的工程可以考虑借鉴具有同类规模和装备水平企业的经验来进行危险、有害因素辨识，结果具有较高的置信度。

对复杂的系统进行分析时，应采用系统安全分析方法，常用的系统安全分析方法有：安全检查表分析法、预先危险性分析法、故障类型与影响分析法、危险可操作性研究、事故树分析方法、危险指数法、概率危险评价方法、故障假设分析法等。

2.4 工业过程危险、有害因素辨识

2.4.1 总图布置及建筑物危险、有害因素辨识

（1）厂址

从厂址的工程地质、地形地貌、水文、气象条件、周围环境、交通运输条件、自然灾害、消防支持等方面进行分析辨识。

（2）总平面布置

从功能分区、防火间距和安全间距、风向、建筑物朝向、危险危害物质设施（氧气站、乙炔气站、压缩空气站、锅炉房、液化石油气站等）、道路、储运设施等方面进行分析辨识。

（3）道路及运输

从运输、装卸、消防、疏散、人流、物流、平面交叉运输等方面进行分析辨识。

（4）建筑物

从厂房的生产火灾危险性分类、耐火等级、结构、层数、占地面积、防火间距、安全疏散等方面进行分析辨识。

2.4.2 生产工艺过程危险、有害因素辨识

（1）对新建、改建、扩建项目设计阶段危险、有害因素的辨识

对新建、改建、扩建项目设计阶段的危险、有害因素应从以下几个方面进行辨识。

① 对设计阶段是否通过合理的设计进行考查，尽可能从根本上避免危险、有害因素的发生。例如：是否采用无害化工艺技术，以无害物质代替有害物质并实现过程自动化等。

② 当消除危险、有害因素有困难时，对是否采取了预防性技术措施来预防危险危害的发生进行考查。例如：是否设置安全阀、防爆阀（膜），是否有效的泄压面积和可靠的防静电接地、防雷接地、保护接地、漏电保护装置等。

③ 当无法消除危险或危险难以预防时，对是否采取了减少危险危害发生的措施进行考查。例如：是否设置防火堤、涂防火涂料，是否是敞开或半敞开式的厂房，防火间距、通风是否符合国家标准的要求，是否以低毒物质代替高毒物质，是否采取减振、消声和降温措施等。

④ 当无法消除、预防和减少危险的发生时，对是否将人员与危险、有害因素隔离等进行考查。例如：是否实行遥控、设置隔离操作室、安装安全防护罩、配备劳动保护用品等。

⑤ 当操作者失误或设备运行达到危险状态时，对是否能通过联锁装置来终止危险危害的发生进行考察。例如：考察是否设置锅炉低水位时停炉联锁保护等。

⑥ 在易发生故障和危险性较大的地方，对是否设置了醒目的安全色、安全标志和声光警示装置等进行考查。例如：厂内铁路或道路交叉口、危险品库、易燃易爆物质区等。

（2）在进行安全现状评价时，利用行业和专业的安全标准、规程进行分析辨识

进行安全现状评价时，经常利用行业和专业的安全标准、规程进行分析辨识。例如对化工、石油化工工艺过程的危险危害性辨识，可以利用该行业的安全标准及规程着重对以下几种工艺过程进行辨识。

① 存在不稳定物质的工艺过程（如原料、中间产品、副产品、添加物或杂质等不稳定物质）。

② 含有易燃物料，且在高温、高压下运行的工艺过程。

③ 含有易燃物料，且在冷冻状况下运行的工艺过程。

④ 在爆炸极限范围内或接近爆炸性混合物的工艺过程。

⑤ 有可能形成尘、雾爆炸性混合物的工艺过程。

⑥ 有剧毒、高毒物料存在的工艺过程。

⑦ 储有压力能量较大的工艺过程。

⑧ 能使危险物的良好防护状态遭到破坏或者损害的工艺过程。

⑨ 工艺过程参数（如反应温度、压力、浓度、流量等）难以严格控制并可能引发事故的工艺过程。

⑩ 工艺过程参数与环境参数具有很大差异，系统内部或者系统与环境之间在能量的控制方面处于严重不平衡状态的工艺过程。

⑪ 一旦脱离防护状态，危险物质会大量积聚的工艺过程和生产环境（如危险气、液的排放，尘、毒严重的车间内通风不良等）。

⑫ 有电气火花、静电危险性或其他明火作业的工艺过程，或有炽热物、高温熔融物的危险工艺过程或生产环境。

⑬ 能使设备可靠性降低的工艺过程（如低温、高温、振动和循环负荷疲劳影响等）。

⑭ 由于工艺布置不合理而较易引发事故的工艺过程。

⑮ 在危险物生产过程中有强烈机械作用影响的工艺过程（如摩擦、冲击、压缩等）。

⑯ 容易产生混合危险的工艺过程或者有危险物存在的工艺过程。

（3）根据典型的单元过程（单元操作）进行危险、有害因素辨识

典型的单元过程是各行业中具有典型特点的基本过程或基本单元。单元操作过程中的危险性是由所处理物料的危险性决定的。例如：化工生产过程中的氧化、还原、硝化、电解、聚合、催化、裂化、氯化、磺化、重氮化、烷基化等，石油化工生产过程的催化裂化、加氢裂化、加氢精制、裂解、催化脱氯、催化氧化等，电力生产过程的锅炉制粉系统、锅炉燃烧系统、锅炉热力系统、锅炉水处理系统、锅炉压力循环系统、汽轮机系统、发电机系统等。这些单元过程的危险、有害因素已经归纳总结在许多手册、规范、规程和规定中，通过查阅均能得到。这类方法可以使危险、有害因素的识别比较系统，避免遗漏。

2.4.3 主要设备或装置危险、有害因素辨识

（1）工艺设备、装置的危险、有害因素辨识

工艺设备、装置的危险、有害因素辨识主要包括：设备本身是否能满足工艺的要求，标准设备是否由具有生产资质的专业工厂所生产、制造；是否具备相应的安全附件或安全防护装置，如安全阀、压力表、温度计、液压计、阻火器、防爆阀等；是否具备指标性安全技术措施，如超限报警、故障报警、状态异常报警等；是否具备紧急停车的装置；是否具有检修时不能自动投入运行、不能自动反向运转的安全装置等。

（2）专业设备的危险、有害因素辨识

① 化工设备的危险、有害因素辨识主要检查这些设备是否有足够的强度、刚度，是否有可靠的耐腐蚀性，是否有足够的抗高温蠕变性，是否有足够的抗疲劳性，密封是否安全可靠，安全保护装置是否配套。

② 机械加工设备的危险、有害因素辨识可以根据相应的标准、规程进行。例如：机械加工设备的一般安全要求，磨削机械安全规程，剪切机械安全规程，电机外壳防护等级等。

2.4.4 电气设备危险、有害因素辨识

电气设备的危险、有害因素辨识应紧密结合工艺的要求和生产环境的状况来进行。一般可考虑从以下几方面进行。

① 电气设备的工作环境是否属于易发生爆炸和火灾、有粉尘、潮湿、腐蚀的环境。

② 电气设备是否满足环境要求。

③ 电气设备是否具有国家指定机构的安全认证标志，特别是防爆电器的防爆等级。

④ 电气设备是否为国家颁布的淘汰产品。

⑤ 用电负荷等级对电力装置的要求是否满足。

⑥ 是否存在电气火花引燃源。

⑦ 触电保护、漏电保护、短路保护、过载保护、绝缘、电气隔离、屏护、电气安全距离等是否可靠。

⑧ 是否根据作业环境和条件选择安全电压，安全电压值和设施是否符合规定。

⑨ 防静电、防雷击等电气连接措施是否可靠。

⑩ 管理制度是否完善。

⑪ 事故状态下的照明、消防、疏散用电及应急措施用电是否正常。

⑫ 自动控制装置，如不间断电源、冗余装置等是否可靠。

2.4.5 特种设备危险、有害因素辨识

特种设备是指涉及生命安全或危险性较大的锅炉、压力容器（含气瓶）、压力管道、起

重机械等。特种设备的设计、生产、安装、使用应具有相应的资质或许可证,应按相应的规程标准进行辨识。如蒸汽锅炉安全技术监察规程、热水锅炉安全技术监察规定、起重机械安全规程以及特种设备质量监督与安全监察规程等。

锅炉、压力容器、压力管道主要由于安全防护装置失效、承压元件失效或密封元件失效,使其内部具有一定温度和压力的工作介质失控,从而导致事故的发生。常见的锅炉、压力容器、压力管道失效主要有泄漏和破裂爆炸。所谓泄漏,是指工作介质从承压元件内向外漏出或其他物质由外部进入承压元件内部的现象。如果漏出的物质是易燃、易爆、有毒、有害物质,不仅可以造成热(冷)伤害,还可能引发火灾、爆炸、中毒、腐蚀或环境污染。引起泄漏的主要原因有设备存在缺陷、腐蚀、垫片老化、法兰变形等。所谓破裂爆炸,是指承压元件出现裂缝、开裂或破碎的现象。承压元件最常见的破裂形式有韧性破裂、脆性破裂、疲劳破裂、腐蚀破裂和蠕变破裂等。

起重机械的主要危险、有害因素有:由于基础不牢、超工作能力范围运行和运行时碰到障碍等原因造成的翻倒;超过工作载荷、超过运行半径等引起的超载;与建筑物、电缆线或其他起重机械相撞;设备置放在坑或下水道的上方,支撑架未能伸展,未能支撑于牢固的地面上造成的基础损坏;由于视野限制、技能培训不足等造成的误操作;负载从吊轨或吊索上脱落等。

2.4.6 企业内特种机械危险、有害因素辨识

(1)厂内机动车辆

厂内机动车辆应该制造良好、没有缺陷,载重量、容量及类型应与用途相适应。车辆所使用动力的类型应相适应,车辆应加强维护,任何损坏均需报告并及时修复,操作应有安全防护措施,应按制造者的要求来使用厂内机动车辆及其附属设备。厂内机动车辆主要的危险、有害因素有:提升重物动作太快,超速驾驶,突然刹车,碰撞障碍物,在已有重物时使用前铲,在车辆前部有重载时下斜坡、横穿斜坡或在斜坡上转弯,卸载和在不适的路面或支撑条件下运行等引起的翻车,超过车辆的最大载荷,运载车辆在运送可燃气体时本身也有可能成为火源,在没有乘椅及相应设施时载有乘员。

(2)传送设备

最常用的传送设备有胶带输送机、滚轴和齿轮传送装置,其主要的危险、有害因素有:肢体被夹入运动的装置中,肢体与运动部件接触而被擦伤,肢体卷到机器轮子、带子之中,不正确的操作或者物料高空坠落造成的伤害。

2.4.7 登高装置危险、有害因素辨识

主要的登高装置有梯子、活梯、活动架、脚手架(通用的或塔式的)、吊笼、吊椅、升降工作平台、动力工作平台等,其主要危险、有害因素有:登高装置自身结构方面的设计缺陷,支撑基础下沉或毁坏,不恰当地选择了不够安全的作业方法,悬挂系统结构失效,因承载超重而使结构损坏,因安装、检查、维护不当而造成结构失效,因为不平衡造成的结构失效,所选设施的高度及臂长不能满足要求而超限使用,由于使用错误或者理解错误而造成的不稳,负载爬高,攀登方式不对或脚上穿着物不合适、不清洁造成跌落,未经批准而使用或更改作业设备,与障碍物或建筑物碰撞,电动、液压系统失效,运动部件卡住。

2.4.8 危险化学品危险、有害因素辨识

（1）危险化学品的危险特性辨识

危险化学品包括爆炸品，压缩气体和液化气体，易燃液体，易燃固体、自燃物品和遇湿易燃物品，氧化剂和有机过氧化物，毒害品和感染性物品，放射性物品和腐蚀品等 8 大类 21 项。

① 爆炸品的危险特性。

爆炸品是指在外界作用下（如受热、受摩擦、撞击等）能发生剧烈化学反应，瞬时产生大量气体和热量，使周围压力急剧上升，发生爆炸，对周围环境造成破坏的物品。爆炸品具有以下危险特性。

（a）敏感易爆性：通常能引起爆炸品爆炸的外界作用有热、机械撞击、摩擦、冲击波、爆轰波、光、电等，爆炸品的起爆能越小，则敏感度越高，其危险性越大。

（b）遇热危险性：爆炸品遇热达到一定的温度即自行着火爆炸。一般爆炸品的起爆温度较低，如雷酸汞为 165℃，苦味酸为 200℃。

（c）机械作用危险性：爆炸品受到撞击、振动、摩擦等机械作用时就会爆炸着火。

（d）静电火花危险性：爆炸品是电的不良导体，在包装、运输过程中容易产生静电，一旦发生静电放电就会引起爆炸。

（e）火灾危险性：绝大多数爆炸都伴有燃烧，爆炸时可形成数千摄氏度的高温，会造成重大火灾。

（f）毒害性：绝大多数爆炸品爆炸时会产生 CO、CO_2、NO、NO_2、HCN、N_2 等有毒或窒息性气体，从而引起人体中毒、窒息。

② 压缩气体和液化气体的危险特性。

压缩气体和液化气体是指压缩、液化或加压溶解，并符合下述两种情况之一的气体：临界温度低于 50℃，或在 50℃时，其蒸气压力大于 294kPa 的压缩或液化气体；温度在 21.1℃时，气体的绝对压力大于 275kPa，或在 54.4℃时，气体的绝对压力大于 715kPa 的压缩气体，或温度在 37.8℃时，雷德蒸气压大于 275kPa 的液化气体或加压溶解气体。按其性质分为易燃气体、不燃气体（包括助燃气体）和有毒气体。压缩气体和液化气体具有以下危险特性。

（a）爆炸危险性：一般压缩气体和液化气体都盛装在密闭的容器内，一旦容器失效，气体会急剧膨胀而造成伤害。在密闭容器内，气体受热的温度越高，压力就越大，当压力超过容器的耐压强度时就会造成爆炸事故。

（b）燃烧爆炸危险性：易燃可燃气体与空气混合能形成爆炸性气体，遇明火极易发生燃烧爆炸。

（c）其他危险性：如毒性、刺激性、致敏性、腐蚀性、窒息性等。

③ 易燃液体的分类及危险特性。

易燃液体是指闭杯试验闪点等于或低于 61℃ 的液体、液体混合物或含有固体物质的液体。根据易燃液体的储运特点和火灾危险性的大小，《建筑设计防火规范》（GB 50016—2014，2018 年版）将其分为甲类（闪点＜28℃）、乙类（28℃≤闪点＜60℃）、丙类（闪点≥60℃）三种。根据易燃液体闪点（闭杯）和初沸点高低，依据《危险货物分类和品名编号》（GB 6944—2012）将易燃液体分为三类，分别是Ⅰ类（初沸点≤35℃）、Ⅱ类（闪点＜23℃，初沸点＞35℃）、Ⅲ类（23℃≤闪点≤60℃，初沸点＞35℃）。

易燃液体有以下危险特性。

(a) 易挥发性：易燃液体大部分属于沸点低、闪点低、挥发性强的物质，随着温度的升高，蒸发速度加快，当蒸气与空气达到一定浓度时遇火源极易发生燃烧爆炸。

(b) 易燃性：闪点越低，越容易点燃，火灾危险性就越大。

(c) 易产生静电性：大部分易燃液体为非极性物质，在管道、储罐、槽车、油船中输送、摇晃、搅拌和高速流动时，由于摩擦会产生静电，当所带的静电荷积聚到一定程度时，就会产生静电火花，有引起燃烧和爆炸的危险。

(d) 流动扩散性：易燃液体具有流动扩散性，大部分黏度较小，易流动，有蔓延和扩大火灾的危险。

(e) 毒害性：大多数易燃液体都有一定的毒性，对人体的内脏器官和系统有毒害作用。

④ 易燃固体、自燃物品和遇湿易燃物品的危险特性。

易燃固体是指燃点低，对受热、撞击、摩擦敏感，易被外部火源点燃，燃烧迅速，并可能散发出有毒烟雾或有毒气体的固体。

自燃物品是指自燃点低，在空气中易发生氧化反应放出热量而自行燃烧的物品。

遇湿易燃物品则指遇水或受潮时，发生剧烈化学反应，放出大量的易燃气体和热量的物品，有些不需明火，即能燃烧或爆炸。

易燃固体的危险特性为：燃点低；容易被氧化；受热易分解或升华；遇火种、热源常会引起强烈、连续的燃烧；与强酸作用易燃易爆；受摩擦、撞击、振动易燃；当固体粒度小于 0.01mm 时，可悬浮于空气中，与空气中的氧接触发生氧化作用，与空气的接触机会越多，发生氧化作用也就越容易，燃烧也就越快，就越具有爆炸危险性；易燃固体与氧化剂接触，能发生剧烈反应而引起燃烧或爆炸，如赤磷与氯酸钾接触，硫黄粉与氢酸钾或过氧化钠接触，均易立即发生燃烧爆炸；本身或其燃烧产物有毒等。

自燃物品的危险特性为：自燃物品多具有容易氧化、分解的性质，且燃点较低，不需外界火源；会在常温空气中由物质自身的物理和化学作用放出热量，如果散热受到阻碍，就会热量蓄积而导致温度升高，达到自燃点而引起燃烧；其自行的放热方式有氧化热、分解热、水解热、聚合热、发酵热等。

遇湿易燃物品的危险特性为：活泼金属及合金类、金属氢化物类、硼氧化物类、金属粉末类的物品遇湿剧烈反应，放出 H_2 和大量热，致使 H_2 燃烧爆炸；金属碳化物类、有机金属化合物类，如 K_4C、Na_4C、Ca_2C、Al_4C_3 等遇湿会放出 C_2H_2、CH_4 等极易着火爆炸的物质；金属磷化物与水作用会生成易燃、易爆、有毒的 PH_3；金属硫化物遇湿会生成有毒可燃的 H_2S 气体；生石灰、无水氯化铝、过氧化钠、苛性钠、发烟硫酸、三氯化磷等遇水会放出大量热，会将邻近可燃物引燃。

⑤ 氧化剂和有机过氧化物的危险特性。

氧化剂指处于高氧状态，具有强氧化性，易分解并放出氧和热量的物质，包括含有过氧基的无机物，可与粉末状可燃物组成爆炸性混合物，另外还有对热、振动或摩擦较为敏感的物质。按其危险性大小，氧化剂分为一级氧化剂和二级氧化剂。

有机过氧化物指分子组成中含有过氧基，其本身易燃、易爆、极易分解，对热、振动和摩擦极为敏感的有机物。

氧化剂和有机过氧化物具有如下特性。

氧化剂中的无机过氧化物均含有过氧基（—O—O—），很不稳定，易分解放出原子氧，其余的氧化剂则分别含有高价态的氯、溴、氮、硫、锰、铬等元素，这些高价态的元素都有极强的获得电子的能力。因此氧化剂最突出的性质就是遇到易燃物品、可燃物品、有机物、还原剂等会发生剧烈化学反应而引起燃烧爆炸。

有机过氧化物本身就是可燃物，易着火燃烧，受热分解的生成物又均为气体，更易引起爆炸。所以，有机过氧化物比无机氧化物有更大的火灾爆炸危险。

许多氧化剂如氯酸盐类、硝酸盐类、有机过氧化物等对摩擦、撞击、振动极为敏感，储运中要轻装轻卸，以免增加其爆炸的可能性。

大多数氧化剂，特别是碱性氧化剂，遇酸反应剧烈，甚至发生爆炸。例如过氧化钠（钾）、氯酸钾、高锰酸钾、过氧化二苯甲酰等，遇硫酸立即发生爆炸。这些氧化剂不得与酸类接触，也不可用酸碱灭火剂灭火。

有些氧化剂特别是活泼金属的过氧化物，如过氧化钠（钾）等，遇水分解出氧气和热量，有助燃作用，使可燃物质燃烧，甚至爆炸。这些氧化剂应防止受潮。灭火时严禁用水、酸碱、泡沫、二氧化碳等。

⑥ 毒害品和感染性物品的危险特性。

毒害品是指进入肌体后，累积达一定的量，能与体液和组织发生生物化学作用或生物物理学作用，扰乱或破坏肌体的正常生理功能，引起暂时性或持久性的病理改变，甚至危及生命的物品。感染性物品指含有致病的微生物，能引起病态，甚至死亡的物质。

其中毒害品按其毒性大小分为一级毒害品和二级毒害品。毒害品的危险特性主要有如下几个方面。

（a）溶解性：很多毒害品水溶性或脂溶性较强。毒害品在水中溶解度越大，毒性越大，如氧化钡易溶于水，对人体危害大，而硫酸钡不溶于水和脂肪，故无毒。但有的有毒物原不溶于水但可溶于脂肪，这类物质也会对人体产生一定危害。

（b）挥发性：大多数有机毒害品挥发性较强，易使人体因吸入蒸气而中毒。毒物的挥发性越强，导致中毒的可能性越大。一般沸点越低的物质，挥发性越强，空气中存在的浓度就越高，越容易引起中毒。

（c）氧化性：在无机有毒品中，汞和铝的氧化物都具有氧化性，与还原性的物质接触，易引起燃烧爆炸，并产生毒性极强的气体。

（d）分散性：固体毒物颗粒越小，分散性越好，特别是一些悬浮于空气中的毒物颗粒，更易被吸入肺泡而引起中毒。

（e）遇水、遇酸分解性：大多数毒害品遇酸或酸雾分解并放出有毒的气体，有的气体还具有易燃和自燃危险性，有的甚至遇水会发生爆炸。

（f）遇高热、明火、撞击发生燃烧爆炸：芳香族的二硝基氯化物、萘酚、酚钠等化合物遇高热、撞击等都可能引起爆炸并分解出有毒气体，遇明火会发生燃烧爆炸。

（g）闪点低、易燃：目前列入危险品的毒害品共 536 种，有火灾危险的为 476 种，占总数的 89%，而其中易燃烧液体为 236 种，有的闪点极低。

（h）遇氧化剂发生燃烧爆炸：大多数有火灾危险的毒害品，遇氧化剂都能发生反应，此时遇火就会发生燃烧爆炸。

⑦ 放射性物品的危险特性。

放射性物品是指放射性比活度大于 7.4×10^4 Bq/kg 的物品。按其放射性大小分为一级放射性物品、二级放射性物品和三级放射性物品。

放射性物品的危险特性主要有如下几个方面。

（a）放射性：能自发地、不断地释放出人的感觉器官不能觉察到的射线。放射性物质释放出的射线分为 4 种，即 α 射线、β 射线、γ 射线和中子流。当射线从人体外部照射时，β 射线、γ 射线和中子流对人的危害很大，达到一定剂量可使人患放射病，甚至死亡。

（b）毒性：许多放射性物品毒性很大，如钋-210、镭-226、钍-230等都是剧毒的放射性物品，钠-22、钴-60、锶-90、碘-131、铅-210等为高毒的放射性物品，均应注意。

（c）防护方法单一：不能用化学方法或者其他方法使放射性物质不放出射线，而只能设法把放射性物质清除或者用适当的材料予以吸收屏蔽。

⑧ 腐蚀品的危险特性。

腐蚀品是指能灼伤人体组织并对金属等物品造成损坏的固体或液体，按化学性质分为酸性腐蚀品、碱性腐蚀品和其他腐蚀品，按腐蚀性的强弱又分为一级腐蚀品和二级腐蚀品。

腐蚀品的危险特性主要有以下几个方面。

（a）腐蚀性：与人体及设备、建筑物、构筑物、车辆、船舶的金属结构都易发生化学反应，使之腐蚀并遭受破坏。

（b）氧化性：腐蚀品如浓硫酸、硝酸、氯磺酸、漂白粉等都是氧化性很强的物质。与还原剂接触易发生强烈的氧化还原反应，放出大量的热，容易燃烧。

（c）稀释放热性：多种腐蚀品遇水会放出大量的热，易燃液体四处飞溅会造成人体灼伤。

（2）危险化学品包装物的危险、有害因素辨识

危险化学品包装物的危险、有害因素辨识主要从以下几个方面进行。

① 包装的结构是否合理，强度是否足够，防护性能是否完好，包装的材质、形式、规格、方法和单件质量是否与所装危险货物的性质和用途相适应，以便于装卸、运输和储存。

② 包装的构造和封闭形式是否能承受正常运输条件下的各种作业风险，不应因温度、湿度或压力的变化而发生任何渗（撒）漏，包装表面不允许粘附有害的危险物质。

③ 包装与内装物直接接触部分是否有内涂层或进行了防护处理，包装材质是否与内装物发生化学反应而形成危险产物或削弱包装强度，容器是否固定。

④ 盛装液体的容器是否能经受在正常运输条件下产生的内部压力，灌装时是否留有足够的膨胀余量（预留容积），除另有规定外，能否保证在温度为55℃时，内装液体不会完全充满容器。

⑤ 包装封口是否根据内装物性质采用严密的液密封口或气密封口。

⑥ 盛装需浸湿或加有稳定剂的物质时，在储运期间，其容器封闭形式是否能有效保证内装液体（水、溶剂和稳定剂）的百分比保持在规定的范围以内。

⑦ 有降压装置的包装，其排气孔设计和安装是否能防止内装物泄漏和外界杂质进入，排出的气体量是否造成危险和污染环境。

⑧ 盒包装的内容器和外包装是否紧密贴合，外包装是否有擦伤内容器的凸出物。

2.4.9　作业环境危险、有害因素辨识

作业环境中的危险、有害因素主要有危险物质、生产性粉尘、工业噪声与振动、温度与湿度以及辐射等。

（1）危险物质的危险、有害因素辨识

生产中的原材料、半成品、中间产品、副产品以及储运中的物质以气态、液态或固态存在，它们在不同的状态下具有不同的物理、化学性质及危险危害特性，因此，了解并掌握这些物质固有的危险特性是进行危险、有害因素辨识、分析和评价的基础。

危险物质的辨识应从其理化性质、稳定性、化学反应活性、燃烧及爆炸特性、毒性及健康危害等方面进行。

（2）生产性粉尘的危险、有害因素辨识

在有粉尘的作业环境中长时间工作并吸入粉尘，就会引起肺部组织纤维化、硬化，丧失呼吸功能，导致肺病（尘肺病）。粉尘还会引起刺激性疾病、急性中毒或癌症。当爆炸性粉尘在空气中达到一定浓度（爆炸下限浓度）时，遇火源会发生爆炸。

生产性粉尘主要产生在开采、破碎、粉碎、筛分、包装、配料、混合、搅拌、散粉装卸及输送除尘等生产过程中，在对其进行辨识时，应根据工艺、设备、物料、操作条件等，分析可能产生的粉尘种类和部位。用已经投产的同类生产厂、作业岗位的检测数据或模拟实验测试数据进行类比辨识，通过分析粉尘产生的原因、粉尘扩散的途径、作业时间、粉尘特性等来确定其危害方式和危害范围。

（3）工业噪声与振动的危险、有害因素辨识

工业噪声能引起职业性耳聋或引起神经衰弱、心血管疾病及消化系统疾病的高发，会使操作人员的操作失误率上升，严重时会导致事故发生。工业噪声可以分为机械噪声、空气动力性噪声和电磁噪声等3类。噪声危害的辨识主要根据已掌握的机械设备或作业场所的噪声确定噪声源、声级和频率。

振动危害有整体振动危害和局部振动危害，可导致人的中枢神经、自主神经功能紊乱、血压升高，还会导致设备、部件的损坏。振动危害的辨识应先找出产生振动的设备，然后根据国家标准，参照类比资料确定振动的危害程度。

（4）温度与湿度的危险、有害因素辨识

温度与湿度的危险危害主要表现为：高温、高湿环境影响劳动者的体温调节、水盐代谢、物质系统、消化系统、泌尿系统等。当热调节发生障碍时，轻者影响劳动能力，重者可引起别的病变，如中暑等。水盐代谢的失衡可导致血液浓缩、尿液浓缩、尿量减少，这样就增加了心脏和肾脏的负担，严重时引起循环衰竭和热痉挛。高温作业的工人，高血压发病率较高，而且随着工龄的增加而增加。高温还会抑制中枢神经系统，使工人在操作过程中注意力分散，肌肉工作能力降低，有导致工伤事故的危险。高温可造成灼伤，低湿可引起冻伤。

另外，温度急剧变化时，因热胀冷缩，造成材料变形或热应力过大，会导致材料被破坏。在低湿下金属会发生晶型转变，甚至破裂。高温、高湿环境会加速材料的腐蚀，高温环境可使火灾危险性增大。

生产性热源主要有：工业炉窑（冶炼炉、焦炉、加热炉、锅炉等）、电热设备（电阻炉、工频炉等）、高温工件（如铸锻件）、高温液体（如导热油、热水）、高温气体（如蒸汽、热风、热烟气）等。

在进行温度、湿度危险、有害因素辨识时，应注意了解生产过程中的热源及其发热量、表面绝热层的有无、表面温度高低、与操作者的接触距离等情况。还应了解是否采取了防灼伤、防暑、防冻措施，是否采取了空调措施，是否采取了通风（包括全面通风和局部通风）换气措施，是否有作业环境温度、湿度的自动调节控制措施等。

（5）辐射的危险、有害因素辨识

辐射主要分为电离辐射（如 α 粒子、β 粒子、γ 粒子和中子）和非电离辐射（如紫外线、射频电磁波、微波等）两类。电离辐射伤害则由 α 粒子、β 粒子、γ 粒子和中子极高剂量的放射性作用所造成。非电离辐射中的射频辐射危害主要表现为射频致热效应和非致热效应两个方面。

安/全/系/统/工/程

在进行辐射危险、有害因素辨识时，应了解是否采取了屏蔽降低辐射的措施，是否采取了个体防护措施等。

2.4.10　与手工操作有关的危险、有害因素辨识

在手工进行搬、举、推、拉及运送重物时，有可能导致的伤害有椎间盘损伤、韧带拉伤、肌肉损伤、神经损伤、肋间神经痛、挫伤、擦伤、割伤等。

引起这些危险危害的主要原因有以下几个。

① 远离身体躯干拿取或操纵重物。

② 超负荷推、拉重物。

③ 不良的身体运动或工作姿势，尤其是躯干扭转、弯曲、伸展取东西。

④ 超负荷的负重运动，尤其是举起、搬下或搬运重物的距离过长。

⑤ 负荷物可能突然运动。

⑥ 手工操作的时间及频率不合理。

⑦ 没有足够的休息及恢复体力的时间。

⑧ 工作的节奏及速度安排不合理等。

2.4.11　储运过程危险、有害因素辨识

原料、半成品及成品的储存和运输是企业生产不可缺少的环节，储运的物质中，有不少是危险化学品，一旦发生事故，必然造成重大的经济损失，危险化学品包括爆炸品、压缩气体和液化气体、易燃液体、易燃固体、自燃物品和遇湿易燃物品、氧化剂和有毒品及腐蚀品等。危险化学品储运过程中的危险、有害因素辨识应从以下几方面进行。

爆炸品的储运过程危险、有害因素应从单个仓库中最大允许储存量的要求，分类存放的要求，装卸作业是否具备安全条件，铁路、公路和水上运输是否具备安全条件，爆炸品储运作业人员是否具备相应的资质、知识等方面进行辨识。

整装易燃液体的储存危险、有害因素应从易燃液体的储存状况、技术条件，易燃液体储罐区、堆垛的防火要求等方面进行辨识；其运输危险、有害因素应从装卸作业、公路、铁路和水路运输过程进行辨识。

散装易燃液体的储存危险性应从防泄漏、防流散、防静电、防雷击、防腐蚀、装卸操作和管理等方面进行辨识。

毒害品的储存危险、有害因素应从储存技术条件和库房两方面进行识别。储存技术条件方面着重辨识是否针对毒害品具有的危险特性（如易燃性、腐蚀性、挥发性、遇湿反应性等）采取了相应的措施，是否采取了分离储存、隔开储存和隔离储存的措施，是否存在毒害品包装及封口方面的泄漏危险，是否存在储存温度、湿度方面的危险，另外，还有操作人员作业中失误的危险以及作业环境空气中有毒物品浓度方面的危险。库房方面着重辨识其防火间距、耐火等级、防爆措施等方面的危险、有害因素，以及潮湿、腐蚀和疏散的危险因素。占地面积与火灾危险等级要求方面的危险、有害因素也在着重识别之列。

毒害品运输方面的危险、有害因素应主要从毒害品配装原则方面的危险、有害因素、毒害品公路运输方面的危险、有害因素、毒害品铁路运输方面的危险、有害因素（如溜放危险、连挂时速度的危险、编组中的危险等）、毒害品水路运输方面的危险、有害因素（如装载位置方面的危险、容器封口的危险、易燃毒害品的火灾危险等）等方面进行辨识。

2.4.12 建筑和拆除过程中危险、有害因素辨识

（1）建筑过程中的危险、有害因素辨识

建筑过程中的危险、有害因素集中于"四害"，即高处坠落、物体打击、机械伤害和触电伤害。建筑行业还存在职业卫生问题，首先是尘肺病，此外还有因寒冷、潮湿的工作环境导致的早衰、短寿，因气候过热、长期户外工作导致的皮肤癌，因重复的手工操作过多导致的外伤，以及因噪声导致的听力损失。

（2）拆除过程的危险、有害因素辨识

拆除过程的危险、有害因素主要是建筑物、构筑物过早倒塌以及从工作点和进入通道上坠落，其根本原因是工作不按严格、适用的计划和程序进行。

拓展阅读 2-1

加油站应用实例

拓展阅读 2-2

水泥生产应用实例

拓展阅读 2-3

双乙烯酮生产应用实例

本章小结

（1）危险、有害因素：可对人造成伤亡、影响人的身体健康甚至导致疾病的因素，可以拆分为危险因素和有害因素。

（2）危险因素：能对人造成伤亡或对物造成突发性损害的因素。

（3）有害因素：能影响人的身体健康，导致疾病，或对物造成慢性损害的因素。通常情况下，对危险因素、有害因素并不严格区分，而统称为危险、有害因素。

（4）生产过程中的危险和有害因素按照导致事故的原因分为 4 类，分别是人的因素、物的因素、环境因素、管理因素。

（5）参照《企业职工伤亡事故分类》（GB 6441—1986），考虑起因物、引起事故的诱导性原因、致害物、伤害方式等，将危险有害因素分为 20 类。

（6）危险危害因素辨识原则：科学性、系统性、全面性、预测性。

（7）工业过程危险、有害因素辨识：总图布置及建筑物危险、有害因素辨识，生产工艺过程危险、有害因素辨识，主要设备或装置危险、有害因素辨识，电气设备危险、有害因素辨识，特种设备危险、有害因素辨识，企业内特种机械危险、有害因素辨识，登高装置危险、有害因素辨识，危险化学品危险、有害因素辨识，作业环境危险、有害因素辨识，与手工操作有关危险、有害因素辨识，储运过程危险、有害因素辨识，建筑和拆除过程中危险、有害因素辨识。

<<<< 复习思考题 >>>>

（1）依据能量的观点，分析危险、有害因素产生的原因。

（2）危险、有害因素分类依据有哪些？

（3）依据《生产过程危险和有害因素分类与代码》（GB/T 13861—2022），危险、有害因素主要分为哪几大类？

（4）常用的危险、有害因素辨识方法有哪些？

（5）生产工艺过程的危险、有害因素应从哪几个方面去辨识？

（6）对于总图布置，应该从哪些方面辨识其危险、有害因素？

（7）简要分析一个加油加气站（主要危险物料为汽油和液化气）存在的主要危险、有害因素。

参 考 文 献

[1] 沈斐敏. 安全系统工程 [M]. 北京：机械工业出版社，2022.

[2] 徐志胜. 安全系统工程 [M]. 3版. 北京：机械工业出版社，2016.

[3] 沈斐敏. 安全评价 [M]. 徐州：中国矿业大学出版社，2009.

[4] 赵妩，卿惠广，周哲. 化工企业危险有害因素辨识与风险控制研究 [J]. 化工管理，2021（12）：174-175.

[5] 郭彬彬. 煤矿人的不安全行为的影响因素研究 [D]. 西安：西安科技大学，2011.

[6] 李树清. 风险矩阵法在危险有害因素分级中的应用 [J]. 中国安全科学学报，2010，20（4）：83-87.

[7] 郑津洋，等. 长输管道安全：风险辨识、评价、控制 [M]. 北京：化学工业出版社，2004.

[8] 罗云，樊运晓，马晓春. 风险分析与安全评价 [M]. 北京：化学工业出版社，2004.

[9] 林柏泉，张景林. 安全系统工程 [M]. 北京：中国劳动社会保障出版社，2007.

[10] 曹庆贵. 安全评价 [M]. 北京：机械工业出版社，2017.

[11] 汪元辉. 安全系统工程 [M]. 天津：天津大学出版社，1999.

[12] 张乃禄. 安全评价技术 [M]. 西安：西安电子科技大学出版社，2011.

[13] 蒋军成，郭振龙. 工业装置安全卫生预评价方法 [M]. 北京：化学工业出版社，2004.

[14] 张维凡. 常用化学危险物品安全手册：第五卷 [M]. 北京：中国石化出版社，1998.

[15] 张维凡. 常用化学危险物品安全手册：第六卷 [M]. 北京：中国石化出版社，1998.

[16] 陈宝智. 危险源辨识、控制与评价 [M]. 成都：四川科技大学出版社，1996.

[17] 李真庚，刘良坚，孔昭瑞. 石油安全工程 [M]. 北京：石油工业出版社，1991.

[18] 庞学群. 工业卫生工程 [M]. 北京：机械工业出版社，1991.

[19] 张守健. 工程建设安全生产行为研究 [D]. 上海：同济大学，2006.

[20] 樊运晓，卢明，李智，等. 基于危险属性的事故致因理论综述 [J]. 中国安全科学学报，2014，24（11）：139-145.

[21] 中国就业培训技术指导中心，中国安全生产协会. 安全评价师（国家职业资格一级）[M]. 北京：中国劳动社会保障出版社，2010.

[22] 中国就业培训技术指导中心，中国安全生产协会. 安全评价师（国家职业资格二级）[M]. 北京：中国劳动

社会保障出版社，2010.

[23] 中国就业培训技术指导中心，中国安全生产协会．安全评价师（国家职业资格三级）［M］．北京：中国劳动
社会保障出版社，2010.

[24] 李华，胡奇英．预测与决策教程［M］．北京：机械工业出版社，2019.

延 伸 阅 读 文 献

第3章

◀ 系统安全定性分析 ▶

本章学习目标

① 掌握安全检查表、预先危险性分析、危险与可操作性研究、故障类型与影响分析的定义和分析步骤。

② 熟悉安全检查表的分析表格、故障类型与影响分析的故障等级划分方法、作业危害分析的定义及步骤。

③ 了解安全检查表的分类、分级标准，安全检查表的优势和局限，了解危险与可操作性研究的特点，了解计算机系统安全定性分析方法。

④ 能够根据实际问题进行安全检查表分析、预先危险性分析、故障类型与影响分析、危险与可操作性研究分析并绘制相应表格。

3.1 安全检查表

3.1.1 安全检查表概述

（1）安全检查表的定义

安全检查表（safety check list，SCL）是为了查明系统中的不安全因素，依据相关的法律、法规和标准等对系统进行分析，并以提问的形式，将需要检查的项目按系统或子系统顺序编制成的表格。

安全检查表实际上是实施安全检查的项目清单和备忘录。安全检查表既是安全检查和诊断的一种工具，又是发现潜在危险因素的一个有效手段，它简单实用，很受生产现场欢迎。我国引进安全系统工程后，首先在各行业应用的就是安全检查表。

利用安全检查表进行系统安全分析和评价，也叫安全检查表分析法（safety checklist analysis，SCA）。

（2）安全检查表的特点

安全检查表对有计划地解决安全问题是很有效的。其主要特点如下。

① 安全检查表能够事先编制，可以做到系统化、科学化，不漏掉任何可能导致事故的因素，为事故树的绘制和分析做好准备。

② 可以根据现有的规章制度、法律、法规和标准规范等检查执行情况，容易得出正确的评估结论。

③ 通过事故树分析和编制安全检查表，将实践经验上升到理论，从感性认识到理性认识，并用理论去指导实践，充分认识各种影响事故发生的因素的危险程度（或重要程度）。

④ 安全检查表按照原因事件的重要顺序排列，有问有答，通俗易懂，能使人们清楚地知道哪些原因事件最重要，哪些次要，促进职工采取正确的方法进行操作，起到安全教育的作用。

⑤ 安全检查表可以与安全生产责任制相结合，按不同的检查对象使用不同的安全检查表，易于分清责任，还可以提出改进措施，并进行检验。

⑥ 安全检查表是定性分析的结果，是建立在原有的安全检查基础和安全系统工程之上的，简单易学，容易掌握，符合我国现阶段的实际情况，为安全预测和决策提供坚实的基础。

⑦ 只能做定性的评价。

⑧ 只能对已经存在的对象评价。

（3）安全检查表的适用范围

安全检查表适用于对系统生命周期的各个阶段进行安全分析，适用范围涉及生产、工艺、规程、管理等多方面，对检查内容的列举过程即为危险辨识的过程。

该方法适用范围较广，分析精度相对较低，且检查表的质量受编制人员的知识水平和经验影响，生产中安全检查表需要在实践中不断修改完善。

（4）安全检查表的种类

安全检查表的类型可根据其使用目的、使用周期等加以划分。根据检查周期的不同，分为定期安全检查表和不定期安全检查表。根据检查目的的不同，分为设计审查用安全检查表、厂（矿）级安全检查表、车间（工区）用安全检查表、班组及岗位用安全检查表和专业性安全检查表等。下面对几种常用的安全检查表做简单介绍。

① 设计审查用安全检查表。设计审查用安全检查表主要供设计人员在设计工作中应用，同时供安全人员进行设计审查时应用。设计用安全检查表应该系统、全面，应列出有关的规程、规定和标准，以利于设计人员按规程要求进行设计，并可避免设计人员和审查人员发生争议。

② 厂（矿）级安全检查表。厂（矿）级安全检查表既可供全厂（矿）安全检查时应用，又可供安监部门日常巡回检查时应用，还可供上级有关部门巡回检查时应用。这种安全检查表既应系统、全面，又应充分结合本厂（矿）实际设置安全检查项目。

③ 车间（工区）用安全检查表。车间（工区）用安全检查表供各车间（工区）定期安全检查或预防性安全检查工作中应用。其内容应涵盖本车间（工区）防止事故发生的各有关方面，主要集中在防止人身及机械设备的事故方面。

④ 班组及岗位用安全检查表。班组及岗位用安全检查表可供班组、岗位（一般一个班组从事同一岗位）进行自查、互查或安全教育用。其内容主要集中在防止人身事故及误操作引起的事故方面，应根据所在岗位的工艺与设备的防灾控制要点来确定，要求内容具体、易于检查。

⑤ 专业性安全检查表。专业性安全检查表主要用于专业性的安全检查或特种设备的安全检查。例如，煤矿企业可编制用于对采矿、掘进、运输等系统或对主提升机、主排水泵等重要设备进行检查用的专业性安全检查表，化工企业可编制用于对火灾爆炸、有毒气体泄漏事故等进行检查用的专业性安全检查表。专业性安全检查表应突出重点，不必面面俱到，具有专业性强、技术要求高的特点。

3.1.2 安全检查表的编制

（1）编制安全检查表的主要依据

安全检查表应列举需查明的所有能导致工伤或事故的不安全状态和行为。为了使检查表在内容上能结合实际、突出重点、简明易行、符合安全要求，应依据以下四个方面进行编制。

① 有关标准、规程、规范及规定。为了保证安全生产，国家及有关部门发布了各类安全标准及有关的文件，这些是编制安全检查表的一个主要依据。为了便于工作，有时将检查条款的出处加以注明，以便能尽快统一不同意见。

② 事故案例和行业经验。收集国内外同行业及同类产品行业的事故案例，从中发掘出不安全因素，作为安全检查的内容。国内外及本单位在安全管理及生产中的有关经验，自然也是一项重要内容。

③ 通过系统分析，确定的危险部位及防范措施，都是安全检查表的内容。

④ 研究成果。在现代信息社会和知识经济时代，知识的更新很快，编制安全检查表必须采用最新的知识和研究成果，包括新的方法、技术、法规和标准。

（2）安全检查表的格式

安全检查表的格式，没有统一的规定，可以根据不同的要求，设计不同需要的安全检查表。原则上应条目清晰，内容全面，要求详细、具体。总体上讲，目前应用较多的有两种形式，即提问式和对照式安全检查表。

① 提问式。提问式检查表的检查项目内容采用提问方式进行，其一般格式见表3-1。

表 3-1 安全检查表（提问式）

序号	检查项目	检查内容要点	是"√"/否"×"	备注
1				
2				
检查人		时间	直接负责人	

这种格式适用于企业非安全专业的生产人员实施自行检查，只需要按检查表内容和生产实际情况符合性填"√"或"×"，确定当日或较短时期内安全情况。

② 对照式。对照式检查表的检查项目内容后面附上合格标准，检查时对比合格标准作答。对照式检查表的一般格式见表3-2。

表 3-2 安全检查表（对照式）

序号	检查项目	国家技术标准规定项	检查结果	备注
1				
2				
检查结论				

这种格式适用于企业安全管理或安全监管机构的专业人员，按照行业安全技术标准，对照企业生产条件和设备、工艺配置情况设计对应的检查表，填写表格检查结果时需要使用安全术语或相应的数据对比等来明确实际生产状况和安全技术标准或法规间的差距，从而起到准确判断和辅助决策的作用。

此外，在安全标准化实施过程中，也有在安全检查表中增加分值评判等表格项的新格式。总之，安全检查表是应用最广泛、使用最便捷、效果较显著的一种系统性安全分析评价方法，其形式也比较多样。

（3）编制安全检查表的程序

编制安全检查表和对待其他事物一样，都有一个处理问题的程序。图3-1是编制安全检查表的程序框图。

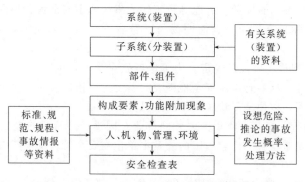

图 3-1　编制安全检查表的程序框图

① 系统的功能分解。一般工程系统（装置）都比较复杂，难以直接编制出总的检查表。我们可按系统工程观点将系统进行功能分解，建立功能结构图。这样既可显示各构成要素、部件、组件、子系统与总系统之间的关系，又可通过各构成要素的不安全状态的有机组合求得总系统的检查表。

② 人、机、物、管理和环境因素。如以生产车间为研究对象，生产车间是一个生产系统，车间中的人、机、物、管理和环境是生产系统中的子系统。从安全观点出发，不只是考虑"人-机系统"，应该是"人-机-物-管理-环境系统"。

③ 潜在危险因素的探求。一个复杂的或新的系统，人们一时难以认识其潜在危险因素和不安全状态，对于这类系统可采用类似"黑箱法"原理来探求，即首先设想系统可能存在哪些危险及其潜在部分，并推论其事故发生过程和概率，然后逐步将危险因素具体化，最后寻求处理危险的方法。通过分析不仅可以发现其潜在危险因素，而且可以掌握事故发生的机理和规律。

（4）编制安全检查表应注意的问题

① 编制安全检查表的过程，实质是理论知识、实践经验系统化的过程，一个高水平的安全检查表需要专业技术的全面性、多学科的综合性和对实际经验的统一性。为此，应组织技术人员、管理人员、操作人员和安全技术人员深入现场共同编制。

② 按照查找隐患要求列出的检查项目应齐全、具体、明确，突出重点，抓住要害。为了避免重复，尽可能将同类性质的问题列在一起，系统地列出问题或状态。另外应规定检查方法，并有合格标准。防止检查表笼统化、行政化。

③ 各类检查表都有其适用对象，各有侧重，是不宜通用的。如专业检查表与日常检查表要加以区分，专业检查表应详细，而日常检查表则应简明扼要，突出重点。

④ 危险性部位应详细检查，确保一切隐患在可能发生事故之前就被发现。

⑤ 编制安全检查表应将安全系统工程中的事故树分析、事件树分析、预先危险性分析和可操作性研究等方法结合进行编制，把一些基本事件列入检查项目中。

（5）安全检查表需要的资源和技术

安全检查表方法并不需要特殊技能，但是研究团队必须始终高度关注细节，坚持不断地收集信息。分析需要的信息则取决于选择了什么检查表。

（6）安全检查表的优势和局限

① 优势。安全检查表方法的优势主要包括以下几点。

(a) 非系统专家可以使用。

(b) 可以利用之前风险评估中积累的经验。

(c) 可以保证常见和比较明显的问题不会被忽略。

(d) 可以在设计阶段发现危险，在此阶段后这些危险就很容易被忽略。

(e) 只需要最少量的设置信息，适用于概念设计阶段。

② 局限。安全检查表方法的局限主要包括以下几点。

(a) 受到以前经验的限制，因此无法发现新型设计中的危险或现有设计中的新型危险。

(b) 会漏掉一些之前没有见过的危险。

(c) 不鼓励创造性思维和头脑风暴，对于研究对象相关风险的本质认知也有限。

总而言之，常见的安全检查表对于大多数风险评估都是有意义的，但是除了那些危险细节已经研究得相当充分的标准设施外，我们在大多数实际工作中都不应该把安全检查表作为唯一的危险识别方法。

3.1.3 安全检查表的其他形式

在安全检查表的使用中，提问式和对照式是较为常用的两种形式。它们可直接查明系统中可能导致事故发生的危险因素（即安全检查表中的不合格项），但当人们需要以量值的概念来了解检查结果时，它们却无法实现。因此，在提问式或对照式安全检查表的基础上，人们按一定的数学方法给检查项目赋予分值，使用这样的安全检查表，最终的检查结果则可用量值来表现，即可引申出以量值（分值）表现的安全检查表形式。

（1）半定量检查结果的形式

这种形式的安全检查表采用了检查判分分级系统。安全检查表的判分分级系统常采用四级判分系列，即 0-1-3-5。其中，不能接受的条件评判为"0"，低于标准较多的条件评判为"1"，稍低于标准的条件评判为"3"，符合标准条件的评判为"5"。

评判分数以检查人员的知识和经验为基础。检查表一般分成不同的检查单元进行检查。为了得到更为有效的检查结果，用所得总分数除以各种类别的最大总分数，以便衡量各单元的安全程度。在汇总表上，分数的总和除以所检查种类的数目，表示所检查的有效的平均百分数。此形式最为典型的有菲利普石油公司使用的安全检查表。

（2）定量化检查结果的形式

采用的定量化安全检查表为逐项赋值安全检查表。

逐项赋值安全检查表应用范围较广。此处"逐项赋值"包含两个含义：第一，在安全检查表制订阶段，由专家按安全检查表内检查项目的重要程度，逐一讨论并赋予一定的值，形成计值安全检查表；第二，检查人员在现场应用此类安全检查表时，根据安全检查表内所列项目逐一进行检查并根据现场检查情况评分。被检查对象单项检查完全合格者给满分，部分合格者按规定标准给满分，完全不合格者记零分。这样逐项逐条检查评分，最后累计各项得分，得到系统安全检查的总分，即

$$m = \sum_{i=1}^{n} m_i \tag{3-1}$$

式中，m 为系统安全检查的结果值；m_i 为某一检查项目的实际测量值。

根据检查计算的结果，结合已经制定的标准确定被检查系统的安全等级及应采取的安全措施。

【例 3-1】编制企业安全文化建设安全检查表。

答：某企业安全文化建设安全检查表见表 3-3。

表 3-3　安全文化建设安全检查结果

检查内容(共 100 分)	扣分及原因	应得分数
有感领导建设(19 分)	无	
全员安全承诺(10 分)	无	
安全目视化管理(10 分)	设备标识有脱落,扣 0.5 分	99.1
安全教育建设(10 分)	上岗证有一人 HSE 成绩缺失,扣 0.2 分	
安全文化宣传(31 分)	无	
围绕公司安全目标开展活动(20 分)	HSE 合理化建议不够,扣 0.2 分	

【例 3-2】 编制企业风险管理安全检查表。

答: 某企业风险管理安全检查表见表 3-4。

表 3-4　风险管理安全检查结果

检查内容(共 400 分)	扣分及原因	应得分数
危害因素辨识评价(40 分)	无	
应急管理(80 分)	应急演练不足扣 6 分(满分 50 分)	
HAZOP 分析(40 分)	无	
工作前安全分析(40 分)	无	
事故管理(40 分)	无	
隐患管理(40 分)	无	392.7
职业卫生管理(30 分)	无	
危险化学品管理(30 分)	有两名外操对危化品了解不够,扣 0.4 分	
设备风险评估(20 分)	无	
消防和气防管理(40 分)	有两个灭火器压力不足,扣 0.4 分;消防水炮转向不灵活,无润滑,扣 0.5 分	

【例 3-3】 编制企业施工作业管理安全检查表。

答: 某企业施工作业管理安全检查表见表 3-5。

表 3-5　施工作业管理安全检查结果

检查内容(共 200 分)	扣分及原因	应得分数
HSE 教育与安全技术交底(6 分)	无	
作业许可(15 分)	无	
文明施工(30 分)	施工时有监护人脱岗,扣 2 分	198
作业安全与劳动防护(149 分)	无	

【例 3-4】 编制企业设备因素安全检查表。

答: 某企业设备因素安全检查表见表 3-6。

表 3-6　设备因素安全检查结果

检查内容	扣分及原因	应得分数
设备完好情况(200 分)	设备 E-1758 泄漏煤油,扣 10 分;2 处蒸汽泄漏,扣 10 分	180
专业档案(60 分)	压力管道台账缺注册标识码和使用证号,扣 0 分	58
特种设备管理(80 分)	无	80
转动设备管理(80 分)	无	80
设备操作规程(20 分)	无	20
防腐管理(60 分)	定点测厚覆盖不全面,扣 2 分	58
设备故障、隐患(70 分)	8 月 7 日隐患检查记录缺设备员签字,扣 2 分	68
仪表与自动控制(30 分)	无	30

【例 3-5】 编制企业工艺因素安全检查表。

答: 某企业工艺因素安全检查表见表 3-7。

表 3-7　工艺因素安全检查结果

检查内容	扣分及原因	应得分数
操作卡(100分)	切换操作卡设备位号 K-1702A 格式不符合要求,缺少开机前检查步骤。扣 10 分	90
工艺卡片(25分)	反应器总体积空速在 DCS 上显示值缺少单位。循环氢脱硫塔液位 28.2%,超指标。工艺卡片中项目名称"氨氮(NH$_4$-N)"书写有问题。扣 5 分	20
工艺变更管理(30分)	无	30
投用前安全检查(30分)	无	30
"两阀-导淋"管理(30分)	两阀-导淋台账未要求格式不符合要求,扣 6 分	24
操作变动(30分)	无	30
工艺纪律执行(30分)	无	30
装置开停工(30分)	10 月 25 日停工操作稳态确认没有班长签字,扣 2 分	28
防冻凝防台防汛(70分)	无	70
化工原材料(30分)	无	30
装置标定(25分)	无	25
工艺员台账(40分)	无	40
月报年报(30分)	2 月份技术月报装置没有按时审批完,扣 4 分	26
操作平稳率(30分)	在工艺卡片中,反应器入口压力等一些控制指标,未在操作参数平稳率统计,扣 2 分	28
工艺记录(70分)	无	70

(3)加权平均法安全检查表

　　加权平均法安全检查表也是一种计值安全检查表,它把某一特定的检查对象或系统按需要划分成若干大类,对每个大类分项按其在系统中的重要性分别赋予一个权值(各项目的权值之和应为1)。每个大类分项还可设置若干二级检查条款,每一条款按其重要程度赋予一个分值,不管每个大类中的条款有多少条,均按统一体系赋分,如 10 分制或 100 分制等。使用时,检查人员可根据每一条款的内容对现场进行检查,并根据检查表内已给定的分值标准评分。被检查对象单项检查完全合格者给满分,部分合格者按规定标准给分,完全不合格者记零分。检查结束后,根据评分结果可分别得到每个大类分项所得的实际得分值(m_i),然后分别乘以各自(各对应的项目)的权值并求和,就可得到该检查对象(系统)检查结果的总分,即

$$M = \sum_{i=1}^{n} k_i m_i \quad 且 \quad \sum_{i=1}^{n} k_i = 1 \qquad (3-2)$$

　　式中,M 为检查对象(系统)检查结果值;m_i 为某一项目所得的实际分值;k_i 为某一项目的权值;n 为检查项目个数。

　　【例 3-6】某工厂安全检查表按检查需要确定出 5 个项目,项目 1 是安全生产管理(权值为 0.3),项目 2 是安全教育与宣传(权值为 0.1),项目 3 是安全工作应知应会(权值为 0.35),项目 4 是作业场所情况(权值为 0.15),项目 5 是推广安全生产管理新技术(权值为 0.1)。5 个检查项目中的每个项目所包含的条件均采用总分 100 分制计分。检查后,每个项目的实际得分分别为 90、90、85、70、85。试求该系统的检查结果的总分值。

答：根据已知条件可知，每个项目的权值为 $k_1=0.3$，$k_2=0.1$，$k_3=0.35$，$k_4=0.15$，$k_5=0.1$。每个项目所得的实际分值为 $m_1=90$，$m_2=90$，$m_3=85$，$m_4=70$，$m_5=85$，则该系统检查结果的总分值按以下计算公式计算。

$$M = \sum_{i=1}^{5} k_i m_i = 0.3 \times 90 + 0.1 \times 90 + 0.35 \times 85 + 0.15 \times 70 + 0.1 \times 85 = 84.75$$

因此该系统检查结果的总分值为 84.75 分。

值得提出的是，无论是半定量化检查结果形式的安全检查表，还是定量化检查结果形式的安全检查表，其实质都属定性检查，只不过是将检查结果用分值来表现而已。这类安全检查表大多在安全评价时使用，若仅单纯为辨识系统中的危险因素，大多采用提问式和对照式安全检查表。另外，具有分值表现的安全检查表的编制方法不止上述两种，可根据使用的需要运用其他方法进行编制。

拓展阅读 3-1

安全检查表拓展应用实例

3.2 预先危险性分析

3.2.1 预先危险性分析的定义

预先危险性分析（preliminary hazard analysis，PHA），是一种定性分析评价系统危险因素和危险程度的方法。预先危险性分析是在每项工程活动之前，如设计、施工、生产之前，或技术改造之后，即制定操作规程和使用新工艺等情况之后，对系统存在的危险性类型、来源、出现条件、导致事故的后果以及有关措施等做概略分析。预先危险性分析的目的是防止操作人员直接接触对人体有害的原材料、半成品、成品和生产废弃物，防止使用危险性工艺、装置、工具和采用不安全的技术路线。如果必须使用时，也应从工艺上或设备上采取安全措施，以保证这些危险因素不致发展成为事故。一句话，把分析工作做在行动之前，避免由于考虑不周造成损失。

3.2.2 预先危险性分析的步骤

（1）确定系统
明确所分析系统的功能及分析范围。
（2）调查、收集资料
调查生产目的、工艺过程、操作条件和周围环境。收集设计说明书、本单位的生产经验、国内外事故信息及有关标准、规范、规程等资料。
（3）系统功能分解
一个系统是由若干个功能不同的子系统组成的，如动力、设备、结构、燃料供应、控制仪表、信息网络等，其中还有各种连接结构。同样，子系统也是由功能不同的部件、元件组成，如动力、传动、操纵和执行等。为了便于分析，按系统工程的原理，将系统进行功能分解，并绘出功能框图，表示它们之间的输入、输出关系。

（4）分析、识别危险性

确定危险类型、危险来源、初始伤害及其造成的危险性，对潜在的危险点要仔细判定。

（5）确定危险等级

在确认每项危险之后，都要按其效果进行分类。

（6）制定措施

根据危险等级，从软件（系统分析、人-机工程、管理、规章制度等）、硬件（设备、工具、操作方法等）两方面制定相应的消除危险性的措施和防止伤害的办法。

3.2.3 预先危险性分析分级标准

风险是特定危害性事件的可能性及其后果的结合。系统风险就是系统中所有可能发生的危害性事件的风险总和。因此，风险分级要同时考虑事故发生的可能性和后果的严重程度。在进行 PHA 时一般将风险分成 4 级。

Ⅰ级：安全的，一般不会发生事故或后果轻微，可以忽略。

Ⅱ级：临界的，有导致事故的可能性，且处于临界状态，暂时不会造成人员伤亡和财产损失，但应该采取措施予以控制。

Ⅲ级：危险的，很可能导致事故发生，造成人员伤亡或财产损失，必须立即采取措施进行控制。

Ⅳ级：灾难性的，很可能导致事故发生，造成重大人员伤亡或巨大财产损失，必须立即采取措施加以消除。

3.2.4 预先危险性分析表格

预先危险性分析的记录结果一般采用表格的形式列出。表格的格式和内容可根据实际情况确定。表 3-8～表 3-10 为几种基本的预先危险性分析表（PHA）的表格格式。

表 3-8 PHA 分析工作表

单元：　　　　　　编制人员：　　　　　　日期：

危险	原因	后果	危险等级	改进措施/预防方法

表 3-9 PHA 分析典型格式表

地区（单元）：　　会议日期：　　图号：　　　　小组成员：

危险/意外事故	阶段	原因	危险等级	对策
事故名称	危险发生的阶段，如生产、试验、运输、维修、运行等	产生危害的原因	对人员及设备的危害	消除、减少或控制危险的措施

表 3-10　PHA 分析通用表格

| 系统:1 | 子系统:2 | 状态:3 | | 制表者: | | | | |
| 编号: | 日期: | | | 制表单位: | | | | |

潜在事故	危险因素	触发事件	发生条件	触发事件	事故后果	危险等级	防范措施	备注
4	5	6	7	8	9	10	11	12

注：1——所分析子系统归属的车间或工段的名称。2——所分析子系统的名称。3——子系统处于何种状态或运行方式。4——子系统可能发生的潜在危害。5——产生潜在危害的原因。6——导致产生"危险因素5"的那些不希望发生的事件或错误。7——使"危险因素5"发展成为潜在危害的那些不希望发生的错误或事件。8——导致生产"发生条件7"的那些不希望发生的事件及错误。9——事故后果。10——危害等级。11——为消除或控制危害可能采取的措施，其中包括对装置、人员、操作程序等几方面的考虑。12——有关必要的说明。

PHA 的表格中应该有以下内容。

① 了解系统的基本目的、工艺工程、控制条件及环境因素等。

② 划分整个系统为若干子系统（单元）。

③ 参照同类产品或类似的事故教训及经验，查明分析单元可能出现的危害。

④ 确定危害的起因。

⑤ 提出消除或控制危险的对策，在危险不能控制的情况下，分析最好的预防损失的方法。

3.2.5　预先危险性分析危险控制措施

危险性识别和等级划分后，就可采取相应的预防措施，避免它发展成为事故。采取预防措施的原则，首先是采取直接措施，即从危险源（或起因）着手，其次是采取间接措施，如隔离、个人防护等。

（1）防止能量的破坏性作用

① 限制能量的集中与蓄积。

一定量的能量集中于一点要比它大面积散开所造成的伤害程度更大。有一些能量的物体本身就是工厂的产品或原料，如炼油厂的原油及其产品汽油和轻油，发电厂的电以及一些化工企业原料用轻油等。对这样一些工厂要根据原料或产品的储量和周转量规定限额来限制能量集中。对某些机械能可采用限制能量的速度和大小，规定极限量，如限速装置。对电气设备采用低电压装置，如使用低压测量仪表以及保险丝、断路器和使用安全电压等。防止能量蓄积，如温度自动调节器、控制爆炸性气体或有害气体浓度的报警器、应用低势能（如地面装卸作业）等。

② 控制能量的释放。

（a）防止能量的逸散。如将放射性的物质储存在专用容器内，电气设备和线路采用良好的绝缘材料以防止触电，高空作业人员使用安全带及建筑工地张挂安全网。

（b）延缓能量释放。如用安全阀、逸出阀、爆破片、吸收机械振动的吸振器以及缓冲装置等。

（c）另辟能量释放渠道。如接地电线、抽放煤炭堆中的煤气等。

③ 隔离能量。

（a）在能源上采取措施。如在运动的机件上加防护罩、防冲击波的消波器、防噪声装置等。

（b）在能源和人与物之间设防护屏障。如防火墙、防水闸墙、辐射防护屏以及安全帽、安全鞋和手套等个体防护用具等。

（c）设置安全区、安全标志等。

④ 其他措施。

为提高防护标准，可采用双重绝缘工具、低压电回路、连续监测和遥控等，为提高耐受能力，可挑选适应性强的人员以及选用耐高温、高寒和高强度材料。

（2）降低损失程度的措施

事故一旦发生，应马上采取措施，抑制事态发展，减轻危害的严重性。如设紧急冲浴设备、采用快速救援活动和急救治疗等。

（3）防止人的失误

人的失误是人为地使系统发生故障或发生使机件不良的事件，是违反设计和操作规程的错误行为。人的可靠性比机械、电器或电子元件要低很多，特别是情绪紧张时容易受作业环境影响，失误的可能性更大，为了减少人的失误，应为操作人员创造安全性较强的工作条件，设备要符合人机工程学的要求，重复操作频率大的工作应用机械代替手工，变手工操作为自动控制。

建立健全规章制度、严格监督检查、加强安全教育也是有力措施。

3.2.6 预先危险性分析优势和局限

预先危险性分析的主要优势包括以下几点。

① 简单易用，不需要很多培训。

② 是绝大多数风险分析中不可缺少的第一步，在国防和流程工业中已经广泛使用。

③ 识别并提供危险以及相应风险的日志。

④ 可以在项目早期阶段使用，也就是说可以早到允许设计变更阶段。

⑤ 是一种通用型方法，可以解决很多问题。

预先危险性分析的主要局限包括以下几点。

① 难以表示可能出现很多不同后果的事件。

② 无法评价危险组合或者共存型系统失效模式的风险。

③ 很难显示补充防护措施的作用，也就无法为防护措施排序。

拓展阅读 3-2

预先危险性分析拓展应用案例

3.3 故障类型与影响分析

3.3.1 基本概念

（1）故障类型与影响分析

故障类型与影响分析（failure mode and effects analysis，FMEA）基本定义是：采用系统

分割的概念，根据实际需要，把系统分割成子系统或进一步分割成元件。然后，按一定顺序进行系统分析和考察，查出系统中各子系统或元件可能发生的故障和故障所呈现的状态（故障类型），进一步分析它们对系统或产品的功能造成的影响，提出可能采取的预防改进措施，以提高系统或产品的可靠性和安全性。

（2）故障

故障是指元件、子系统、系统在规定的运行时间、条件内达不到设计规定的功能的状态。并不是所有的故障都能造成严重的后果，而是其中有些故障会影响系统不能完成任务或造成事故损失。以机电产品为例，从其制造、产出到发挥作用，一般都要经历规划、设计、选材、加工制造、装配、检验包装、储存、运输、安装、调试、使用、维修等环节。每一个环节都可能出现缺陷、失误、偏差与损伤，这都有可能使产品存在隐患，即处于一种可能发生的故障状态，特别是在动态负载、高速、高温、高压、低温、摩擦和辐射等条件下使用，发生故障的可能性更大。

（3）故障模式

故障模式是故障出现的状态，是故障现象的一种表征，由故障机理发生的结果。故障状态，相当医学上的疾病症状。一般机电产品、设备常见故障类型有结构破损、机械性卡住、振动、不能保持在指定位置上、不能开启、不能关闭、误开、误关、内漏、外漏、超出允许上限、超出允许下限、间断运行、运行不稳定、意外运行、错误指示、流动不畅、假运行、不能开机、不能关机、不能切换、提前运行、滞后运行、输入量过大、输入量过小、输出量过大、输出量过小、无输入、无输出、电短路、电开路、漏电等。不同的产品种类与故障类型如下。

① 水泵、涡轮机、发电机：误启动、误停机、速度过快、反转、发热、线圈漏电。

② 容器：泄漏、不能降温、加热、断热冷却过分。

③ 热交换器、配管：堵塞、泄漏、变形、振动。

④ 阀门、流量调节装置：不能开启、不能闭合、开关错误、泄漏、堵塞。

⑤ 电力设备：电阻变化、放电、接触不良、短路、漏电、断开。

⑥ 计测装置：信号异常、劣化、示值不准、损坏。

⑦ 支撑结构：变形、松动、缺损、脱落。

⑧ 齿轮：断裂、压坏、熔融、烧结、磨耗。

⑨ 滚动轴承：滚动体轧碎、磨损、压坏、烧结、腐蚀、裂纹。

⑩ 滑动轴承：磨损、变形、疲劳、腐蚀、胶合、破裂。

⑪ 电动机：磨损、变形、发热、腐蚀、绝缘破坏。

典型故障模式如表 3-11 所示。

表 3-11　典型故障模式

环境因素	主要影响	典型故障模式
高温	热老化	绝缘牛朽
	金属氧化	接点接触电阻增大、金属材料表面电阻增大
	结构变化	橡胶、塑料裂纹膨胀
	设备过热	元件损坏、着火、低熔点焊锡缝开裂、焊点脱开
	黏度下降、蒸发	丧失润滑特性
低温	增大黏度和浓度	丧失润滑特性
	结冰现象	电气机械功能变化、液体凝固、盲管破裂
	脆化	结构强度减弱、电缆损坏、蜡变硬、橡胶变脆
	物理收缩	结构失效、增大活动件的磨损、衬垫与密封垫失效、泄漏
	元件性能改变	铝电解电容器损坏、石英晶体不振荡、蓄电池容量降低

环境因素	主要影响	典型故障模式
高湿度	吸收湿气、电化反应	物理性能下降、电强度降低、绝缘电阻降低、介电常数增大
	锈蚀、电解	机械强度下降、影响功能、电气性能下降、增大绝缘体的导电性
干燥	干裂	机械强度下降
	脆化	结构失效
	粒化	电气性能变化

（4）故障原因

故障原因主要分为内因和外因。

内因主要是指固有的可靠性方面，具体包括以下几点。

① 系统、产品的硬件设计不合理或存在潜在的缺陷。

② 系统、产品中零、部件有缺陷。

③ 制造质量低，材质选用有错。

④ 运输、保管、安装不善。

外因主要是指使用可靠性方面，具体包括以下几点。

① 环境条件不佳。

② 使用条件不足。

③ 故障机理。

故障机理是指诱发零件、产品、系统发生故障的物理与化学过程、电学与机械过程，考虑某个故障是如何发生的，以及它发生的可能性有多大。

3.3.2 故障等级划分

根据故障类型对系统或子系统影响程度的不同而划分的等级称为故障等级。它表示故障类型对子系统或系统影响严重程度的级别。不同故障类型所引起的子系统或系统障碍有很大不同，因而在研究处理措施时应按轻重缓急区别对待。为此，对故障类型应进行等级划分。等级划分的方法有很多，常用的有定性划分法、半定量划分法、风险矩阵法。

（1）简单划分法

简单划分法属于定性划分方法。这种方法是根据故障类型对系统功能、人员及财产损失影响的严重程度来划分的。简单划分法故障等级的划分见表3-12。

表3-12　故障等级定性划分

故障等级	影响程度	可能造成的危害或损失
四级	致命的	可能造成人员死亡或系统损失
三级	严重的	可能造成严重伤害、严重职业病或主系统损坏
二级	临界的	可能造成轻伤、轻职业病或次要系统损坏
一级	可忽略的	不会造成伤害和职业病，系统不会受损

（2）半定量划分法

依据损失的严重度、故障的影响范围、故障的发生频率、防止故障的难易程度和工艺设计等情况来确定故障等级。

① 评点法。

在难以取得可靠性数据的情况下，可以采用评点法。它从几个方面来考虑故障对系统的影响程度，用一定的点数表示程度的大小，通过计算，求出故障等级。利用式(3-3)求评点总数 C_s 以确定故障等级。

$$C_S = \sqrt[5]{C_1 C_2 C_3 C_4 C_5} \tag{3-3}$$

式中，C_1 表示故障影响大小，即损失严重度，取值范围为 $1\sim 10$；C_2 表示对系统造成影响的范围，取值范围为 $1\sim 10$；C_3 表示故障发生的频率，取值范围为 $1\sim 10$；C_4 表示防止故障的难易程度，取值范围为 $1\sim 10$；C_5 表示是否为新设计或新工艺，取值范围为 $1\sim 10$。

评点系数 C_i（$i=1$，2，3，4，5）的确定可由 $3\sim 5$ 位有经验的专家座谈、讨论，以确定 C_i 的值，这种方法又称头脑风暴法（BS）。另一个方法是德尔菲法，即函询调查法。将提出的问题和必要的背景材料，用通信的方式向有经验的专家提出，然后把他们答复的意见进行综合，再反馈给他们，如此反复多次，直到出现认为合适的意见为止。

评点总数 C_S 与故障等级见表 3-13。

表 3-13　评点总数 C_S 与故障等级

故障等级	评点总数 C_S	内容	应采取的措施
致命的	$7\leqslant C_S < 10$	完不成任务，人员伤亡	变更设计
严重的	$4\leqslant C_S < 7$	大部分任务完不成	重新讨论设计或变更设计
临界的	$2\leqslant C_S < 4$	部分任务完不成	不必变更设计
轻微的	$C_S < 2$	无影响	无

② 查表法。

这种方法是根据参考的评点因素求出每个项目的点数，按照下式求和，计算出总点数，然后按表 3-12 判断其故障等级。

$$C_S = F_1 + F_2 + F_3 + F_4 + F_5 \tag{3-4}$$

评点参考表见表 3-14。

表 3-14　评点参考表

评点因素	内容	点数
影响大小 F_1	造成生命财产损失	5.0
	造成相当程度的损失	3.0
	元件功能有损失	1.0
	无功能损失	0.5
对系统影响程度 F_2	对系统造成两处以上重大影响	2.0
	对系统造成一处以上重大影响	1.0
	对系统无过大影响	0.5
发生频率 F_3	很可能发生	1.5
	偶然发生	1.0
	不易发生	0.7
防止故障的难易程度 F_4	不能防止	1.3
	能够防止	1.0
	易于防止	0.7
是否为新设计 F_5	内容相当新的设计	1.2
	内容和过去相类似的设计	1.0
	内容和过去同样的设计	0.8

（3）风险矩阵法

风险矩阵法是综合考虑故障发生的可能性和发生后引起后果严重度两个方面的因素来确定故障的等级。这种划分标准称为风险率（或危险度）。其方法是将故障概率和严重度都分为四个等级，划分原则如下。

① 严重度是指故障类型对系统功能的影响程度，严重度分级见表 3-15。

表 3-15　严重度分级

严重度等级	内容	严重度等级	内容
Ⅰ 低的	① 对系统任务无影响。 ② 对子系统造成的影响可忽略不计。 ③ 通过调整故障易于消除	Ⅲ 关键的	① 系统的功能有所下降。 ② 子系统功能严重下降。 ③ 出现的故障不能立即通过检修予以修复
Ⅱ 主要的	① 对系统的任务虽有影响但可忽略。 ② 导致子系统的功能下降。 ③ 出现的故障能够立即修复	Ⅳ 灾难性的	① 系统功能严重下降。 ② 子系统功能全部丧失。 ③ 出现的故障需经彻底修理才能消除

② 故障概率表示在一定时间内故障类型出现的次数。时间单位规定为一年或一个月，有的用大修的间隔期。故障概率的分级有定量和定性两种。故障概率等级划分见表 3-16。

表 3-16　故障概率等级划分

故障概率等级	故障类型出现的机会	故障概率等级	故障类型出现的机会
Ⅰ 级（概率很低）	元件操作期间故障 出现的机会可以忽略	Ⅲ 级（概率中等）	元件操作期间故障 出现的机会为 50%
Ⅱ 级（概率低）	元件操作期间故障不易出现	Ⅳ 级（概率高）	元件操作期间故障容易出现

故障概率定量分级原则如下。

Ⅰ 级：元件工作期间，任何单个故障类型出现的概率小于等于全部故障概率的 0.01。

Ⅱ 级：元件工作期间任何单个故障类型出现的概率大于全部故障概率的 0.01 而小于等于全部故障概率的 0.10。

Ⅲ 级：元件工作期间任何单个故障类型出现的概率大于全部故障概率的 0.10 而小于等于全部故障概率的 0.20。

Ⅳ 级：元件工作期间任何单个故障类型出现的概率大于全部故障概率的 0.20。

故障概率和严重度等级确定后，以故障概率为纵坐标，严重度为横坐标，画出风险矩阵图，如图 3-2 所示。沿矩阵原点到右上角画一条对角线，以对角线为轴线，轴线两边是对称的。若已知某一故障类型的概率和严重度，将其填入矩阵图中，就可以确定其风险率的大小或等级。处在右上角方块内的故障类型风险率最大，因为该故障类型发生的概率高且后果严重。从右上方依次左移，风险率逐渐降低，因为故障类型发生的概率虽然大，但造成后果的严重度却逐渐降低；同样，从右上方依次下移，风险率逐渐降低，虽然故障类型造成的后果严重，但发生的概率很小，综合两方面因素风险率也就降低了。

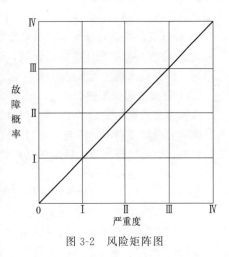

图 3-2　风险矩阵图

3.3.3　故障类型与影响分析的步骤

在进行故障类型和影响分析时，常按以下步骤进行。

（1）明确系统的任务和组成

从设计说明及有关资料中查出系统含有多少子系统，各个子系统又含有多少元件，以明确其功能，了解各元件之间的相互关系等，为分析打下基础。

（2）确定分析程度和水平

根据所了解的系统情况，一开始要决定分析到什么水平，这是一个很重要的问题。若分析程度太浅，就会漏掉重要的故障类型，得不到有用的数据；如果分析程度过深，一切都分析到元件甚至零部件，则分析程序复杂，措施很难实施。通常，经过对系统的初步调查分析，就会知道哪些子系统关键，哪些子系统次要。对关键的子系统可以分析得深一些，不重要的分析得浅一些，甚至可以不进行分析。对一些功能部件，像继电器、开关、阀门、储罐、泵等，都可当作元件对待，不必进一步分析。

（3）绘制系统图和可靠性框图

把所要分析的系统按功能分类，用可靠性框图（逻辑框图）表示，其目的就是把所要分析的系统切割成较小的子系统，直观表示系统、子系统、元件间的层次和输入、输出关系，有利于分析。根据系统的构成要素，从系统的顶级开始展开，依次画出所包含的子系统、元件，并将各子系统（或元件）之间串联或并联、输入或输出的相互关系用框图表示出来，这就是系统的可靠性框图（逻辑框图）。可靠性框图中的子系统（或元件）之间常见的关系有并联和串联两种。几个元件共同完成一项功能时用串联表示。串联表示的子系统都正常运行，系统才能正常运行。元件如有备品时则是并联关系，而并联关系中只要构成系统的任何一个子系统正常运行，系统就能保持正常运行。

（4）列出所有故障类型，选出对系统有影响的故障类型

按照可靠性框图，根据经验及有关故障资料，列出各个子系统或元件的所有故障类型，然后从其中选出对子系统和系统有影响的故障类型，深入分析其影响后果、故障等级及应采取的措施。故障类型与影响分析过程中如果经验不足，考虑得不周到，将会给分析带来影响。最好由安全技术人员、生产人员和工人三者共同完成这项技术性较强的工作。故障类型的确定可依据以下两方面。

① 若分析对象是已有元素，则可以根据以往运行经验或试验情况确定元素的故障类型。

② 若分析对象是设计中的新元素，则可以参考其他类似元素的故障类型，或者对元素进行可靠性分析来确定元素的故障类型。

（5）分析故障类型的影响

故障类型的影响是指系统正常运行的状态下，详细地分析一个元素各种故障类型对系统的影响。分析故障类型的影响，通过研究系统主要的参数及其变化来确定故障类型对系统功能的影响，也可以根据故障后果的物理模型或经验来研究故障类型的影响。故障类型的影响可以从下面三种情况来分析。

分析故障原因，即故障的内在因素和外在因素，研究故障检测方法。

① 元素故障类型对相邻元素的影响，该元素可能是其他元素故障的原因。

② 元素故障类型对整个系统的影响，该元素可能是导致重大故障或事故的原因。

③ 元素故障类型对子系统及周围环境的影响。

（6）评定故障等级

用简单划分法、评点法确定故障等级，衡量故障对系统、人员造成影响的尺度。对危险性特别大的故障类型，如故障等级为一级，还要进行致命度分析（CA）。致命度分析将在后续内容中详细介绍。

（7）研究故障检测方法

故障检测方法是指操作人员或维修人员用来检测故障类型发生的方法，如目视检查音响报警、仪器显示、机内故障自动检测等。若没有检查方法则应注明，并采取补救措施，如改进测试性设计等。在故障检测方法中，要考虑到有时产品的几个组成部分的不同类型可能出现相同的表现形式，此时应具体区分检测方法。故障检测也应包括对冗余系统组成部分的检

测，以维持冗余系统的可靠性。不同的故障检测方法均有其使用条件，确定故障检测方法的正确性和适用性，是分析结果正确的前提。应充分论证检测方法的适用性，并在分析结果中注明，以便结果检验。

（8）提出预防措施

根据分析结果，有针对性地提出系统失效的预防措施，以改善系统安全可靠性，并将预防措施填入故障类型与影响分析表。

（9）绘制故障类型与影响分析表

根据故障类型与影响分析表，系统、全面和有序地进行分析，最后将分析结果汇总于表中，故障类型与影响分析表将汇总所有分析的结果，可以一目了然地显示全部分析内容。根据研究对象和分析的目的，故障类型与影响分析表可设置成多种形式。

3.3.4　故障类型影响与致命度分析

（1）致命度分析方法

对于特别危险的故障类型，例如故障等级为一级的故障类型，有可能导致人员伤亡或系统损坏。对这类元件应特别注意，可采用致命度分析（criticality analysis，CA）做进一步分析。致命度分析是在故障类型与影响分析的基础上扩展出来的，是在初步分析之后，对其中特别严重的故障所做的详细分析。

致命度分析通过计算系统中各严重故障的临界值（致命度指数）进行分析，即分析某故障类型产生致命影响的概率，是一种定量分析方法。

致命度分析一般都与故障类型影响分析合用，称为故障类型影响与致命度分析（failure modes effects and criticality analysis，FMECA）。

致命度分析通过计算致命度指数进行分析和评价。致命度指数 C_r 表示运行 100 万 h（次）发生的故障次数，按下式计算。

$$C_r = \sum_{j=1}^{n}(\alpha\beta K_A K_E \lambda_G t \times 10^6)_j \tag{3-5}$$

式中，n 为元件的致命故障类型个数；j 为元件的致命故障类型序数，$j=1$，2，…，n；α 为致命故障类型所占的比率，即致命故障类型数目占全部故障类型数目的比率；β 为发生故障时造成致命影响的概率，其值见表 3-17；K_A 为运行强度修正系数，即实际运行强度与实验室测定 λ_G 时运行强度之比；K_E 为环境修正系数；λ_G 为元件的故障率；t 为完成一次任务，元件运行时间（h）或周期。

表 3-17　发生故障时会造成致命影响的概率

影响	发生概率 β 取值	影响	发生概率 β 取值
实际损失	1.00	可能损失	$(0.00,0.10)$
可预计损失	$[0.10,1.00)$	无影响	0.00

致命度分析按表 3-18 进行。

表 3-18　致命度分析表

编序	致命故障			致命度计算									
1 项目编号	2 故障类型	3 运行阶段	4 故障影响	5 项目数 n	6 K_A	7 K_E	8 λ_G	9 故障率数据来源	10 运转时间或周期	11 可靠性指数 $nK_A K_E \lambda_G t$	12 α	13 β	14 C_r

（2）故障类型影响与致命度分析的优势和局限

FMECA 的主要优势包括以下几点。

① 应用广泛，易于理解和解释。

② 对硬件进行了全面的检查。

③ 适用于复杂系统。

④ 比较灵活，分析的细节程度可以根据研究对象进行调整。

⑤ 系统且全面，应该能够识别出机械或者电子系统中所有的失效模式。

⑥ 有良好的计算机软件工具支持。

FMECA 的主要局限包括以下几点。

① 结果取决于分析人员的经验。

② 需要绘制系统层级架构图作为分析基础，这个架构图需要分析人员在分析开始之前就制作完成。

③ 仅仅考虑了单点失效，通常无法识别由失效组合引发的危险情况。

④ 需要耗费大量时间且成本高昂。

FMECA 的另外一个缺点就是它需要检查所有的元件是否失效并建档，其中也包括那些没有任何严重后果的失效。对于大型系统，尤其是那些存在高度冗余的系统来说，大量不必要的建档工作会成为研究团队的一项沉重负担。

拓展阅读 3-3

故障类型与影响分析拓展应用案例

3.4 危险与可操作性研究

3.4.1 基本概念及特点

（1）基本概念

危险与可操作性研究（hazard and operability study，HAZOP）是英国帝国化学工业公司（ICI）于 1974 年针对化工装置而开发的一种危险性评价方法。HAZOP 分析是以关键词为引导，找出系统中工艺过程的状态参数（如温度、压力、流量等）的变化（即偏差），然后再继续分析造成偏差的原因、后果及可以采取的对策。通过危险与可操作性研究的分析，能够探明装置及过程存在的危险，根据危险带来的后果，明确系统中的主要危险。如果需要，可利用事故树对主要危险继续分析，因此它又是确定事故树顶上事件的一种方法。在进行 HAZOP 分析过程中，分析人员对单元中的工艺过程及设备状况要深入了解，对于单元中的危险及应采取的措施要有透彻的认识，因此 HAZOP 分析还被认为是对工人培训的有效方法。

可操作性研究既适用于设计阶段，又适用于现有的生产装置。对现有生产装置分析时若能吸收有操作经验和管理经验的人员共同参加，会收到很好的效果。

英国帝国化学工业公司开发的 HAZOP 分析方法，主要应用于连续的化工过程。在进行若干改进以后，也能很好地应用于间歇过程的危险性分析。国家安全生产监督管理总局于 2013 年 6 月 8 日发布的《危险与可操作性分析（HAZOP 分析）应用导则》（AQ/T 3049—2013）用于石油、化工、电子等工业的 HAZOP 分析。

（2）主要特点

① 它从生产系统中的工艺状态参数出发来研究系统中的偏差，运用启发性引导词来研究因温度、压力、流量等状态参数的变动可能引起的各种故障的原因、存在的危险以及采取的对策。

② 它是故障类型及影响分析的发展。它研究和运行状态参数有关的因素。它从中间过程出发，向前分析其原因，向后分析其结果。向前分析是事故树分析，向后分析是故障类型与影响分析，它有两种分析的特长，因为两种方法都有中间过程。中间过程可理解为故障类型与影响分析中的故障模式对子系统的影响，或者是事故树分析的中间事件。它承上启下，既表达了元件故障包括人的失误相互作用的状态，又表达了接近顶上事件更直接的原因。因此，不仅直观有效，而且更易查找事故的基本原因和发展结果。

③ HAZOP 分析方法，不需要有可靠性工程的专业知识，因而比较容易掌握。使用引导词进行分析，既可启发思维，扩大思路，又可避免漫无边际地提出问题。

④ 研究的状态参数正是操作人员控制的指标，针对性强，有利于提高安全操作能力。

⑤ 研究结果既可用于设计的评价，又可用于操作评价，既可用来编制、完善安全规程，又可作为可操作的安全教育材料。

3.4.2　危险与可操作性研究分析步骤

HAZOP 分析法可按分析准备、进行分析、编制分析结果报告三个步骤进行。

（1）分析准备

准备工作在 HAZOP 分析中非常重要，在该阶段需要确定分析的对象、范围和目标，成立分析小组以及获得必要的资料等。

① 确定分析的对象、范围和目标。分析的对象、范围和目标必须尽可能明确。分析对象通常是由装置或项目的负责人确定的，并得到 HAZOP 分析组的组织者的帮助。

分析范围和目标互相关联，应同时确定。两者应有清晰的描述，以明确系统边界，以及系统与其他系统和周围环境之间的界面，同时使分析小组注意力集中，不关注与分析范围和目标无关的区域。

分析范围取决于多种因素，主要包括：系统的物理边界，可用的设计描述及其详细程度，系统已开展过的任何分析的范围，不论是 HAZOP 分析还是其他相关分析，适用于该系统的法规要求。

应当按照正确的方向和既定目标开展分析工作。通常 HAZOP 分析追求识别所有危险与可操作性问题，不考虑这些问题的类型或后果严重程度。将 HAZOP 分析的焦点严格地集中于辨识危险，能够节省精力，并在较短的时间内完成。

在确定分析目标时应考虑以下因素。

（a）分析结果的应用目的。

（b）分析处于系统生命周期的哪个阶段。

（c）可能处于风险中的人或财产，如员工、公众、环境、系统。

（d）可操作性问题，包括影响产品质量的问题等。

（e）系统所要求的标准，包括系统安全和操作性能两个方面的标准。

② 组成分析小组。HAZOP分析需要小组成员的共同努力，每个成员均要有明确的分工。分析小组的成员一般包括组长、记录员，以及设计、工艺、设备、仪表、安全等方面的工程师。只要小组成员具有分析所需要的相关技术、操作技能以及经验，HAZOP小组的规模应尽可能小。通常一个分析小组至少4人，很少超过7人。如果分析小组的规模太小，则由于参加人员的知识和经验的限制，小组将可能得不到高质量的分析结果，规模太大则不易管理。

③ 获得必要的资料。HAZOP分析的内容比较深入细致，因此在分析之前必须准备详细的资料，需准备的资料如下。

（a）管道和仪表控制流程图、工艺流程图（PFD）、装置及设备平面布置图。

（b）工艺说明，工艺技术规程，操作规程、控制，停车原理说明和相关规章制度等资料。

（c）设备数据表、管道数据表、压力容器数据（最大压力和温度，以及临界操作温度）表、必要的泵性能曲线图。

（d）热平衡和物料平衡。

（e）标有最大荷载的安全阀的规格表、铅封阀台账。

（f）报警设置点和优先次序，装置报警联锁台账。

（g）装置使用的危险化学品安全技术说明书。

（h）历次事故（事件）记录或调查报告，国内同类装置的事故案例。

（i）装置历次安全评价报告（包括HAZOP分析报告）。

（j）其他相关资料。

重要的设计图和数据应在分析会议之前分发到每位分析成员手中。

④ 制订分析计划。为了让分析过程有条不紊，分析组的组织者通常要在分析会议开始之前制订详细的计划。此阶段最主要的任务是确定最佳的分析程序。

此阶段所需时间与过程的类型有关。对连续过程来说，工作量相对较小，对照设计图确定分析节点，并制订详细的计划。对间隙过程来说工作量较大，主要是操作过程更加复杂。

HAZOP分析的进度表对HAZOP分析成功往往起决定性作用，进度表依赖于项目执行的日期、可用的文件、可用的人力资源。

⑤ 安排会议次数和时间。一旦有关数据和设计图收集整理完毕，组织者就需开始着手制订会议计划。首先需要确定分析会议所需时间，一般来说每个分析节点平均需30分钟左右，若某容器有两个进口、两个出口和一个放空点，则需要3小时左右。另外一种方法是每个设备分配2小时。确定了所需时间后，组织者可以开始安排会议的次数和时间，每次会议持续时间不要超过4小时（最好安排在上午），会议时间越长效率越低，而且分析会议应连续举行，以免因时间间隔太长在每次分析开始之前都需要重复上一次讨论的内容。

最好把装置划分成几个相对独立的区域，对每个区域讨论完毕后，会议组做适当休整，再进行下一区域的分析讨论。

对于大型装置或工艺过程，若由一个分析小组来进行分析可能需要很长的时间，在这种情况下可以考虑组成多个分析小组同时进行，由某个分析小组的组织者担任协调员，协调员首先将过程分成相对独立的若干部分，然后分配给各个组去完成。

（2）进行分析

HAZOP分析需要将工艺图或操作程序划分为分析节点或操作步骤，然后用引导词找出过程中的危险。HAZOP分析流程如图3-3所示。

① 为了便于分析，根据设计和操作规程将装置分成若干工艺单元（或分析节点），如反应器、蒸馏塔、热交换器、粉碎机、储槽、连接管等。

② 明确规定每一个工艺单元（或分析节点）的设计意图（或规定功能）。

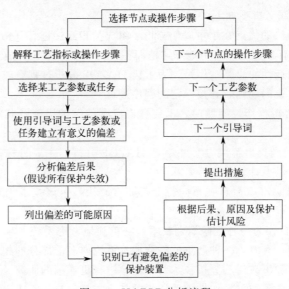

图 3-3　HAZOP 分析流程

③ 选择一个工艺单元（或分析节点），根据设计意图和操作规程的要求，从一个规定功能开始，将引导词与工艺参数相结合，检查其解释，以确定是否为有意义的偏差。如果确定了一个有意义的偏差，则分析偏差发生的原因及后果。接着识别系统设计中对该偏差现有的保护措施，并根据风险的等级，采取安全对策，使风险降低到安全水平。

④ 对引导词重复循环，直至一套引导词全部分析完成。接着对下一个工艺参数重复循环，直至该工艺单元（或分析节点）所有参数全部分析完成。将已分析到的工艺单元在流程图上画出，然后对没有分析到的工艺单元逐步分析，直至装置全部被检查到。

⑤ 分析小组对每个节点或操作步骤使用引导词进行分析，得到一系列的结果，偏差的原因、后果、保护装置、建议措施，或需要更多的资料才能对偏差进行进一步的分析。

HAZOP 分析时涉及过程的各个方面，包括工艺、设备、仪表、控制、环境等，考虑到小组人员的水平往往与实际有出入，因此对某些具体问题可听取专家的意见，必要时对某些部分的分析可延期，在获得更多的资料后再进行分析。

（3）编制分析结果报告

分析记录是 HAZOP 分析的一个重要组成部分，负责会议记录的人员应根据分析讨论过程提炼出恰当的结果，必须记录所有重要的意见。有些分析人员为了降低对编制分析结果报告投入的精力，对那些不会产生严重后果的偏差不予深究或不写入报告中，这样做可能会导致严重后果，因此一定要慎重。也可举行分析报告审核会，让分析小组对最终报告进行审核和补充。通常 HAZOP 分析会议以表格形式记录（表 3-19）。表格的形式可根据研究的目的进行适当调整。

表 3-19　HAZOP 分析记录

系统安全分析小组 危险和可操作性分析		车间/工段：××车间/××工段 系统： 任务：		日期： 代号： 页码： 设计者： 审核者：
引导词	偏差	可能的原因	后果	必要的对策

HAZOP 分析的注意事项如下。

① HAZOP 分析法的优点在于可以使分析小组成员相互促进、开拓思路。因此，成功的 HAZOP 分析需要所有参加人员自由地陈述他们各自的观点，不允许成员之间互相批评或指责，以免压制这种创造性的思路。但是，为了让 HAZOP 分析过程有较高的效率和质量，整个分析过程必须有系统的规则，并按一定的程序进行。

② 在识别危险与可操作性问题时，不应考虑已有的保护措施及其对偏差发生的可能性或后果的影响。

③ 对识别出的问题提出解决方案并不是 HAZOP 分析的主要目标，但是一旦提出解决方案，应做好记录，供设计人员参考。

④ 尽管已证明 HAZOP 分析在不同行业都非常有用，但该技术仍存在局限性，在考虑潜在应用时需要注意以下几点。

（a）HAZOP 分析作为一种危险识别技术，它单独地考虑系统各部分，系统地分析每项偏差对各部分的影响。有时，一种严重危险会涉及系统内多个部分的相互作用，在这种情况下，需要使用事件树和事故树等分析技术对该危险进行更详细的研究。

（b）与任何识别危险与可操作性问题所用的技术一样，HAZOP 分析也无法保证能识别所有的危险与可操作性问题。因此，对复杂系统的研究不应完全依赖 HAZOP 分析，而应将 HAZOP 分析与其他合适的技术联合使用。在全面而有效的安全管理系统中，将 HAZOP 与其他相关分析技术进行协调使用是必要的。

（c）很多系统是高度关联的，某一系统产生的某个偏差的原因可能源于其他系统。这时，仅在一个系统内采取适当的减缓措施可能不会消除其真正的原因，事故仍会发生。很多事故的发生是因为一个系统内进行小的局部修改时未预见到由此可能引发的另一系统的连锁效应。这种问题可通过从系统的一个部分的各种偏差对另一个部分的潜在影响进行分析得以解决，但实际上很少这样做。

（d）HAZOP 分析的成功很大程度上取决于分析组长的能力和经验，以及小组成员的知识、经验和合作。

（e）HAZOP 分析仅考虑出现在设计描述上的部分，无法考虑设计描述中没有出现的活动和操作。

3.4.3　常见术语及关键词

确定需要评价的工艺过程，每个引导词都与相关工艺参数结合在一起，并应用于每一点上，如研究节点、工艺部分（阶段）或操作步骤。下面就是用引导词和工艺参数结合成偏差的例子。

引导词	工艺参数	偏差
NONE（空白）	＋FLOW（流量）	＝NONE FLOW（无流量）
MORE［高（多）］	＋PRESSURE（压力）	＝HIGH PRESSURE（压力过高）
AS WELL AS（伴随）	＋PHASE（单相）	＝TWO PHASE（两相）
OTHER THAN（异常）	＋OPERATION（操作运行）	＝MAINTENANCE（维修）

引导词用于两类工艺参数，一类是概念性的参数（如反应、混合），另一类是比较具体的参数（如压力、温度）。

对于概念性的参数，由引导词合成偏差，有时容易产生歧义。例如，"反应过快"可能指的是反应速率过快，也可能是有大量的产物生成。另一方面，有些引导词和参数在一起将组合出不合理的偏差（如"伴随"＋"压力"）。

对于具体参数而言，有必要对引导词进行某种改动，此外，评价时常常发现组合出的某些偏差是不切题的。例如，对于温度，只有"多（高）"或"少（低）"这两个引导词可用（将其他引导词与"温度"进行组合，得出的东西毫无意义）。

下面是引导词的一些常用代替词。

① 对于"伴随"，当考虑时间时，可用"立刻""后来"等代替；当考虑的是位置、源头、地点时，可用"哪里（何处）"代替。

② 对于"多"和"少"，当考虑的是液位、温度时，可用"高""低"代替。

HAZOP 分析引导词和含义见表 3-20，常用的 HAZOP 分析工艺参数见表 3-21，常用的 HAZOP 分析术语见表 3-22，常用的 HAZOP 分析工艺参数、偏差及可能原因见表 3-23。

表 3-20 HAZOP 分析引导词和含义

引导词	含义
NONE(空白)	设计或操作要求的指标和事件完全不发生，如无流量
LESS[低(少)]	同标准值相比，数值偏小，如温度、压力值偏低
MORE[高(多)]	同标准值相比，数值偏大，如温度、压力值偏高
PART OF(部分)	只完成既定功能的一部分，如组分的比例发生变化，无某些组分
AS WELL AS(伴随)	在完成既定功能的同时，伴随多余事件发生
REVERSE(相逆)	出现和设计要求完全相反的事或物，如流体反向流动
OTHER THAN(异常)	出现和设计要求不相同的事或物

表 3-21 常用的 HAZOP 分析工艺参数

流量	时间	次数	混合
压力	组分	黏度	副反应
温度	pH 值	电压	分离
液位	速率	数据	反应

表 3-22 常用的 HAZOP 分析术语

项目	定义
工艺单元 （或分析节点）	具有规定界限之内的设备(如两个容器之间的管道)单元，研究设备内可能发生偏差的参数
操作步骤	在间断性工艺中(或由 HAZOP 分析小组分析)的操作步骤，可能是手动的、自动的或由计算机控制的操作。间歇过程每一步使用的偏差与连续过程不同
目的	确定在偏差情况下如何进行操作，如采用说明书或用图形表示(例工艺说明、流程图、管道流程图)，用简单的词定性或定量设计意图，去指导和发现工艺中的危险性因素
工艺参数	与工艺过程有关的物理或化学特性，一般包括反应性、混合性、浓度、pH 值和具体参数(如压力、温度、相、流量)
偏差	使用关键词系统地对每个节点的工艺参数进行研究，观察发生一系列偏离工艺指标的情况，偏差的通常形式为"引导词＋工艺参数"
原因	偏差发生的原因。一旦偏差具有可信的原因，就意味着需找到偏差处理方法，这些原因可能是硬件故障、人为失误、未预料到的工艺状态(例组分的改变)以及内部干扰(例动力损耗)等
后果	偏差的结果(如毒物泄漏)。一般都假定因防护系统故障动作而引起，不考虑那些细小的与安全无关的后果
安全保护	为防止各种偏差产生或由偏差造成的后果而设计的工程系统和控制系统(例工艺报警、联锁、程序)
对策（或建议措施）	设计变更、工艺规程变更或进一步研究方面的建议(例增加冗余的压力报警仪或修正两个操作步骤的顺序)

表 3-23　常用的 HAZOP 分析工艺参数、偏差及可能原因

工艺参数	偏差	可能原因
流量	过量（MORE）	泵的能力增加；进口压力增加；输送压头降低；换热器管程泄漏；未安装流量限制孔板；系统互串；控制故障；控制阀进行调整；启动了多台泵
	减量（LESS）	障碍；输送线路错误；过滤器堵塞；泵损坏；容器、阀门、孔板堵塞；密度、黏度发生变化；气蚀；排污管泄漏；阀门未全开
	空白（NONE）	输送线路错误；堵塞；滑板不对；单向阀装反了；管道或容器破裂；大量泄漏；设备失效；错误隔离；压差不对
	相逆（REVERSE）	单向阀装反了；虹吸现象；压力差不对；双向流动；紧急放空；误操作；内嵌备用设备；泵的故障；泵反转
液位	高（MORE）	出口被封死或堵塞；因控制故障引起进口流量大于出口流量；液位测量器故障
	低（LESS）	无进入流体；泄漏；出口流量大于进口流量；控制故障；液位测量器故障
压力	过高（MORE）	堵塞问题；连接到高压设备；气体进入；放空容积不当；设置的放空压力不对；安全阀被封死；因加热而超压；控制阀因故障打开；沸腾；冻结；化学击穿；结垢；发泡；冷凝；沉淀；气体释放；起爆；爆炸；爆聚；外部起火；天气条件；锤击；黏度或密度发生变化
	过低（LESS）	结垢；起泡；气体释放；起爆；爆炸；爆聚；着火条件；天气条件；黏度或密度发生变化
温度	高（MORE）	环境条件；换热器列管淤塞或缺陷；着火情况；冷却水出现故障；控制阀失效；加热器控制失效；内部着火；反应控制失效；加热介质泄漏；仪表和控制故障
	低（LESS）	环境条件；压力降低；换热器列管淤塞或故障；无加热；液化气吸热使压力降低
	物质不对	原料不对或不符合要求；操作错误；提供的物质不对
	浓度不对	隔离阀泄漏；换热器列管泄漏；原料规格不对；过程控制波动；反应生成副产品；来自高压系统的水、蒸气、燃料、润滑油、腐蚀性产品进入；气体进入系统
	杂质	换热器列管泄漏；隔离阀泄漏；系统操作失误；系统互串；进料物流不纯
黏度	过高（MORE）	物质或组成不对；温度不对；固体含量高；浆料沉降
	过低（MORE）	物质组成不对；温度不对；加入溶剂
安全释放系统		释放原理；释放装置的类型和可靠性；释放阀放空位置；是否会成为污染源；两相流动；能力低（进口和出口）
腐蚀或磨蚀		装有阴极保护（内部和外部）；采用涂层；腐蚀监测方法和频率；材料规格；镀锌；腐蚀应力破裂；流体流速；酸性介质；溅射范围扩大
公用系统故障		仪表空气；蒸气；氮气；冷却水
公用工程		高压水；电力；供水；通信；PLC 或 DCS；防火
非正常操作		置换；冲洗；非正常开车；紧急停车；紧急操作；运行机器的检查；机器保养
维修规程		隔离方案；排污；置换；清洗；干燥；进入；救援计划；训练；压力检测；工作条件许可；条件监视；升举和手工处理
静电		已接地；容器隔离；低导电流体；过滤器和阀元件隔离；吸引尘土；处理固体；电力分类；火焰捕获器；热工作场所；热的表面；自动产生火花或自动燃烧
备用设备		已安装或未安装；可得到备用设备；储存备用；备用设备分类
取样规程		取样规程；分析结果的时间；自动取样器的校验；结果诊断
行动		过低；低估；无；相反；不完全；违反规定；错误行动
资料		歧义；不恰当；遗漏；只有一部分；资料错误；数量不够
顺序		操作太早；操作太迟；脱岗；向相反方向操作；有多余动作；操作未完成；操作中动作错误

工艺参数	偏差	可能原因
安全系统		火灾和气体检测与报警;紧急停车系统;灭火预案;应对紧急情况训练;工艺物料阈限值;急救或医疗设施;蒸气和流出物的扩散;安全设备的检测;与国家标准吻合
地理环境		设备布置;气象条件;人为因素;暴露的相邻设备

拓展阅读 3-4

危险与可操作性研究拓展应用实例

3.5 作业危害分析

3.5.1 作业危害分析概述

作业危害分析又称作业安全分析（job hazard analysis，JHA）、作业危害分解（job hazard breakdown，JHB），是一种定性风险分析方法。实施作业危害分析，能够识别作业中潜在的危害，确定相应的工程措施，提供适当的个体防护装置，以防止事故发生，防止人员受到伤害。适用于涉及手工操作的各种作业。一项调查表明，在实际工作中它是一种广为采用的方法。许多石油和天然气企业采用了这一方法。美国职业健康安全管理局（OSHA）于1998年、2002年先后出版了专门介绍作业危害分析的手册，并两次进行了修订。OSHA的一些规范都重视这种分析方法。加拿大职业安全健康中心曾对这种方法做了较为详细的阐述。

3.5.2 作业危害分析步骤

作业危害分析主要有五步，分别是：作业的选择、将作业划分为若干步骤、辨识危害、确定相应的对策、信息传递。

（1）作业的选择

理想情况下，所有的作业都要进行作业危害分析，但首先要确保对关键性的作业实施分析。

确定分析作业时，优先考虑如下作业活动。

① 频度和后果。频繁发生或不经常发生但可导致灾难性后果的。

② 严重的职业伤害或职业病。事故后果严重、危险的作业条件或经常暴露在有害物质中。

③ 新增加的作业。由于经验缺乏，明显存在危害或危害难以预料。

④ 变更的作业。可能会由于作业程序的变化而带来新的危险。

⑤ 不经常进行的作业。由于对从事的作业不熟悉而有较高的风险。

（2）将作业划分为若干步骤

选择作业活动之后，要将作业活动划分为若干步骤。每一个步骤都应是作业活动的一部分操作。

步骤划分得不能太笼统，否则分析时将会遗漏一些步骤以及与之相关的危害。另外，步骤划分也不宜太细，以避免出现太多的步骤。根据经验，一项作业活动的步骤一般不超过10项。如果作业活动划分的步骤实在太多，可先将该作业活动分为两个部分，分别进行危害分析。重要的是要保持各个步骤正确的顺序，顺序改变后的步骤在危害分析时可能不会发现有些潜在的危害，也可能增加一些实际并不存在的危害。按照顺序在表中记录每一步骤，说明它是什么而不是怎样做。

划分作业步骤之前，应观察操作人员的操作过程。观察人通常是操作人员的直接管理者，但较为透彻的分析常需要另外的人员，职业安全健康委员会的成员是合适的人选，关键是要熟悉这种方法。被观察的操作人员应具有工作经验并熟悉整个作业，非常需要操作人员的充分配合和参与，因为他们的经验是至关重要的。

还应当在正常的工作时间和工作状态下观察作业活动，如一项作业活动是在夜间进行的，那么就应在夜间进行观察。

（3）辨识危害

根据对作业活动的观察、掌握的事故（伤害）的资料以及经验，依照危害辨识清单依次对每一步骤进行危害的辨识，并将辨识的危害列入表中。

为了辨识危害，还需要对作业活动做进一步的观察和分析。另外，在辨识危害阶段不必试图去解决发现的问题。辨识危害应该思考的问题是：可能发生的故障或错误是什么？其后果如何？事故是怎样发生的？其他的影响因素有哪些？发生的可能性？以下是危害辨识清单的部分内容。

① 是否穿戴个体防护服或配备个体防护器具？
② 操作环境、设备、地槽、坑以及危险的操作是否得到有效的防护？
③ 维修设备时，是否对惰性化处理的设备采取了隔离？
④ 是否有能引起伤害的固定物体，如锋利的设备边缘？
⑤ 操作者能否触及机器部件或夹在机器部件之间？
⑥ 操作者能否受到运动的机器部件或移动物品的伤害？
⑦ 操作者是否会处于失去平衡的状态？操作者是否会由于提升、拖拉物体或运送笨重物品而受到伤害？
⑧ 操作者是否管理着带有潜在危险的装置？
⑨ 操作者是否需要从事可能使头、脚受伤或扭伤的活动（往复运动的危害）？操作者是否会跌倒？操作者是否会被物体冲撞或撞击到机器或物体？
⑩ 作业环境是否存在危害因素，如粉尘、化学物质、放射线、电焊弧光、热、高噪声？

（4）确定相应的对策

危害辨识以后，需要制定消除或控制危害的对策。确定对策时，从工程控制、管理措施和个体防护三个方面加以考虑。

① 消除危害。消除危害是最有效的措施，有关这方面的技术包括：改变工艺路线、修改现行工艺、以危害较小的物质替代、改善环境（通风）、完善或改换设备及工具。
② 控制危害。当危害不能消除时，采取隔离、机器防护、工作鞋等措施控制危害。
③ 修改作业程序。完善危险操作步骤的操作规程、改变操作步骤的顺序以及增加一些操作程序（如锁定能源的措施）。
④ 减少暴露。这是在没有其他解决办法时的一种选择。减少暴露的一种办法是减少在危害环境中暴露的时间，如完善设备以减少维修时间、配备合适的个体防护器材等。为了降

低事故的影响程度，设置一些应急设备（如洗眼器等）。确定的对策要填入表中。对策的描述应具体，说明应采取何种做法以及怎样做，避免过于原则的描述，如"小心""仔细操作"等。

（5）信息传递

作业危害分析是消除和控制危害的一种行之有效的方法，因此，应当将作业危害分析的结果传递给所有从事该作业的人员。

拓展阅读 3-5

作业危害分析拓展应用案例

3.6 计算机系统安全定性分析

目前将和计算机结合进行系统安全定量分析的 HAZOP 分析法，简称为计算机危险与可操作性（CHAZOP）分析。

计算机危险与可操作性（CHAZOP）分析衍生于传统的 HAZOP 方法，主要关注包含软件的控制系统。CHAZOP 有时也称为 PES HAZOP，这里 PES 是可编程电子系统的缩写。在 HAZOP 技术最初发明出来的时候，现在的很多控制系统还不存在，因此这种传统和它所使用的引导词在应用于新技术的时候就会碰到很多问题。

CHAZOP 分析的绝大部分步骤和传统 HAZOP 分析流程类似，但还是存在一些差别。CHAZOP 分析的主要步骤包括以下几方面。

① 与传统 HAZOP 分析相似，流程系统被分为若干个节点。

② 对于第一个节点，要选择第一个仪表或者控制元件。

③ 描述控制回路中元件的数据流入和流出状况。

④ 明确控制回路及其元件的设计意图和目的。

⑤ 对每个控制回路的讨论都应该包含对危险和事件的总体讨论，然后对元件、控制、顺序和操作人员使用引导词。

⑥ 对于每一个危险和事件组合，分析团队应该考虑一系列标准问题，包括：这个组合可能存在吗？原因是什么？影响是什么？影响会扩散吗？它重要吗？我们有相关系统的知识（硬件、顺序和操作员）吗？这个事件能够避免、保护或者缓解吗？

⑦ 记录讨论的结果，返回到步骤②，直到所有的节点和控制都已经讨论结束。

在 CHAZOP 分析中，传统技术里将系统分解成节点的方法依旧适用，同时还需要考虑控制回路。

研究人员还提出了一些其他方法，建议使用所谓的流程控制事件图方法，系统性地表示控制逻辑。

CHAZOP 分析的引导词和传统 HAZOP 分析的有所不同，英国 HSE 给出了一组新的引导词列表，而另外一些研究人员则建议使用传统 HAZOP 分析的标准引导词，但是要对它们进行相应的解释，我们在表 3-24 中给出了 CHAZOP 分析的引导词。

表 3-24　HAZOP 分析引导词在 CHAZOP 中使用时的释义

属性	引导词	解释
数据/控制流	无	没有数据流
	过多	传输的数据多于预期
	部分	传输的数据不完整
	反向	数据流方向错误
	……	……
数据速率	过多	数据速率过高
	过少	数据速率过低
事件或行动的时效	无	没有发生
	早	发生早于预期
	晚	发生晚于预期
	……	……

本章小结

（1）安全检查表（safety check list，SCL）：是为了查明系统中的不安全因素，依据相关的法律、法规和标准等对系统进行分析，并以提问的形式，将需要检查的项目按系统或子系统顺序编制成的表格。安全检查表分为设计审查用安全检查表、厂（矿）级安全检查表、车间（工区）用安全检查表、班组及岗位用安全检查表和专业性安全检查表等。

（2）预先危险性分析（preliminary hazard analysis，PHA）：是一种定性分析评价系统危险因素和危险程度的方法。预先危险性分析是在每项工程活动之前，如设计、施工、生产之前，或技术改造之后，即制定操作规程和使用新工艺等情况之后，对系统存在的危险性类型、来源、出现条件、导致事故的后果以及有关措施等做概略分析。

（3）预先危险性分析的步骤：确定系统，调查、收集资料，系统功能分解，分析、识别危险性，确定危险等级，制定措施。

（4）预先危险性分析时一般将风险分成 4 级：Ⅰ级，安全的；Ⅱ级，临界的；Ⅲ级，危险的；Ⅳ级，灾难性的。

（5）故障类型与影响分析（failure mode and effects analysis，FMEA）：采用系统分割的概念，根据实际需要分析的水平，把系统分割成子系统或进一步分割成元件。然后，按一定顺序进行系统分析和考察，查出系统中各子系统或元件可能发生的故障和故障所呈现的状态（故障类型），进一步分析它们对系统或产品的功能造成的影响，提出可能采取的预防改进措施，以提高系统或产品的可靠性和安全性。

（6）故障类型与影响分析步骤：明确系统的任务和组成，确定分析程度和水平，绘制系统图和可靠性框图，列出所有故障类型、选出对系统有影响的故障类型，分析故障类型与影响，评定故障等级，研究故障检测方法，提出预防措施，绘制故障类型与影响分析表。

（7）致命度分析（criticality analysis，CA）：通过计算系统中各严重故障的临界值（致命度指数）进行分析，即分析某故障类型产生致命度影响的概率，是一种定量分析方法。

（8）危险与可操作性研究（hazard and operability study，HAZOP）：是英国帝国化学工

业公司（ICI）于1974年针对化工装置而开发的一种危险性评价方法。HAZOP分析是以关键词为引导，找出系统中工艺过程的状态参数（如温度、压力、流量等）的变化（即偏差），然后再继续分析造成偏差的原因、后果及可以采取的对策。

（9）危险与可操作性研究分析步骤：分析准备、进行分析、编制分析结果报告。

（10）作业危害分析又称作业安全分析（job hazard analysis，JHA）、作业危害分解（job hazard breakdown，JHB）：是一种定性风险分析方法。实施作业危害分析，能够识别作业中潜在的危害，确定相应的工程措施，提供适当的个体防护装置，以防止事故发生，防止人员受到伤害。分析步骤包括：作业的选择、将作业划分为若干步骤、辨识危害、确定相应的对策、信息传递。

（11）计算机危险与可操作性（CHAZOP）分析：衍生于传统的HAZOP方法，主要关注包含软件的控制系统。

<<<< **复习思考题** >>>>

（1）简述安全检查表的特点、类别。

（2）简述预先危险性分析法的分析步骤与特点。

（3）简述故障类型与影响分析法的基本步骤。

（4）简述危险与可操作性研究法的分析步骤。

（5）论述基于引导词的HAZOP分析的特点及适用范围。

（6）HAZOP分析的适用条件如何？试用HAZOP分析法对图3-4的反应器及产品输出单元进行分析。

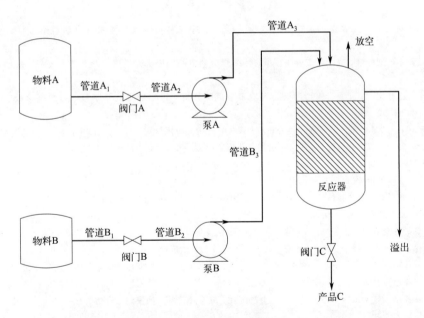

图3-4 反应器及产品输出单元

（7）某废气洗涤系统如图3-5所示，废气中主要危险有害气体包括：HCl气体、CO气体。洗涤流程如下：为了稀释废气中CO气体和HCl气体的浓度，在洗涤废气之前先向废气中通入一定量的氮气，然后再进行洗涤。首先NaOH溶液反应器会吸收混合气体中的HCl气体，HCl气体处理完后，会进入处理CO的氧化反应器，在这里会供应氧气进来，跟CO

起反应燃烧，然后产生CO_2排放到大气。

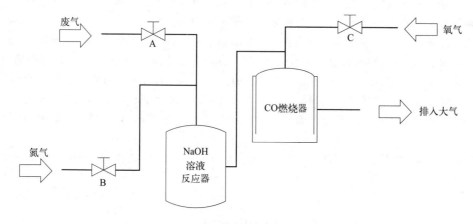

图 3-5 洗涤系统示意图

① 简要说明以下安全评价方法：安全检查表法、预先危险性分析、故障类型与影响分析、危险与可操作性研究方法各自主要适用的评价对象。

② 从以上评价方法中选出一种最适用本例的方法对该系统中氮气流量危险、有害因素进行分析。

（8）试对身边一个熟悉的系统进行预先危险性分析。

（9）请选择一个熟悉的系统进行故障类型与影响分析。

参 考 文 献

[1] 许晓光, 刘剑. 化工企业的消防安全评价 [J]. 辽宁工程技术大学学报（自然科学版），2008（S1）：122-123.

[2] 施锦, 陈松, 刘井泉. 安全检查表法在预防性维修活动中的应用研究 [J]. 核科学与工程，2013，33（1）：89-96.

[3] 徐青伟, 许开立. 基于复合模型的轨道运输事故风险分析 [J]. 东北大学学报（自然科学版），2018，39（7）：1048-1052.

[4] AQ/T 3049—2013. 危险与可操作性分析（HAZOP 分析）应用导则.

[5] 沈斐敏. 安全系统工程 [M]. 北京：机械工业出版社，2022.

[6] 徐志胜. 安全系统工程 [M]. 3 版. 北京：机械工业出版社，2016.

[7] 沈斐敏. 安全评价 [M]. 徐州：中国矿业大学出版社，2009.

[8] 林柏泉, 张景林. 安全系统工程 [M]. 北京：中国劳动社会保障出版社，2007.

[9] 曹庆贵. 安全评价 [M]. 北京：机械工业出版社，2017.

[10] 汪元辉. 安全系统工程 [M]. 天津：天津大学出版社，1999.

[11] 张乃禄. 安全评价技术 [M]. 西安：西安电子科技大学出版社，2011.

[12] 中国就业培训技术指导中心, 中国安全生产协会. 安全评价师（国家职业资格一级）[M]. 北京：中国劳动社会保障出版社，2010.

[13] 中国就业培训技术指导中心, 中国安全生产协会. 安全评价师（国家职业资格二级）[M]. 北京：中国劳动社会保障出版社，2010.

[14] 中国就业培训技术指导中心, 中国安全生产协会. 安全评价师（国家职业资格三级）[M]. 北京：中国劳动社会保障出版社，2010.

[15] 李华, 胡奇英. 预测与决策教程 [M]. 北京：机械工业出版社，2019.

[16] 李彦锋. 复杂系统动态故障树分析的新方法及其应用研究 [D]. 成都：电子科技大学，2013.

[17] 苏义坤. 基于危险点分析的施工企业安全生产过程研究 [D]. 哈尔滨：哈尔滨工业大学，2006.

[18] 何旭洪, 黄祥瑞. 工业系统中人的可靠性分析、原理方法与应用 [M]. 北京：清华大学出版社，2007.

[19] 廖学品. 化工过程危险性分析 [M]. 北京：化学工业出版社，2003.

[20] 顾祥柏. 石油化工安全分析方法及应用 [M]. 北京：化学工业出版社，2000.

[21] 何德芳，等. 失效分析与故障预防 [M]. 北京：冶金工业出版社，1990.

延 伸 阅 读 文 献

第❸章 ▼ 系统安全定性分析 ▲

第4章

▶ 系统安全定量分析 ◀

本章学习目标

① 掌握事件树分析的定义、基本原理、分析步骤。

② 掌握事故树分析的定义、事故树的符号、数学表达，熟悉事故树分析程序。

③ 掌握割集、最小割集、径集、最小径集的概念，熟悉贝叶斯网络计算机分析的程序。

④ 会计算最小割集、最小径集、顶上事件发生的概率，会计算概率重要度、临界重要度和结构重要度。

⑤ 能够运用事件树和事故树进行定性和定量分析。

4.1 事件树分析

4.1.1 事件树分析的概念和原理

（1）基本概念

① 事件树分析（event tree analysis，ETA）的概念。事件树分析从事件的起始状态出发，按照事故的发展顺序，将其分成不同阶段，逐步进行分析，每一步都从成功（希望发生的事件）和失败（不希望发生的事件）两种可能后果考虑，并用上连线表示成功，下连线表示失败，直到最终结果。这样，就形成了一个水平放置的树形图，称为事件树，这种分析方法就称为事件树分析法。

② 初始事件的概念。初始事件是事件树中在一定条件下造成事故后果的最初原因事件，它可以是系统故障、设备失效、人员误操作或工艺过程异常等。

③ 环节事件的概念。环节事件是对初始事件依次做出响应的安全功能事件，即可成为防止初始事件造成不期望后果的预防措施。

④ 结果事件的概念。结果事件是在事件树最后面写明的由初始事件引起的各种事故结果或后果。

⑤ 事故场景的概念。事故场景是描述一个可能的、未来的事故。定义是：从初始事件到意料之外的最终状态的一个潜在事件序列，它可能会伤害到一项或者多项资产。

无论是事件的数量，还是从初始事件到最终事件或者状态的经历时间，事故场景之间都存在着巨大的差异。一个事故场景的"路径"可能会因为条件的不同或者安全屏障发挥作用而发生偏移。如果没有安全屏障存在的话，那么这个事件序列可能就会变成一个单独事件。

（2）事件树分析的基本原理

事件树分析是一种从原因到结果的过程分析，属于逻辑分析方法，遵照逻辑学的归纳分析原则。

事件树分析过程中，在相继出现的事件中，后一事件是在前一事件出现的情况下出现的。它与更前面的事件无关。后一事件选择某一种可能发展途径的概率是在前一事件做出某种选择的情况下的条件概率。

【例 4-1】 对流程工厂中的事故场景进行分析。

答： 石油化工企业中的一个事故场景可能开始于一次气体泄漏，然后有下列情况出现（按照下列步骤演化）。

① 法兰 A 发生气体泄漏（也就是初始事件）。

② 检测到气体。

③ 警报器被触发。

④ 流程闭合系统失效，气体发生扩散。

⑤ 气体被点燃，有火焰出现。

⑥ 消防系统发挥作用。

⑦ 火焰在大约一个小时之内被扑灭。

⑧ 有一个人在火灾中受伤。

4.1.2　事件树分析的步骤

事件树分析通常包括六步：确定初始事件、找出与初始事件有关的环节事件、画事件树、说明分析结果、定性分析、定量分析。

① 确定初始事件。一般情况下分析人员选择最感兴趣的异常事件作为初始事件。

② 找出与初始事件有关的环节事件。

③ 画事件树。把初始事件写在最左边，各个环节事件按顺序写在右面。从初始事件画一条水平线到第一个环节事件，在水平线末端画一垂直线段，垂直线段上端表示成功，下端表示失败。再从垂直线两端分别向右画水平线到下个环节事件，同样用垂直线段表示成功和失败两种状态。依此类推，直到最后一个环节事件为止。如果某一个环节事件不需要往下分析，则水平线延伸下去，不发生分支，如此便得到事件树。

④ 说明分析结果。为清楚起见，对事件树的初始事件和各环节事件用不同字母加以标记。

⑤ 定性分析。事件树画好之后的工作就是对每种分析结果进行定性分析，找出发生事故的途径和类型。事件树定性分析示意图如图 4-1 所示。

从图 4-1 的事件树可见，当元件状态组合为 $ABCD$ 时，系统处于正常（安全）状态，而其他的三种元件状态则表明系统处于失效（事故）状态。这样就完成了对每一个事件树分支结果的定性评价，找到了事故发生的途径。

通过对系统初始状态进行事件树定性分析，我们可以进行以下方面的分析。

（a）找出事故联锁：事件树的各分支代表初始事件可能的发展途径。其中最终导致事故的途径即为事故联锁。事故联锁中包含的初始事件和安全功能故障的后续事件之间具有逻辑"与"的关系。显然，事故联锁越多，系统越危险；事故联锁越少，系统越安全。

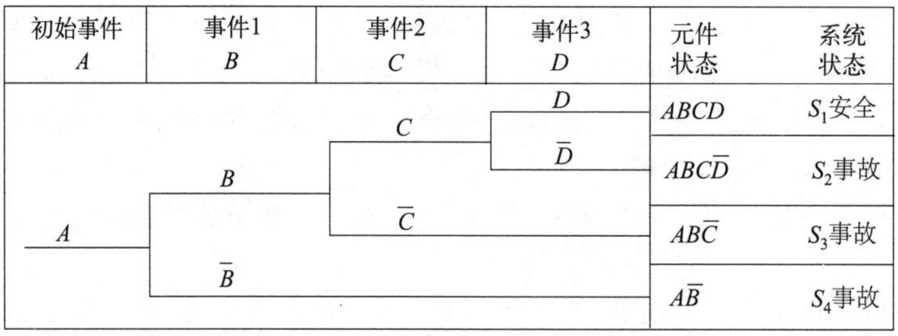

初始事件 A	事件1 B	事件2 C	事件3 D	元件状态	系统状态
			D	$ABCD$	S_1 安全
		C	$\bar{D}$	$ABC\bar{D}$	S_2 事故
A	B	$\bar{C}$		$AB\bar{C}$	S_3 事故
	$\bar{B}$			$A\bar{B}$	S_4 事故

图 4-1 事件树定性分析示意图

（b）找出预防事故的途径：事件树中最终达到安全的分支，即为从初始事件开始达到安全的途径，它用来指导如何采取措施预防事故。在达到安全状态的途径中，发挥安全功能的事件构成事件树的成功联锁。如果能保证这些安全功能发挥作用，则可以防止事故。成功联锁越多，系统越安全。

由于事件树反映了事件之间的时间顺序，所以应该尽可能地从最先发挥功能的安全功能着手。

【例 4-2】对某生产车间起火进行事件树分析。

答：生产车间需要安装自动喷水消防系统，将火灾消灭在萌芽阶段。如果有火苗出现，它最终能够造成的后果取决于消防系统是否能够发挥作用，以及车间中的人员是否能够快速高效地撤离。图 4-2 给出了这个系统的一个简化事件树模型。该系统中共识别 4 个事故场景，其中，事故场景 1 包括下列事件。

（a）生产车间里有火苗出现。

（b）火势迅速蔓延。

（c）消防系统失效。

（d）有工人没有及时撤离。

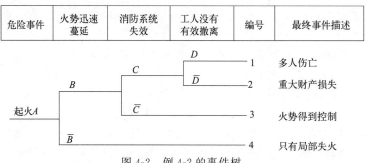

图 4-2 例 4-2 的事件树

可以使用这 4 个事件的表达式详见 4.2.2.1 来描述各种事故场景（即事件树的各个发展轨迹）。

场景 1：多人伤亡（$A \cap B \cap C \cap D$）。

场景 2：重大财产损失（$A \cap B \cap C \cap \bar{D}$）。

场景 3：火势得到控制（$A \cap B \cap \bar{C}$）。

场景 4：只有局部失火（$A \cap \bar{B}$）。

其中，$\bar{A}$ 表示事件 A 没有发生，$\bar{B}$、$\bar{C}$、$\bar{D}$ 的含义依此类推。

现在并没有关于绘制事件树的现成标准，我们可以在相关的文献中找到多种不尽相同的结构。图 4-3 也是一种常见的结构，但是与图 4-2 略有不同。在图 4-3 当中，引入了时间轴，表示不同转折性事件激活的时间间隔。在大多数情况下，不太可能准确地预计时间间隔，但是有时候可以进行粗略的估计，这对后续的分析还是有一定帮助的。

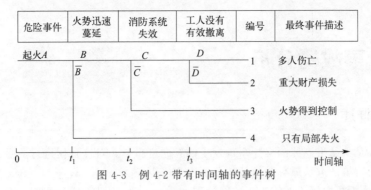

危险事件	火势迅速蔓延	消防系统失效	工人没有有效撤离	编号	最终事件描述

图 4-3　例 4-2 带有时间轴的事件树

⑥ 定量分析。事件树定量分析是指根据每一事件的发生概率，计算各种途径的事故发生概率，比较各个途径概率值的大小，得出事故发生可能性序列，确定最易发生事故的途径。若已知各事件（状态）发生的概率，则可通过事件树分析计算出系统事故或故障发生的概率。一般当各事件之间相互统计独立时，其定量分析比较简单。当事件之间相互统计不独立时（如共同原因故障、顺序运行等），则定量分析变得非常复杂。这里仅讨论前一种情况。

【例 4-3】如图 4-4 所示，起始事件 A 的状态发生概率为 0.95，事件 1 的 B 状态发生概率为 0.9，事件 2 的 C 状态发生概率为 0.9，事件 3 的 D 状态发生概率为 0.95，求系统发生事故的概率。

初始事件 A	事件1 B	事件2 C	事件3 D	系统状态

图 4-4　例 4-3 事件树

答：（a）求各系统状态概率。各系统状态概率等于自初始事件开始的各事件发生概率的乘积。事件树中各系统状态概率分别为：

$$P(S_1)=P(A)\times P(B)\times P(C)\times P(D)=0.95\times 0.9\times 0.9\times 0.95=0.731$$

$$P(S_2)=P(A)\times P(B)\times P(C)\times P(\overline{D})=0.95\times 0.9\times 0.9\times 0.05=0.038$$

$$P(S_3)=P(A)\times P(B)\times P(\overline{C})=0.95\times 0.9\times 0.1=0.086$$

$$P(S_4)=P(A)\times P(\overline{B})=0.95\times 0.1=0.095$$

（b）事故发生概率。事件树定量分析中，由各事件发生的概率计算系统事故或故障发生的概率，事故发生概率等于导致事故的各发展途径的概率和。这里就各事件间相互独立时的定量分析做简要介绍。对于图 4-4 所示的事件树，其事故发生概率为：

$$P=P(S_2)+P(S_3)+P(S_4)=0.038+0.086+0.095=0.219$$

拓展阅读 4-1

事件树分析拓展应用案例

4.2 事故树分析

4.2.1 概述

事故树就是从结果到原因描述事件发生的有向逻辑树，对这种树进行演绎分析，寻求防止结果发生的对策的方法就称为事故树分析法（fault tree analysis，FTA）。

"树"的分析技术属于系统工程的图论范畴，是一个无圈（或无回路）的连通图。从以上事故树分析的定义来看，事故树分析从结果开始，寻求结果事件（通称顶上事件）发生的原因事件，是一种逆时序的分析方法，这与事件树方法相反。

另外事故树分析是一种演绎的逻辑分析法，将结果演绎成构成这一结果的多种原因，再按逻辑关系构建，寻求防止结果发生的措施。

事故树分析能对各种系统的危险性进行辨识和评价，不仅能分析出事故的直接原因，而且能深入地揭示出事故的潜在原因。用它描述事故的因果关系直观、明了，思路清晰，逻辑性强，既可定性分析，又可定量分析。现在 Matlab 等计算工具都有用于 FTA 定量分析的子程序（模块），其功能非常强大，而且使用方便。事故树分析已成为系统分析中应用广泛的方法之一。

4.2.1.1 事故树分析程序

事故树分析虽然根据对象系统的性质、分析目的的不同，分析的程序也不同，但是一般都按照下面介绍的基本程序进行。有时，使用者还可根据实际需要和要求，来确定分析程序。图 4-5 为事故树分析的一般程序。

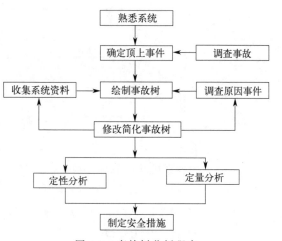

图 4-5　事故树分析程序

（1）熟悉系统

要求全面了解系统的整个情况，包括工作程序、各种重要参数、作业情况，必要时画出工艺流程图和布置图。

（2）调查事故

要求在对过去事故实例、有关事故统计的基础上，尽量广泛地调查所能预想到的事故，包括分析系统已发生的事故，也包括未来可能发生的事故，同时也要调查外单位和同类系统发生的事故。

（3）确定顶上事件

顶上事件就是我们要分析的对象事件——系统失效事件。对调查的事故，要分析其严重程度和发生的概率，从中找出后果严重且发生概率大的事件作为顶上事件。

（4）调查原因事件

调查与事故有关的所有原因事件和各种因素，包括设备故障、机械故障、操作者的失误、管理和指挥错误、环境因素等，尽量详细查清原因和影响。

（5）绘制事故树

绘制事故树是事故树分析的核心部分之一。根据上述资料，从顶上事件开始，按照演绎法，运用逻辑推理，一级一级地找出所有直接原因事件，直到最基本的原因事件为止。按照逻辑关系，用逻辑门连接输入输出关系（即上下层事件），画出事故树。

（6）确定目标事故概率

根据以往的事故记录和同类系统的事故资料进行统计分析，求出事故发生的概率（或频率），然后根据这一事故的严重程度确定要控制的事故发生概率的目标值。

（7）定性分析

根据事故树结构进行化简，求出事故树的最小割集和最小径集，确定基本事件的结构重要度大小。根据定性分析的结论，按轻重缓急分别采取相应对策。

（8）计算顶上事件发生概率

首先根据所调查的情况和资料，确定所有原因事件的发生概率，并标在事故树上。根据这些基本数据，求出顶上事件（事故）发生概率。

（9）分析比较

要对可维修系统和不可维修系统分别考虑。对可维修系统，把求出的概率与通过统计分析得出的概率进行比较，如果两者不符，则必须重新研究，看原因事件是否齐全，事故树逻辑关系是否清楚，基本原因事件的数值是否设定得过高或过低等。对不可维修系统，求出顶上事件发生概率即可。

（10）定量分析

定量分析包括下列三个方面的内容。

① 当事故发生概率超过预定的目标值时，要研究降低事故发生概率的所有可能途径，可从最小割集着手，从中选出最佳方案。

② 利用最小径集，找出根除事故的可能性，从中选出最佳方案。

③ 求各基本原因事件的临界重要度系数，从而对需要治理的原因事件按临界重要度系数大小进行排序，或编出安全检查表，以加强人为控制。

（11）制定安全措施

绘制事故树的目的是查找隐患，找出薄弱环节，查出系统的缺陷，然后加以改进。在对事故树全面分析之后，必须制定安全措施，防止灾害发生。安全措施应在充分考虑资金、技术、可靠性等条件之后，选择最经济、最合理、最切合实际的对策。

在具体分析时，可以根据分析的目的、投入人力物力的多少、人的分析能力的高低以及对基础数据的掌握程度等，进行到不同程度。如果事故树规模很大，也可以借助电子计算机进行分析。

4.2.1.2 事故树的注意事项

事故树应能反映出系统故障的内在联系和逻辑关系，同时能使人一目了然，形象地掌握这种联系与关系，并据此进行正确的分析，为此，建造事故树应注意以下几点。

（1）熟悉分析系统

绘制事故树由全面熟悉系统开始，必须从功能的联系入手，掌握使用阶段的划分等与人员有关的功能，包括现有的冗余功能以及安全、保护功能等。此外，使用、维修状况也要考虑周全。这就需要广泛地收集与系统相关的设计、运行、流程图、设备技术规范等技术文件及资料，并进行深入细致的分析研究。

（2）循序渐进

事故树的编制过程是一个逐级展开的演绎过程。首先，从顶上事件开始分析其发生的直接原因，判断逻辑关系，给出逻辑门。其次，找出逻辑门下的全部输入事件。再分析引起这些事件发生的原因，判断逻辑关系，给出逻辑门。继续逐层分析，直至列出引起顶上事件发生的全部基本事件和上下逻辑关系。

（3）选好顶上事件

绘制事故树首先要选定一个顶上事件，顶上事件是指系统不希望发生的故障事件。选好顶上事件有利于使整个系统故障分析相互联系起来，因此，对系统的任务、边界以及功能范围必须给予明确的定义。选择顶上事件，一定要在详细了解系统情况、有关事故的发生情况和发生可能、事故的严重程度和事故发生概率等资料的情况下进行，而且事先要仔细寻找造成事故的直接原因和间接原因。顶上事件在大型系统中可能不止一个，一个特定的顶上事件可能只是许多系统失效事件之一。顶上事件在很多情况下是用故障类型与影响分析、预先危险性分析或事件树分析得出的。一般考虑的事件有：对安全构成威胁的事件——造成人身伤亡或导致设备财产的重大损失（火灾爆炸、中毒、严重污染等），妨碍完成任务的事件——系统停工或丧失大部分功能，严重影响经济效益的事件——通信线路中断、交通停顿等妨碍提高经济收益的因素。顶上事件确定之后，为了绘制好事故树，必须将造成顶上事件的所有直接原因事件找出来，尽可能不要漏掉。

（4）准确判明各事件间的因果关系和逻辑关系

对系统中各事件间的因果关系和逻辑关系必须分析清楚，不能有逻辑上的紊乱及因果矛盾。每一个故障事件包含的原因事件都是事故事件的输入，即原因——输入，结果——输出。逻辑关系应根据输入事件的具体情况来定，若输入事件必须全部发生时顶上事件才发生，则用"与门"，若输入事件中任何一个发生时顶上事件即发生，则用"或门"。在用逻辑门连接上下层之间的事件原因时，若下层事件必须全部同时发生，上层事件才会发生时，就用"与门"连接。逻辑门的连接问题在事故树中是非常重要的，含糊不得，它涉及各种事件之间的逻辑关系，直接影响着以后的定性分析和定量分析。

事故树各个事件之间的逻辑关系应该相当严密、合理。否则在计算过程中将会出现许多意想不到的问题。因此，对事故树的绘制要十分慎重。在制作过程中，一般要进行反复推敲、修改，除局部更改外，有的甚至要推倒重来，有时还要反复进行多次，直到符合实际情况、比较严密为止。

（5）避免门与门相连

为了保证逻辑关系的准确性，事故树中任何逻辑门的输出都必须也只能有一个结果，不能将逻辑门与其他逻辑门直接相连。

4.2.1.3 常用的事故树编制软件

事故树被广泛应用于系统安全评价中，而在实际应用中，系统往往由众多复杂要素构成，手工绘制事故树工作量较大，且复杂事故树最小割集、最小径集、顶上事件概率的计算是一个庞大的工程，基于此，很多学者或机构开发了事故树绘制与分析软件，给安全工程技术和管理人员提供操作简单、功能丰富、快速实现事故树绘制及分析的工具。

常用的事故树分析软件有：FrceFta、EasyDraw、CARA、CAFTA等。通过应用软件可以很方便地选择各种事件符号和逻辑门符号，从而快速绘制事故树。使用相应的最小割集、最小径集、顶上事件概率计算等软件功能，可实现快速求解。

各种事故树软件为事故树的绘制及相应计算提供了简单快捷的工具，但事故树绘制是建立在对系统进行全面分析基础上的。也就是说，事故树软件仅提供了一个绘制和分析的工具，事故树分析的核心内容依然是分析人员运用事故树分析的原理和方法对研究对象进行系统的分析。

4.2.1.4 事故树的常用符号

构成事故树的两个基本要素是事件与逻辑门。

（1）事故树的事件符号

事故树是由各种事件、逻辑门连接构造而成的。所以，熟练掌握常用的事件符号与逻辑门是进行事故树分析的基础，事故树的事件符号如图 4-6 所示。

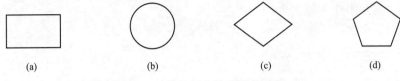

图 4-6　事故树事件符号示意图

① 矩形符号。矩形符号如图 4-6（a）所示，用矩形符号表示的事件即为需要往下分析的事件。使用时，应将事件内容扼要地填入框内。矩形符号主要用在以下两种情况。

（a）表示顶上事件。

顶上事件即为人们所要分析的对象事件，一般是指人们不希望发生的事件，如"冲床冲手""高处坠落死亡"等。它只能是逻辑门的输出，而不能是输入。

（b）表示中间事件。

中间事件是指系统中可能造成顶上事件发生的某些事件。或者说，除了基本事件与顶上事件外的事件统称为中间事件。

② 圆形符号。圆形符号如图 4-6（b）所示，表示基本事件。它是指系统中的一个故障，是导致发生事故的原因，如人为失误、环境因素等。它表示无法再往下分析的事件。

③ 菱形符号。菱形符号如图 4-6（c）所示，表示省略事件，是无需进行仔细分析的必要事件。

④ 房形符号。房形符号如图 4-6（d）所示，表示正常事件，是指系统在正常工作条件下必定发生的情况。如"车床旋转""飞机飞行"等。

（2）逻辑门符号及意义

逻辑门是用于描述事件之间的逻辑因果关系的符号。

① 与门。

与门符号如图 4-7 所示，表示只有输入的 x_1，x_2，$\cdots$，x_n 同时发生时，输出事件 T 才发生。它们的关系是逻辑与关系，即 $T = x_1 \cdot x_2 \cdot \cdots \cdot x_n$。

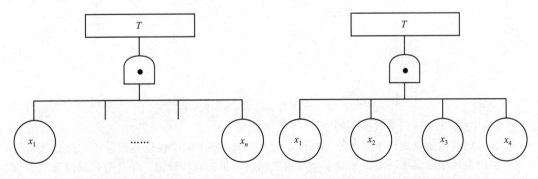

图 4-7　逻辑与门　　　　图 4-8　与门事故树示意图

【例 4-4】与门事故树举例。

答： 如图 4-8 所示事故树，$T = x_1 \cdot x_2 \cdot x_3 \cdot x_4$，代表 x_1，x_2，x_3，x_4 四个事件同时发生，T 才发生。

② 或门。

或门如图 4-9 所示，输入事件 x_1，x_2，$\cdots$，x_n 至少有一个发生，输出事件 T 就发生。它们的关系是逻辑或关系，即 $T = x_1 + x_2 + \cdots + x_n$。

【例 4-5】 或门事故树举例。

答： 如图 4-10 所示事故树，$T = x_1 + x_2 + x_3 + x_4$，代表 x_1，x_2，x_3，x_4 四个事件至少有一个发生，输出事件 T 就发生。

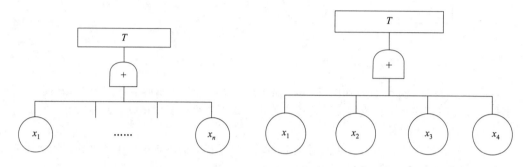

图 4-9　或门符号　　　　　　　图 4-10　或门事故树示意图

③ 条件与门。

条件与门符号如图 4-11 所示，表示 x_1，x_2，$\cdots$，x_n 各事件同时发生，且满足条件 α 时，则 T 发生。由此，它们的逻辑关系为 $T = x_1 \cdot x_2 \cdot \cdots \cdot x_n \cdot \alpha$。注意：式中 α 是 T 发生的条件，不是事件。

④ 条件或门。

条件或门如图 4-12 所示，在满足条件 α 的情况下，输入事件 x_1，x_2，$\cdots$，x_n 中至少一个发生，输出事件 T 就发生。输入事件 x_1，x_2，$\cdots$，x_n 与输出事件 T 之间是逻辑或的关系，输入事件与条件 α 则是逻辑与的关系。由此，它们的逻辑关系为 $T = (x_1 + x_2 + \cdots + x_n) \cdot \alpha$。

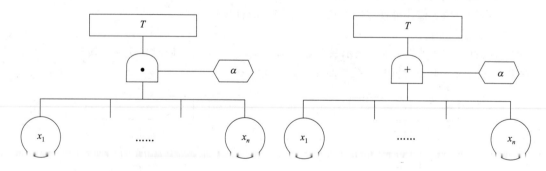

图 4-11　条件与门　　　　　　　图 4-12　条件或门

【例 4-6】 条件或门事故树举例。

答： 氧气瓶超压爆炸事故的原因事件是"在阳光下暴晒""接近热源"或"接近火源"，三个原因事件至少发生一个，又满足"瓶内气压超过钢瓶强度极限"条件时，就能导致氧气瓶超压爆炸事故的发生。因此，它们之间应该采用条件或门连接，如图 4-13 所示。

⑤ 限制门。

安／全／系／统／工／程

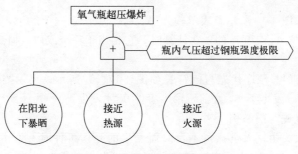

图 4-13　条件或门事故树举例

限制门符号如图 4-14(a) 所示，表示事件 x_1 发生，且满足条件 α，则 T 发生。限制门只有一个输入，其逻辑关系为 $T = x_1 \cdot \alpha$。

【例 4-7】 限制门事故树举例。

答： 如图 4-14(b) 所示，顶上事件"高处坠落死亡"事件（T）必须满足"脚手架上坠落"（x_1）事件与"高度和地面状况"（α）这一条件才能发生，其逻辑关系为 $T = x_1 \cdot \alpha$。

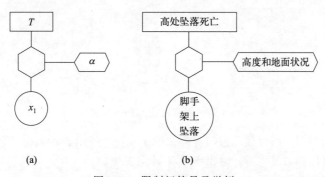

(a)　　　　　　　　　　(b)

图 4-14　限制门符号及举例

上面介绍的 5 种逻辑门最为常用，应该熟练掌握。其中，又以与门、或门最为重要，其他逻辑门均从这两个门派生出来。应该从明确逻辑关系和逻辑表达式入手，理解和掌握各个逻辑门的应用及其关系。

除上面介绍的 5 种逻辑门外，较为常见的还有表决门、排斥或门和优先与门，下面来进行简单介绍。

⑥ 表决门。

表决门如图 4-15 所示，表示 n 个输入事件 x_1，x_2，…，x_n 中，至少有 r 个发生时输出事件才发生的逻辑关系。这种情况在电气电子行业出现较多，其他行业不常出现。

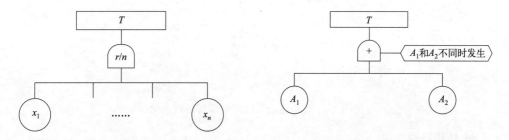

图 4-15　表决门符号　　　　　　图 4-16　排斥或门示意图

可以看出，或门和与门都是表决门的特例：或门是 $r = 1$ 的表决门，与门是 $r = n$ 的表决门。

⑦ 排斥或门。

排斥或门符号如图 4-16 所示，表示输入 A_1、A_2 中任意一个发生，输出 T 就发生。注意：在使用时，A_1 与 A_2 是互斥的，在计算时，它相当于一个或门，但意义上是不同的。

⑧ 优先与门。

（a）顺序优先与门。顺序优先与门符号如图 4-17（a）所示，表示当输入事件 A_1 和 A_2 都发生时，且满足 A_1 发生于 A_2 之前，输出事件 T 才发生。

【例 4-8】顺序优先与门举例。

答：如在房屋火灾中，人员撤离不及时而发生的受伤事件时有发生。它的直接原因是"烟雾报警装置失灵"和"发生火灾"，而且只有在"发生火灾"之前"烟雾报警装置失灵"的情况下，"在房屋火灾中受伤"才会发生，所以，应该用顺序优先与门的事故树结构绘制，如图 4-17（b）所示。

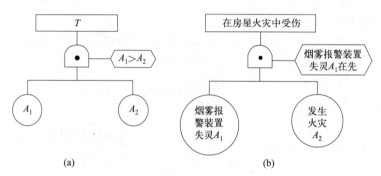

图 4-17　顺序优先与门示意图

（b）组合优先与门。组合优先与门符号如图 4-18（a）所示，表示在三个以上输入事件的与门中，当两个事件同时发生时，输出事件 T 才会发生。

【例 4-9】组合优先与门举例。

答：在火灾中，人员跑入避难地点，避难地点的空气供应非常重要。避难地点空气是否充足供应主要取决于三个因素，分别是：有无压气供应、避难地点空间大小、避难地点通风情况。在三个因素中，只要有任意两个因素出现不良状况，"避难地点空气不足"就发生。该顶上事件发生的事故树如图 4-18（b）所示。

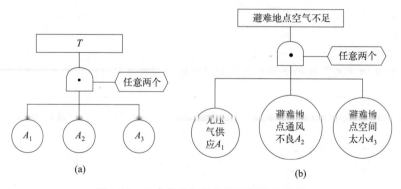

图 4-18　组合优先与门的事故树结构示例

（3）转移符号

转移符号包括转入符号和转出符号，分别表示部分树的转入和转出。其作用有二：其一，当事故树规模很大，一张图不能绘出全部内容时，可应用转移符号，在另一张图上继续完成；

安/全/系/统/工/程

其二，当事故树中多处包含同样的部分树时，为简化起见，可以用转入、转出符号标明。

① 转入符号（如图 4-19）表示需要继续完成的部分树由此转入。

② 转出符号（如图 4-20）表示尚未全部完成的事故树由此转出。

一般地，转出、转入符号的三角形内要对应标明数码或字符，以示呼应。

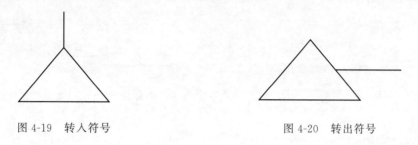

图 4-19　转入符号　　　　　　　　　　　图 4-20　转出符号

4.2.1.5　事故树绘制案例

【例 4-10】 图 4-21 所示为一台油气分离器。分离器当中装满了高压的油、气、水混合物。如果在气口处出现堵塞，分离器中的压力就会快速增加。为了避免压力过大的情况出现，分离器当中安装了两个压力开关 PS_1 和 PS_2。出现高压的时候，压力开关应该发送信号给可编程逻辑控制器（PLC）。如果 PLC 接收到至少一台压力开关发来的信号，它就会向流程关闭阀 PSD_1 和 PSD_2 发送一个关闭信号。如果两台压力开关都没有发送信号、PLC 处理信号失败、PLC 没有向阀门发送关闭信号或者 PSD_1 和 PSD_2 没有按照要求关闭，这个停机功能都会宣告失效。请绘制事故树分析"在出现高压的时候进入分离器的液流没有停止"这一事故的原因。

答：图 4-22 中描述了顶上事件"在出现高压的时候进入分离器的液流没有停止"发生的各种原因。

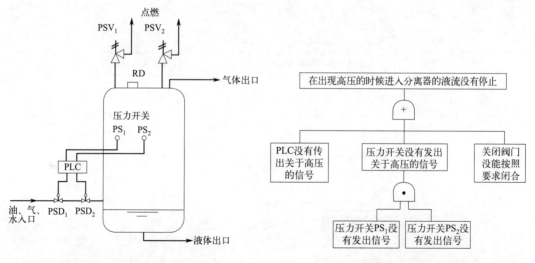

图 4-21　油气分离器示意图　　　　　图 4-22　停机系统部分事故树

图 4-22 中事故树的最底层是元件失效。有时候，可能需要识别这个元件失效的潜在原因。失效的种类有很多，图 4-23 中给出了压力开关的几种失效：潜在的初级失效、次级失效和指令错误。这个层级也可以继续分析，比如寻找"压力开关校准错误"的可能原因。事

实上，分析在哪个层级上停止是由事故树分析的目标决定的。

【例 4-11】 如图 4-24 所示，该系统为某乙烯球形储罐系统，是为了储存乙烯和为需求方提供乙烯原料的。

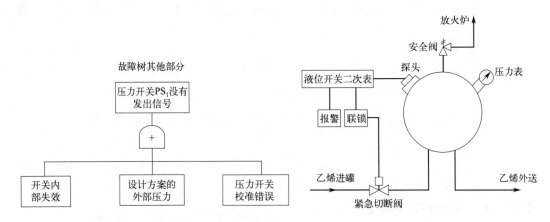

图 4-23　压力开关的初级失效、
次级失效和指令错误

图 4-24　某乙烯球形储罐系统图

分析导致乙烯球形储罐超压爆炸的原因事件，绘制事故树。

答： 乙烯球形储罐超压爆炸事故树绘制结果如图 4-25 所示。

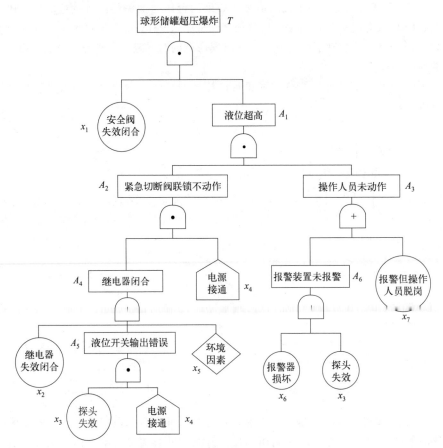

图 4-25　乙烯球形储罐超压爆炸事故树

安/全/系/统/工/程

4.2.2 事故树定性分析

事故树的化简，以及求事故树的最小割集和最小径集，均需要布尔代数知识。因此，先简单介绍布尔代数的有关内容。

4.2.2.1 布尔代数简介

布尔代数也叫逻辑代数，是一种逻辑运算方法，也可以说是集合论的一部分。布尔代数与其他数学分支的最主要区别在于，布尔代数所进行的运算是逻辑运算，布尔代数的数值只有两个：0和1。

在事故树分析中，所研究的事件也只有两种状态，即发生和不发生，不存在中间状态。所以，可以借助布尔代数进行事故树分析。

（1）集合

我们把只有某种属性的事物的全体称为一个集合。例如，某一车间的全体工人构成一个集合，自然数中的全部偶数构成一个集合，各类煤矿事故也构成一个集合。集合中的每一个成员称为集合的元素。

具有某种共同属性的一切事物组成的集合，称为全集合，简称全集，用 Ω 表示。没有任何元素的集合称为空集，用 $\emptyset$ 表示。

若集合 A 的元素都是集合 B 的元素，则称 A 是 B 的子集。集合论中规定，空集 $\emptyset$ 是全集 Ω 的子集。

利用文氏图可以明确表示子集与全集的关系，如图 4-26 所示，整个矩形的面积表示全集 Ω，圆 A 表示子集 A，圆 B 表示子集 B，圆 C 表示子集 C。可以看出，集合 B 是集合 A 的子集。

全集 Ω 中不属于集合 A 的元素的全体构成集合 A 的补集，记为 A' 或 $\overline{A}$。图 4-27 中的灰色部分即集合 A 的补集。在进行事故分析时，某事件不发生就是该事件发生的补集。

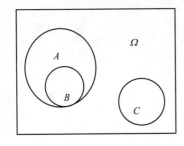

图 4-26　全集与子集

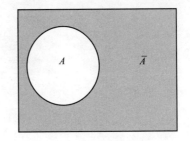

图 4-27　集合 A 的补集

如果一个子集合中的元素不被其他子集合所包含，则称为不相交的或相互排斥的子集合。图 4-26 中的集合 A 和集合 C 为不相交的子集合。

（2）集合的运算

由集合 A 和集合 B 的所有元素组成的集合 C 称为集合 A 和集合 B 的并集，具体记为 $C = A \cup B$。符号"$\cup$"读作"并"或"或"，也可写成"$+$"，即也可以记为 $C = A + B$。

由 A、B 两个集合的一切相同元素所组成的新集合 C 称为集合 A 和集合 B 的交集，记为 $C = A \cap B$。符号"$\cap$"读作"交"或"与"，也可以用"·"表示，即可记为 $C = A \cdot B$ 或 $C = AB$。

事故树中，或门的输出事件是所有输入事件的并集，与门的输出事件是所有输入事件的交集。这在前面已有介绍，不再赘述。

（3）布尔代数运算定律

下面对事故树分析涉及的有关布尔代数运算定律做简单介绍。布尔代数中，通常把全集 Ω 记作"1"，空集 $\varnothing$ 记作"0"。

① 结合律。

$$(A+B)+C=A+(B+C) \tag{4-1}$$
$$(A \cdot B) \cdot C=A \cdot (B \cdot C) \tag{4-2}$$

② 交换律。

$$A+B=B+A \tag{4-3}$$
$$A \cdot B=B \cdot A \tag{4-4}$$

③ 分配律。

$$A \cdot (B+C)=(A \cdot B)+(A \cdot C) \tag{4-5}$$
$$A+(B \cdot C)=(A+B) \cdot (A+C) \tag{4-6}$$

布尔代数运算中的结合律和交换律，与普通代数中的相同。对于分配律 $A+(B \cdot C)=(A+B) \cdot (A+C)$，则需注意其与普通代数中的区别。

④ 互补律。

$$A+A'=\Omega=1 \tag{4-7}$$
$$A \cdot A'=\varnothing=0 \tag{4-8}$$

⑤ 对合律。

$$(A')'=A \tag{4-9}$$

互补律和对合律都可由集合的定义本身解释。

⑥ 等幂律。

$$A+A=A \tag{4-10}$$
$$A \cdot A=A \tag{4-11}$$

⑦ 吸收律。

$$A+A \cdot B=A \tag{4-12}$$
$$A \cdot (A+B)=A \tag{4-13}$$

⑧ 重叠律。

$$A+B=A+A' \cdot B=B+B' \cdot A \tag{4-14}$$

⑨ 德·摩根律。

$$(A+B)'=A' \cdot B' \tag{4-15}$$
$$(A \cdot B)'=A'+B' \tag{4-16}$$

另外，根据全集的定义不难理解，下式是成立的。

$$1+A=1 \tag{4-17}$$

采用布尔代数进行事故树分析时，这一公式也是经常用到的。

（4）逻辑式

逻辑式及其整理、化简是用布尔代数法化简事故树和求最小割集、最小径集的基础。

仅用运算符"·"连接而成的逻辑式称为与逻辑式，如 A、$A \cdot B'$、$A \cdot B \cdot C$ 等都是与逻辑式。由若干与逻辑式经过运行符"+"连接而成的逻辑式，如 $A \cdot B \cdot C+D \cdot E$、$A+B \cdot C$ 等，表示若干交集的并集，是事故树定性分析中经常应用的形式。事故树分析中，总是将其化为最简单的形式，即要逻辑式中的项数最少，每一项（与逻辑式）中所含的元素最少。

用运算符"＋"连接而成的逻辑式称为或逻辑式，由若干或逻辑式经过与运算符连接而成的逻辑式，如 $A \cdot (B+C) \cdot (C+D)$ 等，表示若干并集的交集，在事故树定性分析中也有应用。

4.2.2.2 利用布尔代数化简事故树

【例 4-12】事故树图如图 4-28 所示，利用布尔代数化简事故树并画出等效图。

答：$T = M_1 \cdot M_2 = (X_1 + X_2) \cdot X_1 \cdot X_3 = X_1 \cdot X_3$

等效图如图 4-29 所示。

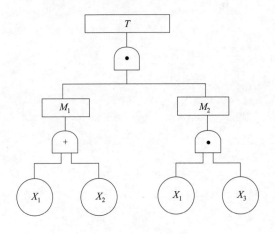
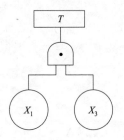

图 4-28 例 4-12 事故树　　　　　　图 4-29 例 4-12 事故树等效图

【例 4-13】事故树图如图 4-30 所示，化简事故树，并画出等效图。

答：$T = M \cdot X_1 \cdot X_2 = (X_1 + X_3) \cdot X_1 \cdot X_2 = X_1 \cdot X_2$

等效图如图 4-31 所示。

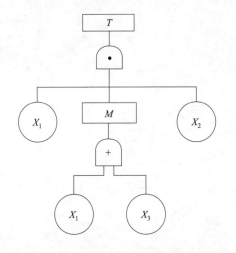
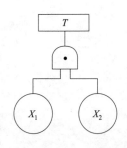

图 4-30 例 4-13 事故树　　　　　　图 4-31 例 4-13 事故树等效图

【例 4-14】事故树图如图 4-32 所示，化简事故树，并画出等效图。

答：$T = M_1 \cdot M_2$

$\quad\quad = (X_1 + M_3) \cdot (X_4 + M_4)$

$\quad\quad = (X_1 + X_3 \cdot X_2) \cdot (X_4 + M_4)$

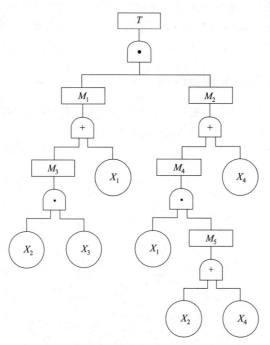

图 4-32　例 4-14 事故树

$$= (X_1 + X_3 \cdot X_2) \cdot (X_4 + X_1 \cdot M_5)$$
$$= (X_1 + X_3 \cdot X_2) \cdot [X_4 + X_1 \cdot (X_2 + X_4)]$$
$$= (X_1 + X_3 \cdot X_2) \cdot (X_4 + X_1 \cdot X_2 + X_1 \cdot X_4)$$
$$= (X_1 + X_3 \cdot X_2) \cdot (X_4 + X_1 \cdot X_2)$$
$$= X_1 \cdot X_4 + X_1 \cdot X_2 + X_2 \cdot X_3 \cdot X_4 + X_1 \cdot X_2 \cdot X_3$$
$$= X_1 \cdot X_4 + X_1 \cdot X_2 + X_2 \cdot X_3 \cdot X_4$$

等效图如图 4-33 所示。

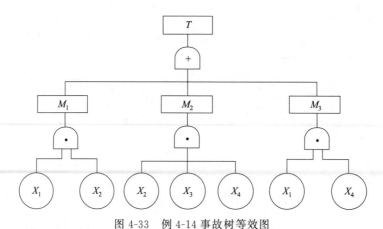

图 4-33　例 4-14 事故树等效图

4.2.2.3　割集与最小割集

（1）定义

割集指的是：事故树中某些基本事件的集合，当这些基本事件都发生时，顶上事件必然发生。所以系统的割集也就是系统的故障模式。

如果在某个割集中任意除去一个基本事件就不再是割集了，这样的割集就称为最小割集。换句话说，也就是导致顶上事件发生的最低限度的基本事件组合。因此，研究最小割集，实际上是研究系统发生事故的规律和表现形式，发现系统最薄弱环节。由此可见，最小割集表示了系统的危险性。

（2）利用布尔代数法计算最小割集

实践证明，事故树经过布尔代数化简，得到若干交集的并集，每个交集实际就是一个最小割集。

【例 4-15】根据图 4-34 所示的事故树，利用布尔代数法计算其最小割集。

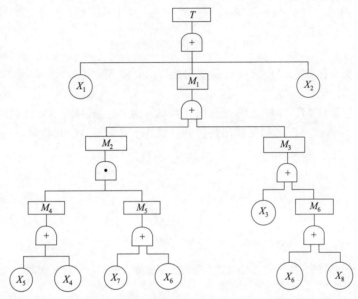

图 4-34　例 4-15 事故树

答：
$$T = X_1 + M_1 + X_2$$
$$= X_1 + M_2 + M_3 + X_2$$
$$= X_1 + X_2 + M_4 \cdot M_5 + M_6 + X_3$$
$$= X_1 + X_2 + X_3 + X_6 + X_8 + (X_4 + X_5) \cdot (X_6 + X_7)$$
$$= X_1 + X_2 + X_3 + X_6 + X_8 + X_6 \cdot X_4 + X_4 \cdot X_7 + X_5 \cdot X_6 + X_5 \cdot X_7$$
$$= X_1 + X_2 + X_3 + X_6 + X_8 + X_4 \cdot X_7 + X_5 \cdot X_7$$

等效事故树如图 4-35 所示。

（3）行列法计算最小割集

行列法，又称下行法，这种方法于 1972 年由富塞尔（Fussel）提出，所以又称为富塞尔法。该算法的基本原理是从顶上事件开始，由上往下进行，与门仅增加割集的容量（即割集内包含的基本事件的个数），而不增加割集的数量。或门则增加割集的数量，而不增加割集的容量。每一步按上述的原则，由上而下排列，把与门连接的输入事件横向排列，把或门连接的输入事件纵向排列。这样逐层向下，直到全部逻辑门都置换成基本事件为止，得到的全部事件积之和，即是布尔割集，再经布尔代数化简，就可得到若干最小割集。

【例 4-16】请根据图 4-34 所示的事故树，使用行列法求最小割集。

答：如图 4-34 所示，顶上事件与下一层的中间事件 X_1、M_1、X_2 是用或门连接的。故 T 被 X_1、M_1、X_2 代替时，纵向排列，如图 4-36 所示。

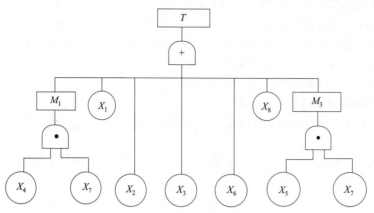

图 4-35　例 4-15 等效事故树

M_1 与下一层事件 M_2、M_3 之间也是或门连接的，故 M_1 被 M_2、M_3 代替时，仍然是纵向排列，如图 4-37 所示。

M_2 与下一层事件 M_4、M_5 之间是与门连接的，故 M_2 被 M_4、M_5 代替时要横向排列。而 M_3 与下层事件 X_3、X_6 之间是或门连接的，故 M_3 被 X_3、M_6 代替时，要纵向排列，如图 4-38 所示。

$$T \xrightarrow{\text{或门}} \begin{cases} X_1 \\ M_1 \\ X_2 \end{cases}$$

图 4-36　行列法计算第一步

$$\begin{cases} X_1 \\ M_1 \\ X_2 \end{cases} \xrightarrow{\text{或门}} \begin{cases} M_2 \\ M_3 \end{cases}$$

图 4-37　行列法计算第二步

$$\begin{cases} X_1 \\ M_2 \xrightarrow{\text{与门}} M_4 M_5 \\ M_3 \xrightarrow{\text{或门}} \begin{cases} X_3 \\ M_6 \end{cases} \\ X_2 \end{cases}$$

图 4-38　行列法计算第三步

同理得图 4-39 所示排列。

整理得割集及最小割集，如图 4-40 所示。

$$\begin{cases} X_1 \\ M_4 M_5 \xrightarrow{\text{或门}} \begin{cases} X_4 M_5 \xrightarrow{\text{或门}} \begin{cases} X_4 X_6 \\ X_4 X_7 \end{cases} \\ X_5 M_5 \xrightarrow{\text{或门}} \begin{cases} X_5 X_6 \\ X_5 X_7 \end{cases} \end{cases} \\ X_3 \\ M_6 \xrightarrow{\text{或门}} \begin{cases} X_6 \\ X_8 \end{cases} \\ X_2 \end{cases}$$

图 4-39　行列法计算第四步

$$\begin{cases} X_1 \\ X_2 \\ X_3 \\ X_6 \\ X_8 \\ X_4 X_6 \\ X_4 X_7 \\ X_5 X_6 \\ X_5 X_7 \end{cases} \xrightarrow{\text{用布尔代数化简}} \begin{cases} X_1 \\ X_2 \\ X_3 \\ X_6 \\ X_8 \\ X_4 X_7 \\ X_5 X_7 \end{cases}$$

图 4-40　行列法计算第五步

上述 9 个割集，利用布尔代数化简，根据吸收律，$X_6 + X_4 X_6 = X_6$，$X_6 + X_5 X_6 = X_6$，所以 $X_4 X_6$ 和 $X_5 X_6$ 被吸收，得到 7 个最小割集：$\{X_1\}$、$\{X_2\}$、$\{X_3\}$、$\{X_6\}$、$\{X_8\}$、$\{X_4, X_7\}$、$\{X_5, X_7\}$。

4.2.2.4　径集与最小径集

（1）定义

径集指的是：事故树中某些基本事件的集合，当这些基本事件都不发生时，顶上事件必然不发生。所以系统的径集代表了系统的正常模式，即系统成功的一种可能性。

如果在某个径集中任意除去一个基本事件就不再是径集了，这样的径集就称为最小径集。换句话说，也就是不能导致顶上事件发生的最低限度的基本事件组合。因此，研究最小径集，实际上是研究保证正常运行需要哪些基本环节正常发挥作用的问题，它表示系统不发生事故的几种可能方案，即表示系统的可靠性。

（2）利用对偶的成功树求最小径集

① 对偶树。

设系统 S 有一个结构函数 $\Phi(X)$，现定义一个新的结构函数 $\Phi^D(X)$，使

$$\Phi^D(X)=1-\Phi(1-X) \tag{4-18}$$

式中，$1-X=1-X_1$，$1-X_2$，…，$1-X_n$，称 $\Phi^D(X)$ 为 $\Phi(X)$ 的对偶结构函数，以 $\Phi^D(X)$ 为结构函数的系统称为系统 S 的对偶系统 S^D。

由于有 $1-\Phi^D(1-X)=1-[1-\Phi(X)]=\Phi(X)$，所以 S^D 的对偶系统是 S。对偶是相互的，故称为相互对偶系统。相互对偶系统有如下基本性质：$S=\overline{S^D}$，$\Phi(X)=\overline{\Phi^D(X)}$

S 的割集是 S^D 的径集，反之亦然。S 的最小割集是 S^D 的最小径集，反之亦然。

利用相互对偶系统的定义，可根据某系统的事故树建造其对偶树。具体做法：只要把原事故树中的与门改为或门，或门改为与门，其他的（如基本事件、顶上事件）不变，即可建造对偶树。根据相互对偶系统的基本性质，则事故树的最小割集就是对偶树的最小径集。因此，求事故树最小割集的方法，同样可用于对偶树。

② 成功树。

在对偶树的基础上，再把其基本事件 X_i 及顶上事件 T 改成它们的补事件（即各事件发生改为不发生），$Y_i=\overline{X_i}=1-X_i$ 和 $S=\overline{T}=1-T$，就可得到成功树。为什么要这样改换？因为或门连接的输入事件和输出事件的情况，必须所有输入事件均不发生，输出事件才不发生，所以，在成功树中就要改用与门连接。而与门连接的输入事件和输出事件的情况，只要有一个输入事件不发生，输出事件就不能发生，所以，在成功树中就要改为或门连接。如图4-41和图4-42所示。

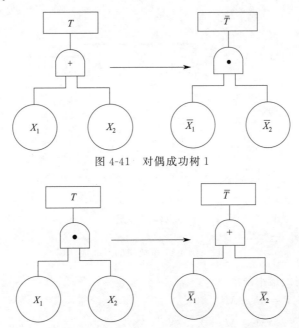

图 4-41　对偶成功树 1

图 4-42　对偶成功树 2

最小径集的求法是将事故树转化为对偶的成功树，求成功树的最小割集即事故树的最小径集。具体步骤如下。

（a）画成功树。

（b）求成功树的最小割集。

（c）求原事故树的最小径集。

【例 4-17】 根据图 4-43 的事故树，画成功树。求成功树的最小割集。求原事故树的最小径集。画出以最小割集表示的事故树的等效图。画出以最小径集表示的事故树的等效图。

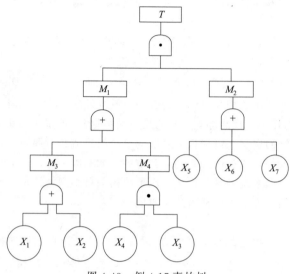

图 4-43　例 4-17 事故树

答：第一步画成功树，如图 4-44 所示。

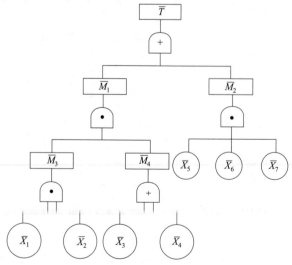

图 4-44　例 4-17 事故树的对偶成功树

第二步求成功树的最小割集。

$$\overline{T} = \overline{M}_1 + \overline{M}_2$$
$$= \overline{M}_3 \cdot \overline{M}_4 + \overline{X}_5 \cdot \overline{X}_6 \cdot \overline{X}_7$$

$$= \overline{X}_1 \cdot \overline{X}_2 \cdot (\overline{X}_3 + \overline{X}_4) + \overline{X}_5 \cdot \overline{X}_6 \cdot \overline{X}_7$$
$$= \overline{X}_1 \cdot \overline{X}_2 \cdot \overline{X}_3 + \overline{X}_1 \cdot \overline{X}_2 \cdot \overline{X}_4 + \overline{X}_5 \cdot \overline{X}_6 \cdot \overline{X}_7$$

所以成功树的最小割集为：$\{\overline{X}_1, \quad \overline{X}_2, \quad \overline{X}_3\}, \{\overline{X}_1, \quad \overline{X}_2, \quad \overline{X}_4\}, \{\overline{X}_5, \quad \overline{X}_6, \quad \overline{X}_7\}$。

第三步求原事故树的最小径集。

根据第二步解的结果，对成功树进行变换得：

$$T = (X_1 + X_2 + X_3) \cdot (X_1 + X_2 + X_4) \cdot (X_5 + X_6 + X_7)$$

所以事故树的最小径集是：$\{X_1, X_2, X_3\}, \{X_1, X_2, X_4\}, \{X_5, X_6, X_7\}$。

第四步，以最小割集表示的事故树的等效图如图 4-45 所示。

根据图 4-43 的事故树，计算最小割集：

$T = M_1 \cdot M_2$

$\quad = (M_3 + M_4) \cdot (X_5 + X_6 + X_7)$

$\quad = (X_1 + X_2 + X_3 \cdot X_4) \cdot (X_5 + X_6 + X_7)$

$\quad = X_1 \cdot X_5 + X_1 \cdot X_6 + X_1 \cdot X_7 + X_2 \cdot X_5 + X_2 \cdot X_6 + X_2 \cdot X_7 + X_3 \cdot X_4 \cdot X_5 + X_3 \cdot X_4 \cdot X_6 + X_3 \cdot X_4 \cdot X_7$

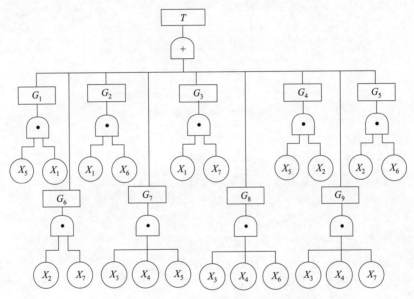

图 4-45　例 4-17 用最小割集表示的事故树图

第五步，以最小径集表示的事故树的等效图如图 4-46 所示。

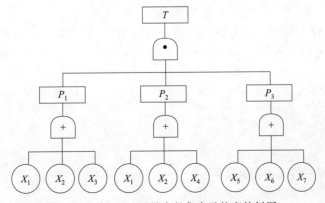

图 4-46　例 4-17 用最小径集表示的事故树图

（3）利用德·摩根律求最小径集

根据德·摩根律求解最小径集的思路是：先求事故树的最小割集，根据德·摩根律 $(A+B)'=A' \cdot B'$，$(A \cdot B)'=A'+B'$，做出相应变换，即可得到最小径集，具体分析过程如例 4-18 所示。

【例 4-18】 依据德·摩根律，求图 4-47 所示事故树的最小径集。

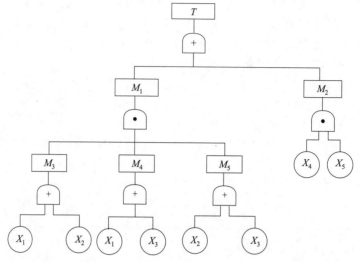

图 4-47　例 4-18 事故树

答：$T = M_1 + M_2$

$\quad = M_3 \cdot M_4 \cdot M_5 + X_4 \cdot X_5$

$\quad = (X_1 + X_2) \cdot (X_1 + X_3) \cdot (X_2 + X_3) + X_4 \cdot X_5$

$\quad = (X_1 \cdot X_1 + X_1 \cdot X_3 + X_2 \cdot X_1 + X_2 \cdot X_3) \cdot (X_2 + X_3) + X_4 \cdot X_5$

$\quad = (X_1 + X_2 \cdot X_3) \cdot (X_2 + X_3) + X_4 \cdot X_5$

$\quad = X_1 \cdot X_2 + X_1 \cdot X_3 + X_2 \cdot X_3 + X_4 \cdot X_5$

根据德·摩根律 $(A+B)'=A' \cdot B'$，$(A \cdot B)'=A'+B'$ 得：

$\quad T' = (X_1 \cdot X_2 + X_1 \cdot X_3 + X_2 \cdot X_3 + X_4 \cdot X_5)'$

$\quad = (X_1 \cdot X_2)' \cdot (X_1 \cdot X_3)' \cdot (X_2 \cdot X_3)' \cdot (X_4 \cdot X_5)'$

$\quad = (X_1' + X_2') \cdot (X_1' + X_3') \cdot (X_2' + X_3') \cdot (X_4' + X_5')$

$\quad = (X_1' + X_2' X_3') \cdot (X_2' + X_3') \cdot (X_4' + X_5')$

$\quad = (X_1' \cdot X_2' + X_1' \cdot X_3' + X_2' \cdot X_3') \cdot (X_4' + X_5')$

$\quad = X_1' \cdot X_2' \cdot X_4' + X_1' \cdot X_2' \cdot X_5' + X_1' \cdot X_3' \cdot X_4' + X_1' \cdot X_3' \cdot X_5' + X_2' \cdot X_3' \cdot X_4'$
$\quad\quad + X_2' \cdot X_3' \cdot X_5'$

所以：

$\quad T = (X_1 + X_2 + X_4) \cdot (X_1 + X_2 + X_5) \cdot (X_1 + X_3 + X_4) \cdot (X_1 + X_3 + X_5) \cdot (X_2 + X_3 + X_4) \cdot (X_2 + X_3 + X_5)$

所以最小径集是：$\{X_1, X_2, X_4\}$，$\{X_1, X_2, X_5\}$，$\{X_1, X_3, X_4\}$，$\{X_1, X_3, X_5\}$，$\{X_2, X_3, X_4\}$，$\{X_2, X_3, X_5\}$。

（4）利用可靠性框图求最小径集

【例 4-19】 利用可靠性框图求最小径集。

答：系统的可靠性从系统正常工作角度出发分析问题，事故树则从系统故障角度出发分析问题。因此，二者之间存在着一定的内在联系，即事故树图（只有与门和或门的时候）通常可以与可靠性框图相互转换。图4-48～图4-50描述的就是这种转换关系。可靠性框图用功能模块的逻辑连接结构描述这些模块执行的某一项系统功能，每一个功能都采用功能模块表示，在图中使用矩形描述（图4-48～图4-50），如果我们可以从功能模块的一端到达另一端，我们就说这个模块是在正常工作。

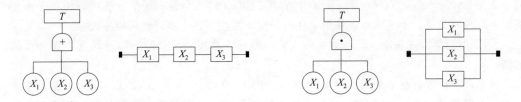

图 4-48　或门事故树图和可靠性框图之间的关系　　图 4-49　与门事故树图和可靠性框图之间的关系

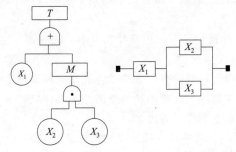

图 4-50　或门与门事故树图和可靠性框图之间的关系

图 4-48 中的可靠性框图表示一个串联结构，如果模块1、模块2或者模块3当中有一个出现故障，整个系统就会出现故障。如果基本事件表示的是模块故障，可靠性框中的串联结构通常和事故树中的或门互相对应。所以最小径集有 1 个，是 $\{X_1, X_2, X_3\}$。

图 4-49 中的可靠性框图表示一个并联结构，只有在模块1、模块2和模块3同时出现故障的情况下，整个系统才会出现故障，因此很明显，并行结构对应事故树中的与门。所以最小径集有 3 个，分别是：$\{X_1\}$、$\{X_2\}$、$\{X_3\}$。

图 4-50 中的可靠性框图表示一个串并联结构，只有在模块1或模块2、3同时出现故障的情况下，整个系统才会出现故障。所以最小径集有 2 个，分别是：$\{X_1, X_2\}$ 和 $\{X_1, X_3\}$。

4.2.2.5　最小割集和最小径集在事故树分析中的作用

最小割集和最小径集在事故树分析中起着极其重要的作用，其中，尤以最小割集最突出，透彻掌握和灵活运用最小割集和最小径集能使事故树分析收到事半功倍的效果，并为有效地控制事故的发生提供重要依据。

最小割集和最小径集的主要作用如下。

① 最小割集表示系统的危险性。

一般认为，事故树的最小割集越多，系统越危险。求出最小割集可以掌握事故发生的各种可能，为事故调查和事故预防提供方便。

一起事故的发生，并不都遵循一种固定的模式，如果求出了最小割集，就可以马上知道发生事故的所有可能途径。例如，若求得事故树的最小割集为 $\{X_1, X_2\}$、$\{X_4, X_5\}$、$\{X_4, X_6\}$。这样，它就直观明了地告诉我们，造成顶上事件（事故）发生的途径共三种，或者 X_1、X_2 同时发生，或者 X_4、X_5 同时发生，或者 X_4、X_6 同时发生。这对全面掌握事故发生规律，找出隐藏的事故模式是非常有效的，而且对事故的预防工作提供了非常全面的信息。这样就可以防止头痛医头、脚痛医脚、挂一漏万的问题。

② 最小径集表示系统的安全性。

一般认为，事故树的最小径集越多，系统越安全。求出最小径集可以知道，要使事故不发生，有几种可能方案。例如事故树共有四个最小径集：$\{X_1, X_4\}$、$\{X_2, X_4\}$、$\{X_1, X_5, X_6\}$、$\{X_2, X_5, X_6\}$。所以只要卡断与门下的任何一个最小径集，就可以使顶上事件不发生，也就是说，上述四组事件中，任何一组不发生，顶上事件就可以不发生。

③ 最小割集能直观地、概略地告诉人们，哪种事故模式最危险，哪种稍次，哪种可以忽略。

例如，某事故树有三个最小割集：$\{X_1\}$、$\{X_1, X_3\}$、$\{X_4, X_5, X_6\}$（如果各基本事件的发生概率都相等）。一般来说，一个事件的割集比两个事件的割集容易发生，两个事件的割集比三个事件的割集容易发生，依此类推。因为一个事件的割集只要一个事件发生。如X_1发生，顶上事件就会发生。而两个事件的割集则必须满足两个条件（如X_1和X_3同时发生），才能引起顶上事件发生。

④ 利用最小径集可以经济地、有效地选择预防事故的方案。

有 $\{X_1, X_4\}$、$\{X_2, X_4\}$、$\{X_1, X_5, X_6\}$、$\{X_2, X_5, X_6\}$ 四个最小径集的事故，要消除顶上事件发生的可能性，可以有四种途径，究竟选择哪种途径最省事，最经济呢？从直观角度看，一般以消除含事件少的最小径集中的基本事件最省事、最经济。消除一个基本事件应比消除两个或多个基本事件要省力。

⑤ 利用最小割集和最小径集可以直接排出结构重要度顺序。

⑥ 利用最小割集和最小径集计算顶上事件的发生概率和定量分析。

4.2.2.6 结构重要度分析

在事故树结构中，不同基本事件对顶上事件的影响各不相同，所以了解各基本事件的发生对顶上事件发生所产生的影响程度，有助于人们获得修改系统的重要信息。定性分析中常采用结构重要度分析。

结构重要度分析从事故树的结构着手，通过分析得到各基本事件的重要程度。人们把各基本事件在事故树结构上的重要程度称为结构重要度。

结构重要度的求解常采用三种方法：求结构重要度系数、利用最小割集或最小径集求解、利用近似计算公式求解。下面进行详细介绍。

（1）求结构重要度系数

在事故树分析中，各基本事件可能呈现的状态有两种，可用下式表示。

$$x_i = \begin{cases} 1, \text{表示基本事件状态发生} \\ 0, \text{表示基本事件状态不发生} \end{cases} \quad (4\text{-}19)$$

各个基本事件的不同组合，又构成顶上事件的不同状态，用结构函数来表示顶上事件的状态。

$$\varphi(x) = \begin{cases} 1, \text{表示顶上事件状态发生} \\ 0, \text{表示顶上事件状态不发生} \end{cases} \quad (4\text{-}20)$$

若基本事件个数为n，第i个基本事件x_i（$i=1, 2, 3, \cdots$）的状态由0变到1（即0→1），其他$n-1$个基本事件的状态保持不变，则顶上事件的状态变化可能有以下三种情况。

$$\varphi(0_i, x) = 0 \rightarrow \varphi(1_i, x) = 0, \text{则} \ \varphi(1_i, x) - \varphi(0_i, x) = 0$$

$$\varphi(0_i, x) = 0 \rightarrow \varphi(1_i, x) = 1, \text{则} \ \varphi(1_i, x) - \varphi(0_i, x) = 1$$

$$\varphi(0_i,x)=1 \to \varphi(1_i,x)=1, \text{则 } \varphi(1_i,x)-\varphi(0_i,x)=0$$

显然，第一种情况和第三种情况不能说明 x_i 的状态变化对顶上事件的发生起什么作用，唯有第二种情况能说明 x_i 的变化起了作用。因此，只要 x_i 的状态从 0 变到 1（其他基本事件状态保持不变）时，顶上事件的状态受其影响而变化，且也从 0 变到 1。由此可见，只有当 $\varphi(0_i,x)=0 \to \varphi(1_i,x)=1$ 时，才说 x_i 的状态变化对事件发生起到作用，这种情况越多，则说明 x_i 越重要。

因为 n 个基本事件两种状态的组合数共有 2^n 个，若把 x_i 作为变化对象，其他基本事件的状态对应保持不变的对照组共有 2^{n-1} 个。在这 2^{n-1} 个对照组中，处于第二种情况的个数与 2^{n-1} 的比值即为该事件 x_i 的结构重要度系数，记为 $I_{\varphi(i)}$，用公式表示为

$$I_{\varphi(i)}=\frac{1}{2^{n-1}}\sum[\varphi(1_i,x)-\varphi(0_i,x)] \tag{4-21}$$

求解结构重要度系数需要编排基本事件状态和顶上事件的状态值表，对于简单的事故树，可以手算求得。当事故树较为复杂时，表格的编排可用计算机编程计算求解。

【例 4-20】已知某事故树有四个最小割集，分别为：$\{x_3, x_4\}$，$\{x_2, x_4, x_5\}$，$\{x_3, x_1\}$，$\{x_5, x_1\}$。精确求出 x_1 和 x_2 的结构重要度系数并进行结构重要度排序。

答：① 绘制基本事件与顶上事件的状态值表，如表 4-1 所示。

表 4-1　例 4-20 事故树状态值表

编号	x_1	x_2	x_3	x_4	x_5	$\varphi(x)$	编号	x_1	x_2	x_3	x_4	x_5	$\varphi(x)$
1	0	0	0	0	0	0	17	1	0	0	0	0	0
2	0	0	0	0	1	0	18	1	0	0	0	1	1
3	0	0	0	1	0	0	19	1	0	0	1	0	0
4	0	0	0	1	1	0	20	1	0	0	1	1	1
5	0	0	1	0	0	0	21	1	0	1	0	0	1
6	0	0	1	0	1	0	22	1	0	1	0	1	1
7	0	0	1	1	0	1	23	1	0	1	1	0	1
8	0	0	1	1	1	1	24	1	0	1	1	1	1
9	0	1	0	0	0	0	25	1	1	0	0	0	1
10	0	1	0	0	1	0	26	1	1	0	0	1	1
11	0	1	0	1	0	0	27	1	1	0	1	0	0
12	0	1	0	1	1	1	28	1	1	0	1	1	1
13	0	1	1	0	0	0	29	1	1	1	0	0	1
14	0	1	1	0	1	0	30	1	1	1	0	1	1
15	0	1	1	1	0	1	31	1	1	1	1	0	1
16	0	1	1	1	1	1	32	1	1	1	1	1	1

② 计算基本事件的结构重要度系数。

x_1 的结构重要度系数为

$$I_{\varphi(1)}=\frac{1}{2^{n-1}}\sum[\varphi(1_i,x)-\varphi(0_i,x)]=\frac{1}{2^{5-1}}\sum[\varphi(1_1,x)-\varphi(0_1,x)]$$

$$=\frac{1}{16}(1+1+1+1+1+1+1)=\frac{7}{16}$$

x_2 的结构重要度系数为

$$I_{\varphi(2)}=\frac{1}{2^{n-1}}\sum[\varphi(1_i,x)-\varphi(0_i,x)]=\frac{1}{2^{5-1}}\sum[\varphi(1_2,x)-\varphi(0_2,x)]$$

$$=\frac{1}{16}\times1=\frac{1}{16}$$

x_3 的结构重要度系数为

$$I_{\varphi(3)} = \frac{1}{2^{n-1}} \sum \left[\varphi(1_i, x) - \varphi(0_i, x) \right] = \frac{1}{2^{5-1}} \sum \left[\varphi(1_3, x) - \varphi(0_3, x) \right]$$

$$= \frac{1}{16}(1+1+1+1+1+1+1) = \frac{7}{16}$$

x_4 的结构重要度系数为

$$I_{\varphi(4)} = \frac{1}{2^{n-1}} \sum \left[\varphi(1_i, x) - \varphi(0_i, x) \right] = \frac{1}{2^{5-1}} \sum \left[\varphi(1_4, x) - \varphi(0_4, x) \right]$$

$$= \frac{1}{16}(1+1+1+1+1) = \frac{5}{16}$$

x_5 的结构重要度系数为

$$I_{\varphi(5)} = \frac{1}{2^{n-1}} \sum \left[\varphi(1_i, x) - \varphi(0_i, x) \right] = \frac{1}{2^{5-1}} \sum \left[\varphi(1_5, x) - \varphi(0_5, x) \right]$$

$$= \frac{1}{16}(1+1+1+1+1) = \frac{5}{16}$$

（2）利用最小割集或最小径集求解

① 最小割集或最小径集排列法。

这种直接排序方法的基本原则如下。

（a）频率。

当最小割集中的基本事件个数不等时，基本事件少的割集中的基本事件比基本事件多的割集中的基本事件结构重要度大。

【例 4-21】 某事故树的最小割集为 $\{X_1, X_2, X_3, X_4\}$、$\{X_5, X_6\}$、$\{X_7\}$、$\{X_8\}$，进行基本事件结构重要度排序。

答： 从最小割集结构情况看，第三个和第四个这两个最小割集都只有一个基本事件，所以 X_7 和 X_8 的结构重要度最大，其次是 X_5、X_6，因为它们位于两个事件的最小割集中，最不重要的是 X_1、X_2、X_3、X_4，因为它们所在的最小割集中基本事件最多。这样就可以很快排出各基本事件的结构重要度顺序。

$$I_{\varphi(7)} = I_{\varphi(8)} > I_{\varphi(5)} = I_{\varphi(6)} > I_{\varphi(1)} = I_{\varphi(2)} = I_{\varphi(3)} = I_{\varphi(4)}$$

（b）频数。

当最小割集中基本事件的个数相等时，重复在各最小割集中出现的基本事件，比只在一个最小割集中出现的基本事件结构重要度大，重复次数多的比重复次数少的结构重要度大。

【例 4-22】 某事故树有 8 个最小割集，$\{X_1, X_5, X_7, X_8\}$、$\{X_1, X_6, X_7, X_8\}$、$\{X_2, X_5, X_7, X_8\}$、$\{X_2, X_6, X_7, X_8\}$、$\{X_3, X_5, X_7, X_8\}$、$\{X_3, X_6, X_7, X_8\}$、$\{X_4, X_5, X_7, X_8\}$、$\{X_4, X_6, X_7, X_8\}$，进行基本事件结构重要度排序。

答： 在这 8 个最小割集中，X_7 和 X_8 均各出现过 8 次，X_5 和 X_6 均各出现过 4 次，X_1，X_2，X_3，X_4 均各出现过 2 次。这样，尽管 8 个最小割集基本事件个数都相等（均为 4 个），但由于各基本事件在其中出现的次数不同，仍可以排出结构重要度顺序。

$$I_{\varphi(7)} = I_{\varphi(8)} > I_{\varphi(5)} = I_{\varphi(6)} > I_{\varphi(1)} = I_{\varphi(2)} = I_{\varphi(3)} = I_{\varphi(4)}$$

（c）看频率又看频数。

在基本事件少的最小割集中出现次数少的事件与基本事件多的最小割集中出现次数多的事件相比较，一般前者大于后者。

【例 4-23】 某事故树的最小割集为 $\{X_1\}$、$\{X_2, X_3\}$、$\{X_2, X_4\}$、$\{X_2, X_5\}$，进行基本事件结构重要度排序。

答： 最小割集基本事件结构重要度顺序如下。

安 / 全 / 系 / 统 / 工 / 程

$$I_{\varphi(1)} > I_{\varphi(2)} > I_{\varphi(3)} = I_{\varphi(4)} = I_{\varphi(5)}$$

上述原则对最小径集同样适用。当然，也可以用两种方法互相检验结果的正确性。

② 简易算法。

给每一个最小割集都赋予 1，而最小割集中每个基本事件都得到相同的一份，然后每个基本事件积累得分，按其得分多少，排出结构重要度的顺序。

【例 4-24】 某事故树的最小割集为 $\{X_1\}$、$\{X_2\}$、$\{X_3, X_4\}$、$\{X_5, X_6, X_7, X_8\}$，试确定各基本事件的结构重要度。

答：$X_5 = X_6 = X_7 = X_8 = \dfrac{1}{4}$，$X_3 = X_4 = \dfrac{1}{2}$，$X_1 = X_2 = 1$。

所以，$I_{\varphi(1)} = I_{\varphi(2)} > I_{\varphi(3)} = I_{\varphi(4)} > I_{\varphi(5)} = I_{\varphi(6)} = I_{\varphi(7)} = I_{\varphi(8)}$。

（3）利用近似计算公式求解

最小割集确定后，可依据下述公式求出某基本事件的结构重要度系数，然后依据其系数值的大小进行排列。结构重要度求解的近似计算公式有三种，接下来对其进行详细介绍。

① 近似计算公式一为

$$I_{\varphi(i)} = \frac{1}{K} \sum_{j=1}^{K} \frac{1}{n_j} \tag{4-22}$$

式中，$I_{\varphi(i)}$ 为第 i 个基本事件的结构重要度系数，下同；K 为最小割集的总数；n_j 为包含基本事件 X_i 的第 j 个基本事件的总数。

② 近似计算公式二为

$$I_{\varphi(i)} = \sum_{x_i \in K_i} \frac{1}{2^{n_j - 1}} \tag{4-23}$$

式中，$n_j - 1$ 是第 i 个基本事件所在 K_i 中各基本事件总数减去 1。

③ 近似计算公式三为

$$I_{\varphi(i)} = 1 - \prod_{x_i \in K_i} \left(1 - \frac{1}{2^{n_j - 1}} \right) \tag{4-24}$$

式中，n_j 为第 i 个基本事件所在 K_i 的基本事件总数；$\prod$ 为数学运算符号，求概率乘积。

上述三个公式同样适用于最小径集，把 K 改成 P 即可。

4.2.3 事故树定量分析

4.2.3.1 基础数据

（1）概率数据

概率数据主要包括以下几种。

① 事故数据。现在，各个行业都已经建立了很多描述过往事故的数据库。研究团队应该已经拥有过往事故、最近发生的相同类型事故以及相似系统的知识。

② 自然事件数据。对于一些系统来说，像洪水、山体滑坡、暴雨、地震、雷击这些自然事件是出现事故的重要原因。对于这种情况，预测此类自然事件的规模和频率就显得非常关键。

③ 危险数据。危险数据主要采用两种方法表示：相关危险清单，以及能够伤害人员和环境的危险品和药品的信息（比如说明书）。很多领域都使用相关危险清单。国际标准中就包括与机械系统相关的危险清单。另外，有多家机构都在维护包含危险品信息的数据库，有时可以为研究团队提供相关和最新的信息进行风险分析。如果要考虑与多种危险品混合有关的危险，那么就需要更多的知识。

④ 可靠性数据。这是关于系统中的元件和子系统如何失效以及失效频率的信息，现在，已经有多个可靠性方面的数据库，既包括普通数据库，也包括一些公司自己的数据库。普通数据库可以提供一个相当宽泛的领域中的平均数据，而公司自己的数据库内容则主要是某些设备实际应用中报告的失效和其他事件。

一些可靠性数据库提供各种失效模式的失效率，而另外一些数据库则只提供总体失效率。有时候，可能会有多个元件出现共因失效，在这种情况下，也有必要估计这种类型失效的发生频率。很少有数据库包括失效频率估计值。

⑤ 人为错误数据。在社会技术型系统当中，有必要估计人为错误的概率。人为错误的数据一般采用常见行为和任务这样的形式，细节程度很低，或者会涵盖多个类型的任务。

⑥ 后果数据。除了失效数据之外，事故树定量分析还需要与后果相关的各类数据，如某种物理现象发生的频率（如点燃概率）、后果超过某一个阈值的频率（如爆炸超压超过 100kPa 的概率）。这些数据通常需要根据物理过程模型来进行计算，比如使用计算点燃概率的模型。

（2）元件可靠性数据

元件可靠性数据主要包括两类：单一失效事件的描述以及失效率/速率的预测。

① 元件失效事件数据。很多企业都会将元件失效事件数据库视为自身计算机化维护报告系统的一部分加以维护。在数据库中，将会记录与不同元件有关的失效和维护活动。这些数据将会用于维护计划，同时也可以作为系统变更的依据。有些时候，企业之间可以交流各自记录在元件失效报告数据库中的信息。

还有一些行业已经开始实施 MIL-STD-2155（1985）标准中所描述的失效报告分析及修正行动系统（failure report analysis and corrective action system，FRACAS）。通过使用 FRACAS 或者类似的方法，企业可以在报告存储在失效报告数据库之前就对失效进行正式的分析和分类。

② 元件失效率。现在有很多元件失效率/速率数据库。元件失效率数据库可以提供每个元件失效率的预测值。有些数据库还可以给出失效模式分布和维修时间。数据库包括制造商的信息，需要确保元件信息对于企业或者企业群以外的人员保密。

一般来说，失效率的预测依据有记录的失效事件、专家判断、实验室测试，或是上述这些依据的综合。

通常，可以假设元件具有固定的失效率 λ，即失效的发生是一个强度为 λ 的齐次泊松分布（homogeneous poisson process，HPP）。令 $N(t)$ 表示在累计服务时间 t 内的失效次数，根据 HPP 的假设，可以得到：

$$P\left[N(t)=n\right]=\frac{(\lambda t)^n}{n!}\times \mathrm{e}^{-\lambda t}, n=0,1,2,\cdots \tag{4-25}$$

那么，在累计服务时间 t 内的平均失效次数是：

$$E\left[N(t)\right]=\lambda t \tag{4-26}$$

参数 λ 的含义是：

$$\lambda=\frac{E\left[N(t)\right]}{t} \tag{4-27}$$

式中，λ 表示每单位运行时间的平均失效数量。

很显然，λ 的估计值可以表示为：

$$\hat{\lambda}=\frac{N(t)}{t}=\frac{观测到的失效次数}{累计服务时间} \tag{4-28}$$

这个估计值可以看作是无偏估计，如果截至运行时间 t 观察到 n 次失效，当置信度为 95％的时候，λ 的置信区间是：

$$\left(\frac{1}{2t}z_{0.95,2n}, \frac{1}{2t}z_{0.05,2(n+1)}\right) \tag{4-29}$$

式中，$z_{a,m}$ 表示自由度为 m 的卡方分布上侧 α 分位数，定义为 $P(Z>z_{a,m})=a$。我们可以从表格程序或者是绝大多数统计计算程序（比如 R）中找到卡方分布的百分位数，关于不同 α 值和 m 值的百分位数也可以在互联网上查到。需要注意的是，一些表格和程序给出的下侧 α 分位数，定义为 $P(Z \leqslant z_{a,m}^L)=a$。在使用百分位数之前，我们需要检查自己的表格或者计算机程序给出的是上侧分位数还是下侧分位数。

（3）通用可靠性数据库

绝大多数可靠性数据库都显示有关数据源以及如何使用信息，并有专业的组织及人员对数据进行维护更新。我们接下来介绍一些常用可靠性数据源。

流程设备可靠性数据库（process equipment reliability database，PERD）由 AIChE 化学流程安全中心负责运营，包含流程设备的可靠性数据。只有参与 PERD 项目的成员才可以使用相关的数据。

电子部件可靠性数据（electronic parts reliability data，EPRD）来自 Quanterion Solutions 公司。这本手册的厚度超过了 2000 页，内容包括根据电子元件的现场使用情况对集成电路、分立半导体（二极管、三极管、光电设备）、电阻、电容、感应器、变压器等设备失效率的估计值。

非电子部件可靠性数据（nonelectronic parts reliability data，NPRD）同样也来自 Quanterion Solutions 公司。这本大约 1000 页的手册提供了很多类型元件的失效率，包括机械、机电、分立电子部件和装配体。

《电子设备可靠性预测手册》（MIL-HDBK-217F）包括使用在电子系统中的各种类型部件，比如集成电路、晶体管、二极管、电阻、电容、继电器、开关和连接器的失效率估计值。这些估计值主要依据控制环境压力的实验室测试结果，因此 MIL-HDBK-217F 中的失效率只与元件的指定（主要）失效有关。实验室正常压力水平下元件基本失效率标记为 λ_B，MIL-HDBK-217F 表格中还给出了影响因子 π，比如质量水平、温度、湿度等，可以用来确定特定应用和环境下的失效率 λ_P。

$$\lambda_P = \lambda_B \pi_Q \pi_E \pi_A \cdots \tag{4-30}$$

这里没有考虑外部压力和共因失效的情况，数据也与具体的失效模式无关。

海洋与陆地设备可靠性数据（offshore and onshore reliability data，OREDA）包括从多个地区收集到的海洋油气设施中使用的很多种元件和系统的数据。这个计算机化的数据库仅面对 OREDA 项目的参与者开放，但是现在已经出版了多本 OREDA 手册，可以查看常用数据。数据按照以下的几种类别进行分类：机电设置、电气设备、机械设备、控制和安全设备、水下设备。

《控制与安全系统可靠性数据手册》旨在支持安全仪表系统的可靠性评估，帮助这些系统遵循 IEC 61508（2010）的要求。该手册有一部分采用了 OREDA 的数据，由挪威研究机构 SINTEF 开发完成。

《安全设备可靠性手册》（safety equipment reliability handbook，SERH），总共有 3 卷，主要涵盖安全仪表系统的可靠性数据。3 卷的内容分别是传感器、逻辑控制器和接口模块、执行元件。

IEEE Std 500-1984 标准手册，可以提供多种电气、电子、传感、机械元件的失效率估计值。该手册使用德尔菲方法结合现场数据估计元件的失效率。手册中的数据采自核电站，但是类似的应用也可以考虑使用德尔菲法。当然，现在这个手册中的数据已经非常陈旧了。

国际共因数据交流（international common cause data exchange，ICDE）数据库由总部位

于法国巴黎的国际核能理事会（NEA）代表多个国家的核能工业机构运营。非会员也可以从互联网上找到很多基于这个数据库的总结性报告。

共因失效数据库（common cause failure data base，CCFDB）是一套数据收集和分析系统，由美国核能管理委员会（NRC）负责运营。CCFDB包括识别共因失效（CCF）事件的方法、在CCF研究中对相关事件进行编码和区分的技术，以及储存和分析数据的计算机系统。NUREG/CR-6268（2007）对CCFDB进行了全面的描述。

欧洲工业可靠性数据（European industry reliability data，EIReDA）是EDF公司对于法国核电站中元件的失效率预测。EIReDA PC则是该数据库的计算机化版本。EIReDA中的数据主要涉及核电站中的电气、机械以及机电设备。

可靠性及可用性数据系统（reliability and availability data system，RADS）由美国核能管理委员会开发，可以提供一般性评估和具体工厂评估时所需的可靠性和可用性数据，支持概率风险分析以及已知风险的法规应用。沸水反应堆和压水反应堆中风险最高的重要系统中的主要组件都可以使用这些数据。

表4-2列出了若干单元、部件的故障率数据。

表 4-2　单元、部件的故障率数据

项目	观测值	建议值	项目	观测值	建议值
机械杠杆、链条、托架等	$10^{-9} \sim 10^{-6}$	10^{-6}	摩擦制动器	$10^{-6} \sim 10^{-4}$	10^{-4}
电阻、电容、线圈等	$10^{-9} \sim 10^{-6}$	10^{-6}	管路焊接连接破裂	—	10^{-9}
固体晶体管、半导体	$10^{-9} \sim 10^{-6}$	10^{-6}	管路法兰连接爆裂	—	10^{-7}
电气焊接连接	$10^{-9} \sim 10^{-7}$	10^{-8}	管路螺口连接破裂	—	10^{-5}
电气螺纹连接	$10^{-6} \sim 10^{-4}$	10^{-5}	管路胀接破裂	—	10^{-5}
电子管	$10^{-6} \sim 10^{-4}$		标准容器破裂	—	10^{-9}
热电偶	—	10^{-6}	电(气)动调节阀等	$10^{-7} \sim 10^{-4}$	10^{-5}
三角带	$10^{-6} \sim 10^{-4}$	10^{-4}	断电器、开关等	$10^{-7} \sim 10^{-4}$	10^{-5}
配电变压器	$10^{-8} \sim 10^{-5}$	10^{-5}	安全阀(自动防止故障)	—	10^{-6}
安全阀(每次过压)	—	10^{-4}	仪表传感器	$10^{-7} \sim 10^{-4}$	10^{-5}
仪表指示器、记录仪、控制器等电动部件	$10^{-6} \sim 10^{-4}$	10^{-6}	仪表指示器、记录仪、控制器等气动部件	$10^{-5} \sim 10^{-3}$	10^{-4}
人对重复刺激响应的失误	$10^{-3} \sim 10^{-2}$	10^{-3}	平流泵、往复泵、比例泵	$10^{-6} \sim 10^{-4}$	10^{-4}
离心泵、压缩机、循环机	$10^{-6} \sim 10^{-3}$		内燃机(汽油机)	$10^{-6} \sim 10^{-3}$	10^{-4}
内燃机(柴油机)	$10^{-4} \sim 10^{-3}$	10^{-4}	断路器(自动防止故障)	$10^{-6} \sim 10^{-5}$	10^{-5}

（4）人为错误数据

一些数据库提供与人为错误有关的数据，这些数据可以分为两大类：人为错误的描述和在特定环境中典型人为错误的概率，即人为错误数据库和人为错误概率（human error probabilities，HEP）。

① 人为错误数据库。

人为错误数据库描述了在某一系统内部已经发生的各种错误，以及它们的成因和后果。绝大多数安全关键性系统都会有某种类型的错误数据库。

计算机化操作员可靠性和错误数据库（computerized operator reliability and error database，CORE-DATA）由英国伯明翰大学创建，是有关核能、化工和海洋石油领域发生的人因或操作员错误的数据库。CORE-DATA使用下列数据源。

（a）意外和事故报告数据。

（b）来自培训和实验模拟的仿真数据。

（c）实验数据。

（d）专家判断数据。

有研究人员对CORE-DATA数据中的信息进行了分析，总结出该数据库包括以下一些信息要素。

（a）任务描述，对正在执行的任务及其运行条件进行一般性描述。

（b）人为错误模式，与元件失效模式类似，是对观察到的错误行为的描述，比如行动时间太晚、行动时间太早、行动次序错误等。

（c）心理错误机制，描述了操作员自身的错误，比如注意力不集中、认知能力有限、判断出现偏差等。

（d）绩效影响因素，描述了那些会对操作员的错误模式产生影响的因素，比如人机工程设计、任务复杂程度等。

（e）错误概率，用量化的方法描述了任务完成的次数，以及操作员有多少次没有取得预期的效果，比如50次当中有1次。

（f）名义HEP，是给定任务的HEP平均值，由观察到的错误次数除以可能犯错的机会计算得到。

② 人为错误概率。

现在关于人为错误率有多个数据源，其中包括以下几个。

人员绩效评价系统（human performance evaluation system，HPES）由位于美国的核电运营研究院创建，需要缴纳会费才能够使用数据。但是，该数据库每年都会出版年度总结报告。HPES提供核电行业中有关人为错误的数据，并提供人为错误概率预测以及错误根本原因的信息。

《核电厂人员可靠性分析手册》（Swain 和 Guttmann，1983）包括27个人为错误概率表格，并介绍了所谓的绩效影响因素（performance shaping factors，PSFs），它可以用来根据特定的情况/应用对人为错误概率进行调整。该手册中的数据绝大部分都与核能行业有关。

人为错误评估与降低技术（human error assessment and reduction technique，HEART）包括一个列出了常见人为错误概率的表格，并且带有绩效影响因素和针对特定应用调整人为错误概率的步骤。HEART的计算步骤比 Swain 和 Guttmann 提出的方法要简单。

《实用人为错误评估指南》（Kirwan，1994）列出了从常见数据源、工厂人机工程实验和仿真中得到的人为错误概率值。

《人员可靠性与安全性分析数据手册》（Gertman 和 Blackman，1994）对与人员可靠性数据有关的挑战和问题进行了全面的讨论，并给出了一些数据。

计算机化操作员可靠性和错误数据库（CORE-DATA）可以提供定量数据，也是人为错误概率预测的数据源。

比如，人员动作的可靠度数据参见表4-3。

表 4-3　人员动作的可靠度

行为类型	可靠度	行为类型	可靠度
阅读技术说明书	0.9918	分析凹陷、裂纹、划伤	0.9967
读取时间（扫描记录仪）	0.9921	读压力表	0.9969
读电流计或流量计	0.9945	分析防护罩的老化程度	0.9969
分析缓变电压和电平	0.9955	上紧螺母、螺钉、销子	0.9970
确定多位置电气开关的位置	0.9957	连接电缆（安装螺钉）	0.9972
在因素位置时标注符号	0.9958	安装防护罩（摩擦装置）	0.9983
安装安全锁线	0.9961	读时间（时钟）	0.9983
分析真空管失真	0.9961	确定开关位置	0.9983
安装鱼形夹	0.9961	关闭手动阀门	0.9983
安装垫圈	0.9962	双手打开阀门	0.9985
分析锈蚀和腐蚀	0.9963	拆除螺钉、螺母、销子	0.9988
进行阅读记录	0.9966	拆除节流控制阀	0.9991

（5）输入数据

事故树的基本事件一般可以分为以下 5 种类别。

① 不可修复技术元件的失效。

② 可修复技术元件的失效（出现失效的时候进行维修）。

③ 进行周期性测试的技术元件失效（也就是说该元件具有隐藏失效，这些失效只在周期性测试当中才能发现）。

④ 按照某一频率发生的事件（如闪电、暴雨、洪水这些自然事件）。

⑤ 在一定条件下发生的事件，一般也称为出现需求时发生的事件（如人为错误和火灾）。

接下来对其进行详细介绍说明。

① 不可修复的元件。

令基本事件 $E_i(t)$ = "在时间点 t，不可修复元件 i 处于失效状态"。这个元件假设具有固定的失效速率 λ_i，在时间 $t=0$ 的时候投入运行，那么基本事件在时间 t 的概率为：

$$q_i(t) = P[E_i(t)] = 1 - e^{-\lambda_i t} \tag{4-31}$$

如果 $\lambda_i t$ 的值很小，就可以使用近似：$q_i(t) \approx \lambda_i t$。

② 可修复元件。

令基本事件 $E_i(t)$ = "在时间点 t，可修复元件 i 处于失效状态"。令 MTTF_i 表示元件出现失效的平均时间，MTTR_i 表示一次失效后的平均停工时间，那么基本事件在时间 t 的概率为：

$$q_i(t) \approx q_i = \frac{\mathrm{MTTR}_i}{\mathrm{MTTF}_i + \mathrm{MTTR}_i} \tag{4-32}$$

式中，$q_i(t)$ 是元件 i 在时间点 t 的不可用概率。这个不可用概率随着时间 t 的增加会逐渐趋近于平均不可用概率 q_i，因此我们一般使用 q_i 来代替 $q_i(t)$。在式(4-32) 中，我们假设元件 i 的失效可以被立刻检测到，并随即进行修复。在修复完成之后元件可以达到完好如初的状态，所以无论是 MTTF_i 还是 MTTR_i 都没有变化的趋势。

令 λ_i 表示元件的固定失效速率，有 $\mathrm{MTTF}_i = 1/\lambda_i$。因为 $\mathrm{MTTR}_i \ll \mathrm{MTTF}_i$，元件的不可用概率可以表示为：

$$q_i = \frac{\mathrm{MTTR}_i}{\mathrm{MTTF}_i + \mathrm{MTTR}_i} \approx \lambda_i \mathrm{MTTR}_i \tag{4-33}$$

③ 周期性测试的元件。

令基本事件 $E_i(t)$ = "在时间点 t，进行周期性测试的元件 i 处于失效状态"。这里，元件 i 可能存在一个隐藏的失效，只有在进行周期性测试的时候才能被检测出来。前后两次测试的时间间隔表示为 t，而隐藏失效模式相应的固定失效频率为 λ_i。在测试之后，我们假设元件是完好如初的，相比测试间隔，如果测试时间和修理时间（如果需要的话）短到可以忽略的话，基本事件的概率是：

$$q_i(t) \approx q_i = \frac{\lambda_i t}{2} \tag{4-34}$$

现在假设元件在平均维修时间 MTTR_i 期间无法发挥功效，而这段时间又是无法忽略的。那么，维修事件就需要包含在概率当中：

$$P(\text{"元件在测试中发现处于失效状态"}) = 1 - e^{-\lambda_i t} \approx \lambda_i t$$

这里，基本事件的概率是：

$$q_i(t) \approx \frac{\lambda_i t}{2} + \frac{\lambda_i t \mathrm{MTTR}_i}{t} = \frac{\lambda_i t}{2} + \lambda_i \mathrm{MTTR}_i \tag{4-35}$$

④ 频率。

这个词主要用于那些经常发生，但是持续时间可以忽略不计的事件。在时间点 t，基本事件概率是 $q_i(t)=0$，而该事件的频率为 v_i。

持续一段时间的事件可以看作是一个可修复的元件，其失效速率就是事件的频率，修复时间就是事件的持续时间。

⑤ 按需频率。

令基本事件 $E_i(t)=$ "在时间点 t，基本事件 i 发生"。该词汇用于描述在某一特定环境下可能会发生的事件，比如"操作员没有启动人工停机系统"和"泄漏气体被点燃"。这类基本事件的频率一般假设和时间 t 无关。

$$q_i(t)=q_i \tag{4-36}$$

4.2.3.2 基本公式

① 当各基本事件均是独立事件时，凡是与门连接的地方，可用几个独立事件逻辑积的概率计算公式计算。

$$P(T)=\prod_{i=1}^{n}q_i \tag{4-37}$$

式中，$\prod$ 为数学运算符号，表示逻辑积（乘）；$P(T)$ 表示顶上事件的发生概率；q_i 表示基本事件 i 的发生概率。

② 当各基本事件均是独立事件时，凡是或门连接的地方，可用几个独立事件的逻辑和的概率计算公式计算。

$$P(T)=1-\prod_{i=1}^{n}(1-q_i) \tag{4-38}$$

按照给定的事故树写出其结构函数表达式，根据表达式中的各基本事件的逻辑关系，可直接计算出顶上事件的发生概率。

4.2.3.3 事故树顶上事件概率的计算方法

（1）直接分布计算

直接分布计算的思路是：从事故树基本事件开始逐级向上推算，直到算到顶上事件为止。当各个事件均是独立事件时，凡是与门连接的地方均使用式(4-37)计算，凡是或门连接的地方均使用式(4-38)计算。

注意：直接分布计算法适用于规模不大且没有重复基本事件的事故树。

【例 4-25】如图 4-51 所示的事故树，各基本事件的概率均为 0.1，使用直接分布计算法，求顶上事件 T 发生的概率。

答：$P(M_3)=1-(1-q_6)(1-q_7)(1-q_8)$

$\qquad =1-(1-0.1)(1-0.1)(1-0.1)=0.271$

$P(M_2)=q_3P(M_3)q_4q_5$

$\qquad =0.1\times0.1\times0.271\times0.1=0.000271$

$P(M_1)=q_1q_2$

$\qquad =0.1\times0.1=0.01$

$P(T)=1-[1-P(M_1)][1-P(M_2)]$

$\qquad =1-(1-0.01)(1-0.000271)=0.0103$

（2）利用最小割集计算（没有重复基本事件）

利用最小割集（没有重复基本事件）计算的思路如下。

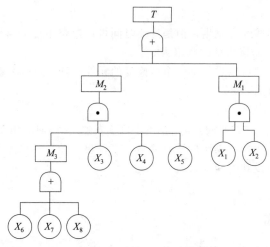

图 4-51　例 4-25 事故树

① 画出等效事故树。

② 用直接分步计算法计算顶上事件的发生概率。

【例 4-26】 设某事故树有 3 个最小割集：$\{X_1, X_2\}$，$\{X_3, X_4, X_5\}$，$\{X_6, X_7\}$。各基本事件发生概率 q_1、q_2、q_3、q_4、q_5、q_6、q_7 均为 0.1，求顶上事件发生概率。

答： 第一步，绘制等效事故树，如图 4-52 所示。

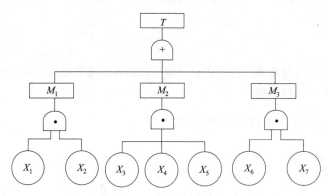

图 4-52　例 4-26 事故树

第二步，用直接分布计算法计算顶上事件发生的概率。

$P(M_1) = q_1 q_2 = 0.1 \times 0.1 = 0.01$

$P(M_2) = q_3 q_4 q_5 = 0.1 \times 0.1 \times 0.1 = 0.001$

$P(M_3) = q_6 q_7 = 0.1 \times 0.1 = 0.01$

$P(T) = 1 - [1 - P(M_1)][1 - P(M_2)][1 - P(M_3)]$
$\quad\quad = 1 - (1 - 0.01)(1 - 0.001)(1 - 0.01) = 0.02088$

（3）利用最小割集计算（有重复基本事件）

利用最小割集（有重复基本事件）计算的思路如下。

① 列出顶上事件发生概率的表达式。

② 展开概率的表达式，用布尔代数等幂律化简，消除每个概率积中的重复事件。

③ 代入基本事件发生的概率，计算顶上事件的发生概率。

【例 4-27】 设某事故树有 3 个最小割集：$\{X_1, X_2\}$，$\{X_2, X_3, X_4\}$，$\{X_2, X_5\}$。各基本事件发生概率分别为 q_1、q_2、q_3、q_4、q_5，求顶上事件发生概率。

答：第一步，列出顶上事件发生概率的表达式。

$$P(T)=1-(1-q_1q_2)(1-q_2q_3q_4)(1-q_2q_5)$$

第二步，展开概率的表达式，用布尔代数等幂律化简，消除每个概率积中的重复事件。

$$\begin{aligned}P(T)&=1-(1-q_1q_2)(1-q_2q_3q_4)(1-q_2q_5)\\&=1-(1-q_2q_3q_4-q_1q_2+q_1q_2q_2q_3q_4)(1-q_2q_5)\end{aligned}$$

上式中 $q_1q_2q_2q_3q_4$ 中有 2 个 q_2，按照等幂律化简，只保留 1 个 q_2，所以继续化简为：

$$\begin{aligned}P(T)&=1-(1-q_1q_2)(1-q_2q_3q_4)(1-q_2q_5)\\&=1-(1-q_2q_3q_4-q_1q_2+q_1q_2q_2q_3q_4)(1-q_2q_5)\\&=1-(1-q_2q_3q_4-q_1q_2+q_1q_2q_3q_4)(1-q_2q_5)\\&=1-(1-q_2q_3q_4-q_1q_2+q_1q_2q_3q_4-q_2q_5+q_5q_2q_3q_4+q_1q_2q_5-q_1q_2q_3q_4q_5)\end{aligned}$$

第三步，代入基本事件发生的概率，计算顶上事件的发生概率。

$$P(T)=q_1q_2+q_2q_3q_4+q_2q_5-q_1q_2q_3q_4-q_5q_2q_3q_4-q_1q_2q_5+q_1q_2q_3q_4q_5$$

（4）利用最小径集计算（没有重复基本事件）

利用最小径集计算（没有重复基本事件）顶上事件发生概率的思路如下。

① 画出等效事故树。

② 用直接分布计算法计算顶上事件的发生概率。

【例 4-28】设某事故树有 3 个最小径集：$\{X_1,X_2\}$，$\{X_3,X_4,X_5\}$，$\{X_6,X_7\}$。各基本事件发生概率 q_1、q_2、q_3、q_4、q_5、q_6、q_7 均为 0.1，求顶上事件发生概率。

答：第一步，绘制等效事故树，如图 4-53 所示。

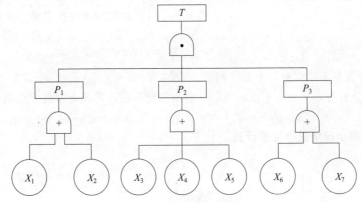

图 4-53　例 4-28 事故树

第二步，用直接分布计算法计算顶上事件发生的概率。

$$P(P_1)=1-(1-q_1)(1-q_2)=1-(1-0.1)(1-0.1)=0.19$$
$$P(P_2)=1-(1-q_3)(1-q_4)(1-q_5)=1-(1-0.1)(1-0.1)(1-0.1)=0.271$$
$$P(P_3)=1-(1-q_6)(1-q_7)=1-(1-0.1)(1-0.1)=0.19$$
$$P(T)=P(P_1)P(P_2)P(P_3)=0.19\times0.271\times0.19=0.00978$$

（5）利用最小径集计算（有重复基本事件）

利用最小径集（有重复基本事件）计算顶上事件发生概率的思路如下。

① 列出顶上事件发生概率的表达式。

② 展开顶上事件发生概率的表达式，消除每个概率积中重复的概率因子 $(1-q_i)(1-q_i)=(1-q_i)$。

③ 代入基本事件发生的概率，计算顶上事件的发生概率。

【例 4-29】设某事故树有 2 个最小径集：$\{X_1,X_2\}$，$\{X_2,X_3\}$。各基本事件发生概率分

别为 q_1、q_2、q_3，求顶上事件发生概率。

答：第一步，列出顶上事件发生概率的表达式。

$$P(T)=[1-(1-q_1)(1-q_2)][1-(1-q_2)(1-q_3)]$$

第二步，展开顶上事件发生概率的表达式，消除每个概率积中重复的概率因子 $(1-q_i)$ $(1-q_i)=(1-q_i)$。

$$P(T)=[1-(1-q_1)(1-q_2)][1-(1-q_2)(1-q_3)]$$
$$=1-(1-q_2)(1-q_3)-(1-q_1)(1-q_2)+(1-q_1)(1-q_2)(1-q_2)(1-q_3)$$

上式中，$(1-q_2)(1-q_2)=(1-q_2)$。

第三步，代入基本事件发生的概率，计算顶上事件的发生概率。

$$P(T)=1-(1-q_2)(1-q_3)-(1-q_1)(1-q_2)+(1-q_1)(1-q_2)(1-q_3)$$

（6）利用最小割集进行简便算法计算

计算公式：

$$P(T)=\sum_{r=1}^{k}\prod_{x_i\in G_r}q_i-\sum_{1\leqslant r<s\leqslant k}\prod_{x_i\in G_r\cup G_s}q_i+\cdots+(-1)^{k-1}\prod_{r=1}^{k}q_i \qquad (4\text{-}39)$$

式中，r，s 为最小割集的序数；k 为最小割集的个数；$x_i\in G_r$ 为属于第 r 个最小割集的第 i 个基本事件；$\sum_{1\leqslant r<s\leqslant k}\prod_{x_i\in G_r\cup G_s}q_i$ 为属于任意两个最小割集的全部事件都发生的基本事件概率积的代数和；$x_i\in G_r\cup G_s$ 为第 i 个基本事件属于第 r 个最小割集，或属于第 s 个最小割集；$1\leqslant r<s\leqslant k$ 为任意两个最小割集的组合顺序。

【例 4-30】 设某事故树有 3 个最小割集：$\{X_1,X_2\}$，$\{X_3,X_4,X_5\}$，$\{X_6,X_7\}$。各基本事件发生概率 q_1、q_2、q_3、q_4、q_5、q_6、q_7 均为 0.1，利用简便算法求顶上事件发生概率。

答：$P(T)=q_1q_2+q_3q_4q_5+q_6q_7-(q_1q_2q_3q_4q_5+q_1q_2q_6q_7+q_3q_4q_5q_6q_7)+q_1q_2q_3q_4q_5q_6q_7$
$=0.1^2+0.1^3+0.1^2-(0.1^5+0.1^4+0.1^5)+0.1^7=0.02088$

【例 4-31】 设某事故树有 3 个最小割集：$\{X_1,X_2\}$，$\{X_2,X_3,X_4\}$，$\{X_2,X_5\}$。各基本事件发生概率分别为 q_1、q_2、q_3、q_4、q_5，利用简便算法计算顶上事件发生概率。

答：$P(T)=q_1q_2+q_2q_3q_4+q_2q_5-q_1q_2q_3q_4-q_5q_2q_3q_4-q_1q_2q_5+q_1q_2q_3q_4q_5$

（7）利用最小径集进行简便计算

计算公式：

$$P(T)=1-\sum_{r=1}^{k}\prod_{x_i\in P_r}(1-q_i)+\sum_{1\leqslant r<s\leqslant k}\prod_{x_i\in P_r\cup P_s}(1-q_i)-\cdots+(-1)^{k}\prod_{r=1}^{k}(1-q_i)$$

$$(4\text{-}40)$$

式中，r，s 为最小径集序数；k 为最小径集的个数；$x_i\in P_r$ 为属于第 r 个最小径集的第 i 个基本事件；$\sum_{1\leqslant r<s\leqslant k}\prod_{x_i\in P_r\cup P_s}(1-q_i)$ 为属于任意两个最小径集的所有基本事件都不发生概率积的代数和；$x_i\in P_r\cup P_s$ 为第 i 个基本事件属于第 r 个最小径集，或属于第 s 个最小径集；$1\leqslant r<s\leqslant k$ 为任意两个最小径集的组合顺序。

【例 4-32】 已知某事故树有 2 个最小径集：$\{X_1,X_2\}$，$\{X_2,X_3\}$。各基本事件发生概率分别为 q_1、q_2、q_3，利用简便算法求顶上事件发生概率。

答：$P(T)=1-(1-q_1)(1-q_2)-(1-q_2)(1-q_3)+(1-q_1)(1-q_2)(1-q_3)$

（8）近似计算

在事故树分析时，往往遇到很复杂很庞大的事故树，有时一棵事故树牵扯成百上千个基本事件，要精确求出顶上事件的发生概率，需要相当大的人力和物力。因此，需要找出一种简便方法，它既能保证必要的精确度，又能较为省力地算出结果。

实际上，即使精确算出的结果也未必十分精确，这是因为：凭经验给出的各种机械部件的故障率本身就是一种估计值，肯定存在误差；各种机械部件的运行条件（满负荷或非满负荷运行）、运行环境（温度、湿度、粉尘、腐蚀等）各不相同，它们必然影响着故障率的变化；人的失误率受多种因素影响，如心理、生理、个人的智能、训练情况、环境因素等，这是一个经常变化的、伸缩性很大的数据。

因此，对这些数据进行运算，必然得出不太精确的结果。所以，我们赞成用近似计算的办法求顶上事件的发生概率。实际上，至今所有介绍事故树分析的文献，都是采用近似计算的方法。尤其是在许多技术参数难以确认取值的情况下，这是一种值得提倡的方法。

另外，在求近似值的过程中，略去的数值与有效数值的最后一位相比，相差很小，有时相差几个数量级，完全可以忽略不计。

近似算法是利用最小割集计算顶上事件发生概率的公式得到的。一般情况下，可以假定所有基本事件都是统计独立的，因而每个割集也是统计独立的。下面介绍两种常用的近似算法的公式。

设有某事故树顶上事件与割集的逻辑关系为 $T=k_1+k_2+\cdots+k_m$，顶上事件 T 发生的概率为 q，割集 k_1，k_2，$\cdots$，k_m 的发生概率分别为 q_{k_1}，q_{k_2}，$\cdots$，q_{k_m}，由独立事件的概率和概率积的公式得：

$$
\begin{aligned}
q(k_1+k_2+\cdots+k_m) &= 1-(1-q_{k_1})(1-q_{k_2})\cdots(1-q_{k_m}) \\
&= (q_{k_1}+q_{k_2}+\cdots+q_{k_m})-(q_{k_1}q_{k_2}+q_{k_2}q_{k_3}+\cdots+q_{k_{(m-1)}}q_{k_m}) \\
&\quad +(q_{k_1}q_{k_2}q_{k_3}+\cdots+q_{k_{(m-2)}}q_{k_{(m-1)}}q_{k_m})-\cdots \\
&\quad +(-1)^{m-1}q_{k_1}q_{k_2}q_{k_3}\cdots q_{k_{(m-2)}}q_{k_{(m-1)}}q_{k_m}
\end{aligned}
$$

事故树顶上事件发生的概率收敛得非常快，2^{k-1} 项的代数和中主要起作用的是首项与第二项，后面一些项数值极小。只取第一个小括号中的项，将其余项全都舍弃，则得顶上事件发生概率近似公式即首项近似公式：

$$
P(T)=q_{k_1}+q_{k_2}+\cdots+q_{k_m}
$$

这样，顶上事件发生概率近似等于各最小割集发生概率之和。

① 首项近似法。利用最小割集计算顶上事件发生概率，设：

$$
\sum_{1\leqslant r<s\leqslant N_G}\prod_{x_i\in G_r\cup G_s}q_i=F_i
$$

则式（4-39）可改写为：

$$
P(T)=F_1-F_2+\cdots+(-1)^{k-1}F_k
$$

逐次求出 $F_1,F_2,\cdots,F_k$ 的值，当认为满足计算精度时就可以停止计算。通常 $F_1\geqslant F_2$，$F_2\geqslant F_3$，$\cdots$，在近似计算时往往求出 F_1 就能满足要求，即：

$$
g=P(T)\approx F_1=\sum_{r=1}^{N_G}\prod_{x_i\in G_r}q_i \tag{4-41}
$$

该式说明，顶上事件发生概率近似等于所有最小割集发生概率的代数和。

【例 4-33】已知最小割集 $\{X_1,X_2\}$ 和 $\{X_1,X_3\}$，X_1,X_2,X_3 的发生概率分别为 $q_1=q_2=q_3=0.1$，用近似公式计算顶上事件发生概率。

答： $P(T)=q_{k_1}+q_{k_2}=q_1q_2+q_1q_3=0.1\times0.1+0.1\times0.1=0.02$

直接用原事故树的结构函数求顶上事件发生概率。

因为 $\qquad\qquad\qquad\qquad T=X_1(X_2+X_3)$

则 $\qquad P(T)^*=q_1[1-(1-q_2)(1-q_3)]=0.1\times[1-(1-0.1)(1-0.1)]=0.019$

$P(T)$ 与 $P(T)^*$ 相比，相差 0.001。因此，在计算顶上事件发生的概率时，按简化后的等效图计算才是正确的。

② 平均近似法。有时为了提高计算精度，取首项与第二项之半的差作为近似值：

$$P(T) \approx F_1 - \frac{1}{2}F_2 \tag{4-42}$$

在利用式(4-42)计算顶上事件发生概率值过程中，可以得到一系列判别式：

$$P(T) \leqslant F_1$$
$$P(T) \geqslant F_1 - F_2$$
$$P(T) \leqslant F_1 - F_2 + F_3$$
$$\cdots$$

因此，F_1，$F_1 - F_2$，$F_1 - F_2 + F_3$，…给出了顶上事件发生概率的近似上限与下限。

$$F_1 \geqslant P(T) \geqslant F_1 - F_2$$
$$F_1 - F_2 + F_3 \geqslant P(T) \geqslant F_1 - F_2$$
$$\cdots$$

这样经过上下限的计算，便能得出精确的概率值。一般当基本事件发生概率值 $q_1 < 0.01$ 时，采用 $P(T) = F_1 - \frac{1}{2}F_2$ 就可以得到较为精确的近似值。

【例 4-34】某事故树如图 4-54 所示，已知 $q_1 = q_2 = 0.2$，$q_3 = q_4 = 0.3$，$q_5 = 0.25$。其顶上事件发生的概率为 0.1323。现试用式(4-41)和式(4-42)求该事故树顶上事件发生概率的近似值。

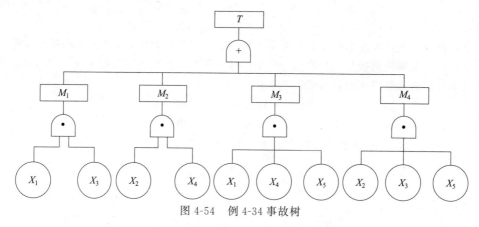

图 4-54 例 4-34 事故树

答：根据式(4-41)有

$$g \approx \sum_{r=1}^{N_G} \prod_{x_i \in G_r} q_i = q_1 q_3 + q_2 q_4 + q_1 q_4 q_5 + q_2 q_3 q_5$$

$$= 0.2 \times 0.3 + 0.2 \times 0.3 + 0.2 \times 0.3 \times 0.25 + 0.2 \times 0.3 \times 0.25 = 0.15$$

其相对误差

$$\varepsilon_1 = \frac{0.1323 - 0.15}{0.1323} = -13.4\%$$

由于

$$F_2 = q_{G_1} q_{G_2} + q_{G_1} q_{G_3} + q_{G_1} q_{G_4} + q_{G_2} q_{G_3} + q_{G_2} q_{G_4} + q_{G_3} q_{G_4} = 0.007425$$

根据式(4-42)有

$$g \approx F_1 - \frac{1}{2}F_2 = 0.15 - 0.0037125 = 0.1463$$

其相对误差

安／全／系／统／工／程

$$\varepsilon_2 = \frac{0.1323 - 0.1463}{0.1323} = -10.6\%$$

该事故树的基本故障率是相当高的，计算结果误差尚且不大，若基本故障率降低后，相对误差会大大地减少，一般能满足工程应用的要求。

4.2.3.4 概率重要度分析

基本事件的结构重要度分析只是按事故树的结构分析各基本事件对顶上事件的影响程度，所以，还应考虑各基本事件发生概率的变化对顶上事件发生概率变化的影响，即对事故树进行概率重要度分析。

基本事件的重要度：一个基本事件对顶上事件发生影响的大小。

事故树的概率重要度分析依靠各基本事件的概率重要度系数大小进行定量分析。所谓概率重要度分析，它表示第 i 个基本事件发生的概率的变化引起顶上事件发生概率变化的程度。对自变量 q_i 求一次偏导，即可得到该基本事件的概率重要度系数。

X_i 基本事件的概率重要度系数：

$$I_g(i) = \frac{\partial P(T)}{\partial q_i} \tag{4-43}$$

利用上式求出各基本事件的概率重要度系数，可确定降低哪个基本事件的概率能迅速有效地降低顶上事件的发生概率。

【例 4-35】 某事故树共有 2 个最小割集：$\{X_1, X_2\}$，$\{X_2, X_3\}$。已知各基本事件发生的概率为 $q_1 = 0.4$，$q_2 = 0.2$，$q_3 = 0.3$。排列各基本事件的概率重要度。

答：$P(T) = q_1 q_2 + q_2 q_3 - q_1 q_2 q_3 = 0.116$

$$I_g(1) = \frac{\partial P(T)}{\partial q_1} = q_2 - q_2 q_3 = 0.2 - 0.2 \times 0.3 = 0.14$$

$$I_g(2) = \frac{\partial P(T)}{\partial q_2} = q_1 + q_3 - q_1 q_3 = 0.4 + 0.3 - 0.4 \times 0.3 = 0.58$$

$$I_g(3) = \frac{\partial P(T)}{\partial q_3} = q_2 - q_1 q_2 = 0.2 - 0.4 \times 0.2 = 0.12$$

$$I_g(2) > I_g(1) > I_g(3)$$

4.2.3.5 临界重要度分析

临界重要度分析表示第 i 个基本事件发生概率的变化率引起顶上事件概率的变化率；相比概率重要度，临界重要度更合理且更具有实际意义。

基本事件的临界重要度：

$$\begin{aligned}
I_g^c(i) &= \lim_{\Delta q_i \to 0} \frac{\Delta P(T)/P(T)}{\Delta q_i/q_i} \\
&= \frac{q_i}{P(T)} \lim_{\Delta q_i \to 0} \frac{\Delta P(T)}{\Delta q_i} \\
&= \frac{q_i}{P(T)} I_g(i) \tag{4-44}
\end{aligned}$$

式中，$I_g^c(i)$ 表示第 i 个基本事件的临界重要度系数；$I_g(i)$ 表示第 i 个基本事件的概率重要度系数。

【例 4-36】 某事故树共有 2 个最小割集：$\{X_1, X_2\}$，$\{X_2, X_3\}$。已知各基本事件发生的概率为 $q_1 = 0.4$，$q_2 = 0.2$，$q_3 = 0.3$。排列各基本事件的临界重要度。

答：$P(T)=0.116$，$I_g(1)=0.14$，$I_g(2)=0.58$，$I_g(3)=0.12$

$$I_g^c(1)=\frac{q_1}{P(T)}I_g(1)=\frac{0.4}{0.116}\times 0.14=0.483$$

$$I_g^c(2)=\frac{q_2}{P(T)}I_g(2)=\frac{0.2}{0.116}\times 0.58=1.000$$

$$I_g^c(3)=\frac{q_3}{P(T)}I_g(3)=\frac{0.3}{0.116}\times 0.12=0.310$$

$$I_g^c(2)>I_g^c(1)>I_g^c(3)$$

拓展阅读 4-2

事故树分析拓展应用案例

4.3 计算机系统安全定量分析

目前使用计算机进行系统安全定量分析的方法很多，下面介绍应用最广泛的方法——贝叶斯网络法。

贝叶斯网络是一种图形化模型，可以描述系统中关键因素（原因）和一个或者多个最终输出结果之间的因果关系。网络由节点和有向弧组成，其中节点表示状态或者条件，弧表示直接的影响。

和事故树分析一样，贝叶斯网络中引入了概率，我们可以使用这些概率计算输出的概率结果。有时候，贝叶斯网络也称为贝叶斯置信网络、因果网络或者置信网络。

贝叶斯网络分析是一种非常全面的方法，可以用于各种不同的目的，这种应用的目标和事故树分析有着一些相同的地方。

现在并没有通用的贝叶斯网络分析标准，但是一些教科书为我们提供了详细的使用指南。如 Charniak 在 1991 年的著作中介绍了贝叶斯网络，该著作是相关学习的入门教程。Kjaerulff 和 Madsen（2008）的著作则对贝叶斯网络有一个更加全面的介绍。

贝叶斯网络提供了一个直观表达的图形，给予严格的数学理论，在风险分析当中可以取代事故树，比事故树更加灵活（因为不需要采用二元的方法描述事件），可以融入定量和定性信息，有新信息出现的时候可以升级。

贝叶斯网络随着节点数量的增加，工作量呈指数级增长，即便是非常小的系统，也需要借助计算机程序。贝叶斯网络并不是很简单的方法，分析人员需要大量的培训、经验和计算机应用能力。

4.3.1 目标和计算机分析应用领域

与风险分析相关的贝叶斯网络分析的目标包括以下几个。

① 识别出所有会对关键性事件（危险事件或者事故）具有重大影响的相关因素。

② 在一个网络中描述出不同风险影响因素之间的关系。

③ 计算关键性事件的概率。

④ 识别出对于关键性事件概率最重要的因素。

贝叶斯网络要比事故树更加灵活，可以在风险分析中取代事故树。目前，贝叶斯网络在统计、机器学习、人工智能以及风险和可靠性分析中都十分常见。

4.3.2　贝叶斯分析方法描述及案例分析

贝叶斯网络是一个有向无环图，搭配一系列概率表格。图中包括一组节点和一组有向弧。弧可以写为$<A，B>$，表示从网络节点A到另一个节点B的弧。贝叶斯网络是无环图意味着网络中没有环路。

在图中，节点可以表示成椭圆形或者圆形，弧可以采用箭头表示。每一个节点都代表一个具有离散分布的随机变量。当然，也可以采用连续分布，但是这样做会让分析更加复杂。随机变量的值称为由该节点所代表的这个因素的状态。每一个变量可以有两个或者更多的状态，但是我们建议使用尽量少的状态，因为随着状态的增多，计算的复杂性也会增加，节点可以代表任何一种类型的变量，如测得的数值、隐含变量，甚至可以是一个假设。

令A和B分别代表与节点A和B相关的随机变量。简而言之，我们使用相同的符号表示节点及其相关的随机变量。

从节点A到节点B的弧表示相应两个变量A和B之间的统计相关性。因此，从A到B的箭头，就表示变量B的取值取决于变量A的值，或者说变量A对于变量B有直接影响。

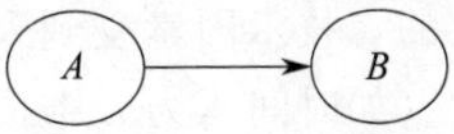

图 4-55　一个简单的贝叶斯网络

图 4-55 给出了一个最简单的贝叶斯网络，其中节点A与节点B相连。在图 4-55 中，节点A称为节点B的父节点，而节点B则称为节点A的子节点。没有父节点的节点称为根节点，因此在图 4-55 中A就是一个根节点。

从A通过有向路径可以到达的节点称为A的后代节点，而那些通过有向路径可以到达A的节点则称为A的祖先节点。因为贝叶斯网络是一个无环图，一个节点永远不可能成为自身的后代或者祖先节点。

考虑图 4-55 中这样一个贝叶斯网络图，令A和B分别为表示节点（因素）A和B的随机变量。在实际应用中，节点一般会被赋予一个名字，比如天气或者元件的状态。随机变量则代表这个因素的可能状态，比如对于天气因素：

$$X_1 = \begin{cases} 1，下雨 \\ 0，不下雨 \end{cases}$$

图 4-55 中的节点A是一个根节点，我们将A的分布称为边际分布。

对于A和B分别的可能状态a和b，A和B的联合概率分布为：

$$P(A=a \bigcap B=b) = P(A=a)P(B=b|A=a) \tag{4-45}$$

这个等式还可以写成一个更加紧凑的形式：

$$p_{A,B}(a,b) = p_A(a) p_{B|A}(b|a) \tag{4-46}$$

出于简化的目的，可以假设A和B都具有两个可能的状态 1 和 0。如果$A=1$，因素A存在；如果$A=0$，因素A不存在。因素B的情况与A相同。

【例 4-37】下雨时的工作绩效贝叶斯分析。

答：假设准备在明天的某个时间段内做一项工作。工作成功的概率取决于在工作的时候是否会下雨。图 4-55 就描述了这样一种情况，其中A代表天气，而B代表工作结果。如果在这个时间段下雨，$A=1$，如果不下雨，$A=0$。如果工作成功，$B=1$，否则$B=0$。根据

天气预报的情况，相信

$$P(A=1)=0.15$$

因此

$$P(A=0)=0.85$$

同时，假设条件概率如表 4-4 所示。

表 4-4　例 4-37 假设条件概率

a	$P(B=1\mid A=a)$	$P(B=0\mid A=a)$
1	0.10	0.90
0	0.70	0.30

这说明如果知道明天会下雨的话，工作成功（$B=1$）的概率是 $P(B=1\mid A=1)=0.10$。工作成功（$B=1$）的总概率为：

$$P(B=1)=P(B=1\mid A=1)P(A=1)+P(B=1\mid A=0)P(A=0)$$
$$=0.10\times0.15+0.70\times0.85=0.61$$

在系统安全定量分析中使用贝叶斯网络的主要目的是建立危险事件或者事故的影响网络模型。那些会影响输出结果的因素就是风险影响因子（RIF）。需要采用演绎的方法识别出 RIF 并利用有向弧将它们连接起来。

有时候，需要区别技术、人为、组织、环境和法规影响因素，图 4-56 描述的就是这种情况。根据这个模型，可知危险事件（如流程工厂中的气体泄漏）是由四个技术因素直接导致的，技术因素受到人为因素（如维护错误）的直接影响，而人为因素又会受到不同组织因素（如时间压力、维护程序不够）的直接影响。在这个贝叶斯网络中，没有考虑环境和法规因素。

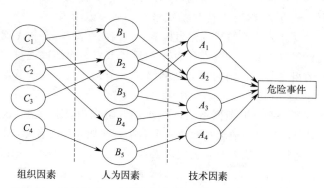

图 4-56　显示技术、人为和组织影响因素的贝叶斯网络示例

（1）假设

考虑图 4-57 中的贝叶斯网络图，利用这个图说明在进行定量网络分析的时候需要做出的假设。

① 假设当节点 D 的状态已知时，有关节点 A 的知识无法给出有关节点 F 状态概率的任何信息。这说明：

$$P(F\mid A\cap D)=P(F\mid D)$$

跳出这个例子，上述的假设可以写成：如果知道某一节点父节点的状态，可以假设该节点独立于其他更早的祖先节点。

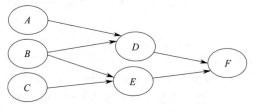

图 4-57　贝叶斯网络

安全系统工程

这个假设同马尔可夫特性一致，因为每个节点的条件概率分布只依赖于它的父节点。

② 在图 4-57 中，节点 D 和节点 E 是相关的，因为它们都受到节点 B 的影响。

为了能够计算贝叶斯网络中的概率，我们假设图中每一个节点（变量）都是条件独立的（在知道这些节点父节点状态的时候）。

条件独立的概念可以定义如下。考虑三个事件 K、L 和 M，如果我们知道事件 M 已经发生，给定 M，如果有

$$P(K \cap L|M) = P(K|M)P(L|M) \qquad (4-47)$$

就可以认为事件 K 和事件 L 是条件独立的。

③ 假设图 4-57 中的节点在给定父节点的情况下都是条件独立的。这也就意味着在已知节点 D 和节点 E 父节点状态（即节点 A、B 和 C 的状态）的时候，上述两个节点是彼此独立的。这也就是说

$$P(D \cap E|A \cap B \cap C) = P(D|A \cap B)P(E|B \cap C)$$

令 X 表示一个节点，$Parent(X)$ 表示节点 X 的父节点集合。在这个例子中，$Parent(D) = A \cap B$，$Parent(E) = B \cap C$。如果节点 D 和 E 是条件独立的，则有

$$P[D \cap E|Parent(D,E)] = P[D|Parent(D)]P[E|Parent(E)]$$

在一般情况下，可以把上述等式写成

$$P(X_1 = x_1 \cap \cdots \cap X_n = x_n) = \prod_{i=1}^{n} P[X_i = x_i \mid Parent(X_i)] \qquad (4-48)$$

式中，使用变量 X_i 表示 n 个节点，x_i 是 X_i 的可能状态，$i = 1, 2, \cdots, n$。

④ 如果两个节点之间没有弧，就意味着它们是条件独立的。

（2）条件概率表

每一个节点都必须要关联一个条件概率表（conditional probability table，CPT）。条件概率表是基于之前的信息和过去经验的可能性。CPT 给出了每一种父节点状态组合条件下的变量分布情况。

回到图 4-57 的贝叶斯网络，假设每一个变量都有两个可能的状态 0 和 1。希望了解代表这些节点的随机变量的概率。在图 4-57 中，节点 A、B 和 C 没有父节点，因此必须确定这些变量的边际概率分布，比如它们可以是

$$\begin{cases} P(A=1) = 0.85 \\ P(B=1) = 0.45 \\ P(C=1) = 0.70 \end{cases}$$

节点 D 和节点 E 存在父节点，所以随机变量 D 和 E 的概率分布依赖于它们相应父节点的状态，比如表 4-5 给出的状态。因为之前做出的第一条假设，节点状态只与它的父节点有关，而与更早的祖先节点无关，所以表 4-5 给出了节点 D 的条件概率表。在现有的文献当中，条件概率表有几种不相同的格式。

表 4-5　带有两个父节点的节点条件概率表（CPT）举例

父节点		$P(D=d|父节点)$	
A	B	1	0
0	0	0.10	0.90
0	1	0.25	0.75
1	0	0.50	0.50
1	1	0.95	0.05

表 4-5 左侧列标题标记为父节点，下方列出的是对子节点（D）有因果影响的节点名

称。在此处，该节点有两个父节点（A 和 B），所以占据了表格的左侧两列。在表格的右侧列标题给出了与这个表格关联的节点名称。表格的其他部分列给出了在给定父节点状态的时候，节点 D 各种状态的条件概率。在此处，子节点 D 只有两个状态，每个状态的条件概率之和应该等于 1，因此表 4-5 的最后两列中有一列是多余的，可以删除。一般来说，如果子节点 D 有 r 个不同的状态，我们在表 4-5 中就需要 $r-1$ 个概率列。需要注意的是，表中的概率值是"杜撰"出来的，只是用来说明方法。也可以使用类似的方法建立节点 E 的条件概率表。

条件概率表的复杂程度随着状态的数量以及父节点数量的增加而增长。如果节点没有父节点（即根节点），条件概率表仅列出边际概率。

（3）贝叶斯网络和事故树

事故树可以很容易地转化为贝叶斯网络。通过只有一个与门和只有一个或门的两棵事故树分别来描述转化的过程。

只有单一与门的事故树。图 4-58(a) 描述了带有两个独立基本事件（A 和 B）和一个与门的事故树。图 4-58(b) 则是拥有两个根节点的贝叶斯网络，其输出节点为 C。

令 A 为与节点 A 和基本事件 A 关联的随机变量，具有下面两个状态。

$$A = \begin{cases} 1, \text{如果基本事件 } A \text{ 发生} \\ 0, \text{如果基本事件 } A \text{ 不发生} \end{cases} \tag{4-49}$$

随机变量 B 和 C 也采用同样的方法定义。

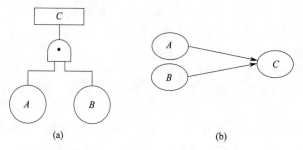

图 4-58 只有单一与门的事故树及其对应的贝叶斯网络

因为事故树有一个与门，只有两个基本事件（A 和 B）同时发生时，顶上事件（C）才会发生，表 4-6 对事故树的这个逻辑关系进行了解释。

表 4-6 拥有一个与门和两个基本事件的事故树解释表

基本事件		顶上事件
A	B	C
0	0	0
0	1	0
1	0	0
1	1	1

令基本事件 A 和 B 在时间点 t 的（边际）概率为 $q_A(t)$ 和 $q_B(t)$，这也就意味着在时间点 t 的概率为

$$q_A(t) = P(A=1), q_B(t) = P(B=1)$$

现在，顶上事件的概率可以使用下列公式进行计算。

$$Q_0(t) = P(C=1) = P(A=1 \cap B=1) = P(A=1)P(B=1) = q_A(t)q_B(t) \tag{4-50}$$

图 4-58 中与事故树对应的贝叶斯网络拥有相同的边际概率，表 4-7 即为节点 C 的条件

概率表。

表 4-7　与拥有一个与门和两个基本事件的事故树相对应的条件概率表

基本事件		顶上事件(C)
A	B	$P(C=1)$
0	0	0
0	1	0
1	0	0
1	1	1

只有单一或门的事故树。图 4-59(a) 描述了带有两个独立基本事件（A 和 B）和一个或门的事故树，图 4-59(b) 则给出了拥有两个根节点 A 和 B 以及输出节点 C 的贝叶斯网络。

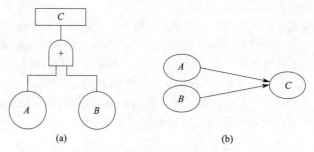

(a)　　　　　　　　　　(b)

图 4-59　只有单一或门的事故树及其对应的贝叶斯网络

需要注意的是，描述或门的贝叶斯网络结构与描述与门的结构一致，区别仅仅体现在条件概率表上面，表 4-8 就是本例的条件概率表。

表 4-8　与拥有一个或门和两个基本事件的事故树相对应的条件概率表

基本事件		顶上事件(C)
A	B	$P(C=1)$
0	0	0
0	1	1
1	0	1
1	1	1

现在，顶上事件的概率可以使用下列公式进行计算。

$$Q_0(t)=P(C=1)=1-P(C=0)$$
$$=1-P(A=0\bigcap B=0)$$
$$=1-P(A=0)P(B=0)$$
$$=1-[1-q_A(t)][1-q_B(t)] \tag{4-51}$$

【例 4-38】当观察到风险影响因子 B 存在的时候，使用贝叶斯网络分析发生危险事件的可能性。

答：令 A 表示一个危险事件，B 表示存在一个特定的风险影响因子（RIF）。假设已经估计出危险事件的发生频率为 $P(A)=0.02$。此外，还假设根据事故报告估计出风险影响因子 B 的（边际）概率是 0.20，在危险事件发生的时候这个因子存在的概率是 $P(B|A)=0.75$。现在，可以使用贝叶斯方程确定：

$$P(A|B)=\frac{P(B|A)P(A)}{P(B)}=\frac{0.75\times0.02}{0.20}=0.075$$

这就是观察到风险影响因子 B 存在的时候，发生危险事件的可能性。

贝叶斯网络的一般化形式可以表示并解决带有不确定性的决策问题，这种网络模型也可以称为影响图。

4.3.3　贝叶斯分析步骤及案例分析

贝叶斯网络分析包括下面 6 个步骤。

① 第一步：计划和准备。

② 第二步：建立贝叶斯网络。

和事故树分析类似，贝叶斯分析的一项重要工作是用清晰明了的方式确定最终节点（一个或者多个），然后识别出可能会影响最终节点的因素（父节点），并绘制出相关节点之间的弧。"影响"在这里意味着这些因素会改变最终节点位于某一状态的概率。因为最终节点通常是一个事件，很多时候可以定义为只有两个状态，即已发生或者没有发生。因此，首先要识别出能够直接影响该事件发生概率的因素，并将它们和最终节点连接。

最先识别出的节点，一般都与最终节点的直接原因相关，通常可以是元件/系统的某一类失效、人为错误或者导致该事件发生的外部条件。接下来，我们需要识别那些能够影响这些直接原因出现概率的因素（节点）。我们将每一个原因进行分解，这个过程会一直持续，直到达到理想的解析程度。我们可以将贝叶斯网络的第一层理解成直接原因（失效），第二层是直接影响失效概率的因素（影响人员或者技术系统绩效的因素），第三层是组织因素，而第四层则是相关的法规和外部因素。

【例 4-39】识别贝叶斯网络的节点。

答：理论上，我们可以识别出影响某一事件的全部直接和间接因素，然后绘制一个贝叶斯网络，最终节点是唯一的子节点，而所有其他的节点都直接影响最终节点，也就是它的父节点。然而，如果考虑实际应用和解释的难度，这样做的意义并不大。所以，应该仔细考虑哪些是直接影响，哪些是间接影响。如果说一个事件被人为操作影响，可以进一步分析这个事件是受操作效果的影响，还是受操作人员专业水平的影响。然而，专业水平并不会产生直接影响，它实际上影响的是实现正确操作的概率。因此，在绘制贝叶斯网络的时候将该事件视为最终节点，将操作效果视为最终节点的父节点，然后将专业水平作为操作效果的父节点。

在建立贝叶斯网络时必须要考虑的一件事情是如果我们希望进行量化分析，不要为每一个节点设置过多的父节点。每增加一个父节点，就意味着需要考虑的概率数量就会呈指数增加，带来的工作量也会相应大幅增长。

建立贝叶斯网络的开始步骤与建立事故树顶上事件类似，而它与事故树的一个重要不同是同一个节点不会在贝叶斯网络中出现多次，而事故树中的基本事件并没这方面的限制。另一个显著的不同是在事故树中只考虑确定的因果关系，而在贝叶斯网络中，因果关系可以是确定的，也可以是存在概率的不确定。

现在有很多贝叶斯网络的计算机程序。在绝大多数实际分析当中，都需要使用高效的软件程序，大部分计算机程序都拥有图形化的编辑器，可以用来绘制和编辑贝叶斯网络。

③ 第三步：定义节点状态。

在对贝叶斯网络进行量化分析之前，必须要定义节点对应随机变量的状态。如上所述，随机变量不一定需要具备离散状态，它们可以是连续函数，但是在绝大多数应用当中，定义离散状态更为实际。在定义状态的时候，需要考虑以下几方面。

（a）状态数量尽可能少。这个目标需要兼顾平衡建模精度，但是要了解到，分析中需要的数据量会随着状态的数量呈指数增长（除了父节点的数量呈指数增长之外）。

（b）可以采用不同的方法定义状态，最简单的如二项法（是或否，1 或 0），也可以采用

安／全／系／统／工／程

数值或者各种定性描述。

（c）状态定义应该保证在该节点从一个状态跃迁到另一个状态的时候，子节点的状态能够出现变化。如果父节点的状态转移不会或者只会造成子节点非常微小的改变，那么定义这些不同的状态就没什么意义了。

（d）在进行状态描述的时候，应该尽量精确，这样才不会对到底什么才是正确的状态感到疑惑。对于那些二项或者数目有限的状态，一般不会有描述方面的问题，但是如果采用定性描述，就要加倍小心。

【例 4-40】以船只搁浅为例，绘制简化模型来介绍贝叶斯网络的基本特性。

答：图 4-60 给出了一个真实事件的贝叶斯网络。网络右侧显示了模型关注的事件，即"船只搁浅"。这个示例并不算一个完整的模型，仅仅考虑了几个因素，为了避免图形过于复杂，只描绘了一个简化模型来介绍贝叶斯网络的基本特性。

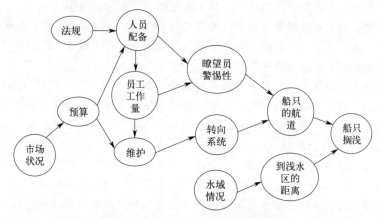

图 4-60 例 4-40 的贝叶斯网络模型

网络的最终节点"船只搁浅"有两个父节点，包括"船只的航道"和"到浅水区的距离"，其中的逻辑在于搁浅只发生在船只向浅水区航行，而浅水区与船只的距离又相当近的时候（否则任何向码头行驶的船只都将搁浅）。因此，这两个节点是最终节点的直接原因，我们采用中立的态度进行描述。当然，我们也可以将这两个节点描述为"船只驶向浅水区"和"浅水区就在附近"，但还是把节点设为中立，然后定义节点的失效状态，这样做更加清楚。对于"船只的航道"这个节点，我们可以定义两个状态：航道会造成搁浅，航道不会造成搁浅。对于另外一个节点，我们可以定义超过两个状态，比如：距离大于 5m，距离介于 1～5m，距离小于 1m。

节点"到浅水区的距离"在本例中只有一个父节点："水域情况"。定义该节点状态最简单的方法，就是认为它有两个状态：开放水域和沿岸水域。

节点"船只的航道"有两个父节点："瞭望员警惕性"和"转向系统"。在本例中，我们可以看到这两个节点分别与人员行为和技术系统性能相关，船只的航道会受到瞭望员的影响，如果他太忙或者在打瞌睡，船只可能就会误入歧途。与之类似，如果转向系统存在故障，船只无法改变航向也可能会进入错误的航道。

如果我们在贝叶斯网络中继续进行回溯，"人员配备"是"瞭望员警惕性"和"员工工作量"这两个节点的父节点，这意味着"人员配备"既是"瞭望员警惕性"的直接原因，又是这个节点的间接原因。"人员配备"的直接影响体现在：如果人员配备水平低，塔桥上瞭望员的数量就少，反之亦然。同时人员配备水平低的间接影响是增加了现有员工的工作量，导致瞭望员疲劳工作，进而降低了警惕性。

第 4 章 系统安全定量分析

初始节点已经参考了一些建议，但是很多时候建议多多益善。这些节点很难精确地进行定义。通常，离最终节点和直接原因越远，定义就会越困难，我们经常只是使用工作和失效两个状态简单描述这些间接原因。比如，如果仅仅使用两个状态描述"瞭望员警惕性"就太过于粗糙了。我们还需要考虑瞭望员到底有多久没有注意观察周围的环境。如果这个时间很短，通常不是什么问题。但是如果已经持续了 15～30min，就需要引起重视。我们也许可以采用"缺乏警惕性的持续时间"这类说法来定义节点状态。但是这种定义方法的问题在于它过于依赖具体的事件，无法推而广之。像"法规"和"市场状况"这类节点也很难定义，同时它们与最终节点和直接原因的距离也会加大定义和概率量化的难度。然而尽管存在这些困难，包含这类节点仍然是有用的，因为它们会指出高层管理人员的决策和态度会如何影响风险。对于风险管理来说，这些都是有益的定性信息。

④ 第四步：建立条件概率表。

在定义了节点状态之后，我们的下一步工作是要为节点分配概率。

分配概率的工作需要从根节点开始（即那些没有父节点的节点）。接下来在给定父节点的情况下，我们需要为下一个层级的节点分配条件概率。在各个层级上的操作相同，直到向最终节点的分配完成，从而建立条件概率表。

在这个过程中，研究团队必须要确定条件概率表的输入值，这些值可以来自专家判断、一些外部数据源、根据数据进行的估计，也可以综合使用上述方法得到。需要注意的是，对于贝叶斯网络来说，节点的父节点越多，状态越复杂，就需要指定更多的条件概率。

⑤ 第五步：定量分析网络。

现在我们可以计算不同的概率值。在绝大多数实际应用当中，计算机都是必需的工具。

敏感性分析可以为每一个变量相对我们感兴趣变量（一般就是最终节点）的重要度进行排序。这些变量可以说明网络中哪里需要进一步量化，并且可以识别出对模型最终节点影响最大的变量。随后，有些变量需要我们给予更多关注。对于管理层来说，这些变量可能代表着关键性的管理活动或者知识缺口，对于不同的兴趣领域和测试场景，敏感性分析的结果可能有所不同，因此关键性的知识缺口和风险优先级可能也有所不同。

⑥ 第六步：报告分析结果。

本章小结

(1) 事件树分析：从事件的起始状态出发，按照事故的发展顺序，分成阶段，逐步进行分析，每一步都从成功（希望发生的事件）和失败（不希望发生的事件）两种可能后果考虑，并用上连线表示成功，下连线表示失败，直到最终结果。这样，就形成了一个水平放置的树形图，称为事件树。

(2) 事件树分析通常包括六步：确定初始事件、找出与初始事件有关的环节事件、画事件树、说明分析结果、定性分析、定量分析。

(3) 事故树就是从结果到原因描述事件发生的有向逻辑树，对这种树进行演绎分析，寻求防止结果发生的对策的方法就称为事故树分析法（fault tree analysis，FTA）。

(4) 事故树分析程序：熟悉系统、调查事故、确定顶上事件、调查原因事件、绘制事故树、确定目标事故概率、定性分析、计算顶上事件发生概率、分析比较、定量分析、制定安全措施。

(5) 割集：事故树中某些基本事件的集合，当这些基本事件都发生时，顶上事件必然发生。所以系统的割集也就是系统的故障模式。

（6）最小割集：如果在某个割集中任意除去一个基本事件就不再是割集了，这样的割集就称为最小割集。换句话说，也就是导致顶上事件发生的最低限度的基本事件组合。

（7）径集：事故树中某些基本事件的集合，当这些基本事件都不发生时，顶上事件必然不发生。所以系统的径集代表了系统的正常模式，即系统成功的一种可能性。

（8）最小径集：如果在某个径集中任意除去一个基本事件就不再是径集了，这样的径集就称为最小径集。换句话说，也就是不能导致顶上事件发生的最低限度的基本事件组合。

（9）结构重要度分析：从事故树的结构着手，通过分析得到各基本事件的重要程度。人们把各基本事件在事故树结构上的重要程度称为结构重要度。

（10）概率重要度分析：表示第 i 个基本事件发生的概率的变化引起顶上事件发生概率变化的程度。

（11）临界重要度分析：表示第 i 个基本事件发生概率的变化率引起顶上事件概率的变化率。

（12）贝叶斯网络：是一种图形化模型，可以描述系统中关键因素（原因）和一个或者多个最终输出结果之间的因果关系。贝叶斯网络要比事故树更加灵活，可以在风险分析中取代事故树。目前，贝叶斯网络在统计、机器学习、人工智能以及风险和可靠性分析中都十分常见。

<<<< 复习思考题 >>>>

（1）什么是事件树分析？

（2）简述事故树分析步骤。

（3）任选一个你熟悉的系统，构造一棵事件树并进行分析计算。

（4）举例说明最小割集和割集的异同。

（5）为什么要进行最小割集和最小径集分析？

（6）石棉瓦是一种大量应用在简易房屋、临时工棚的屋面结构上的轻型建筑材料。它的优点是叶面大、重量轻、使用方便、价格便宜、施工速度快、经济效益好，缺点是强度差、质地脆、受压易破碎，故在搭建或检修施工中踏在石棉瓦上极易发生坠落伤亡事故。

当踏破石棉瓦坠落，且高空作业、地面状况不好时，则导致坠落伤亡事故。事故是由于安全带不起作用和脚踏石棉瓦所造成的。未用安全带、安全带损坏、因移位安全带取下、支撑物损坏等是造成安全带不起作用的原因。脚踏石棉瓦发生坠落由以下几个因素引起：脚下滑动踏空、身体不适或突然发病、身体失去平衡、橡条强度不够、桥板倾翻、未铺桥板、桥板铺得不合理。请根据以上情景回答下列问题。

① 画出事故树，求最小割集。

② 画出成功树，求最小径集，并画出成功树等效图。

③ 进行概率重要度分析。

（7）简述贝叶斯分析的步骤。

（8）如图 4-61 所示，进行以下分析。

① 计算最小割集，绘制等效树。

② 计算最小径集，绘制等效树。

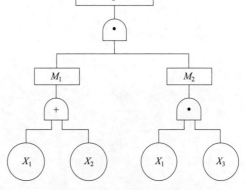

图 4-61 事故树分析图

参 考 文 献

[1]   沈斐敏. 安全系统工程 [M]. 北京：机械工业出版社，2022.

[2]   徐志胜. 安全系统工程 [M]. 3版. 北京：机械工业出版社，2016.

[3]   沈斐敏. 安全评价 [M]. 徐州：中国矿业大学出版社，2009.

[4]   林柏泉，张景林. 安全系统工程 [M]. 北京：中国劳动社会保障出版社，2007.

[5]   曹庆贵. 安全评价 [M]. 北京：机械工业出版社，2017.

[6]   汪元辉. 安全系统工程 [M]. 天津：天津大学出版社，1999.

[7]   张乃禄. 安全评价技术 [M]. 西安：西安电子科技大学出版社，2011.

[8]   中国就业培训技术指导中心，中国安全生产协会. 安全评价师（国家职业资格一级）[M]. 北京：中国劳动社会保障出版社，2010.

[9]   中国就业培训技术指导中心，中国安全生产协会. 安全评价师（国家职业资格二级）[M]. 北京：中国劳动社会保障出版社，2010.

[10] 中国就业培训技术指导中心，中国安全生产协会. 安全评价师（国家职业资格三级）[M]. 北京：中国劳动社会保障出版社，2010.

[11] 李华，胡奇英. 预测与决策教程 [M]. 北京：机械工业出版社，2019.

[12] AQ/T 3049—2013. 危险与可操作性分析（HAZOP分析）应用导则.

[13] 张加国，张庆财. 运用风险事故树分析矿井通风系统安全性 [J]. 煤炭科学技术，2020，48（S2）：169-173.

[14] 王赫，郝立群，林琳，等. 基于故障树的粮库火灾事故分析 [J]. 中国粮油学报，2019，34（S2）：21-24.

[15] 张园园，孙麟，刘明. 梯形模糊事故树预测算法的改进及应用 [J]. 中国安全科学学报，2020，30（11）：156-161.

[16] 徐坚，叶继红. 基于事故树的深孔爆破边坡稳定性分析 [J]. 工程爆破，2019，25（3）：86-90.

[17] 汪金胜，李永乐，杨剑，等. 基于贝叶斯支持向量回归机的自适应可靠度分析方法 [J]. 计算力学学报，2022，39（4）：488-497.

[18] 由冰玉，廉福绵，孟祥海. 基于故障树贝叶斯网的山区高速公路事故成因分析 [J]. 交通信息与安全，2019，37（4）：44-51.

延伸阅读文献

安/全/系/统/工/程

第 5 章

系统安全评价

本章学习目标

① 理解安全评价的定义、原理和安全评价指标的结构设计思路，熟悉安全评价的内容、程序，了解安全评价的原则、安全评价的参数与标准、计算机系统安全评价的思想。

② 掌握作业危险性评价法、道化学火灾爆炸指数评价法、蒙德法、易燃易爆有毒重大危险源评价法、保护层分析法、人因可靠性分析法的原理及应用过程。

5.1 安全评价概述

安全评价是以实现安全为目的，应用安全系统工程原理和方法，辨识与分析工程、系统、生产经营活动中的危险、有害因素，预测发生事故造成职业危害的可能性及其严重程度，提出科学、合理、可行的安全对策措施建议，做出评价结论的活动。

安全评价可针对一个特定的对象，也可针对一定区域范围。

5.1.1 安全评价的原理

在进行安全评价过程中，虽然评价的对象、领域、方法不同，而且被评价系统的特性、属性、特征也千差万别，但安全评价思维方式却有类似之处，从中可归纳出四个基本原理，即相关原理、类推原理、惯性原理和量变到质变原理。

（1）相关原理

一个系统的属性、特征与事故和职业危害存在着因果的相关性，这就是系统因果评价方法的理论基础。

在评价系统中，找出事物在发展过程中的相互关系，利用历史、同类情况的数据等建立起接近真实情况的数学模型，则评价会取得较好的效果，而且越接近真实情况效果越好。

（2）类推原理

类比推理是根据两个或两类对象在某些属性上相同或相似，推出它们的其他属性也相同或相似的一种推理方法。若两个或两类事物类似（即许多属性相同或类似），当一个或一类事物产生一种事件时（先导事件），那么另一个或另一类事物也有可能产生相同或相似的事件（迟发事件）。两个或两类对象的属性越相同或越相似，则从先导事件来类推迟发事件的可能性也越大，迟发事件与先导事件越相似，类推越精确。

常用的类推方法有平衡推算法、代替推算法、因素推算法、抽样推算法、比例推算法、概率推算法等。

（3）惯性原理

事物的发展会与其过去的行为有所联系，过去的行为不仅影响到现在，还会影响到将来，这表明任何事物的发展都带有一定的延续性，这种延续性称为惯性。例如，从一个企业当前以及过去的安全生产状况、事故统计等资料中找出安全生产与事故发展的变化趋势，可以推测其未来的安全状态。惯性越大，影响越大，反之则影响越小。惯性表现为延续性，如安全投资以过去的安全损失大小为依据，通过合理投资后，未来的安全损失必然降低。

利用事物发展具有惯性这一特征进行评价是有条件的，一般是以系统的稳定性为前提。也就是说，只有在系统稳定时，事物之间的内在联系及基本特征才有可能延续下去。但是由于生产环境非常复杂，系统的安全又易受各种偶然因素的影响，绝对稳定的系统是不存在的。一般只在认为系统处于相对稳定状态，或者评价对象处于相对稳定阶段的情况下，才应用惯性原理去进行评价。而且，即使在这种条件下，系统的发展也不会是历史的重复，而只是保持其基本的发展趋势。这样，在系统的发展保持大方向不变的同时，还有可能发生与过去不完全一致的现象，即发生偏离。因此，在应用惯性原理进行评价时，一方面要抓住惯性发展的主要环节，另一方面要研究可能出现的偏离现象及偏离程度，并做出适当的修正，才能使评价结论更符合发展的实际结果。

（4）量变到质变原理

任何一个事物在发展变化过程中都存在着从量变到质变的规律。同样，在一个系统中许多有关安全和卫生的因素也都存在着量变到质变的规律。因此，在进行安全评价时，考虑各种危险、有害因素对人体的危害，以及对采用的评价方法进行等级划分时，均需要应用从量变到质变的原理。

上述原理是人们经过长期研究和实践总结出来的。在实际评价工作中，人们综合应用这些基本原理指导安全评价，并创造出各种评价方法，进一步在各个领域中加以运用。

掌握评价的基本原理可以建立正确的思维程序，对于评价人员开拓思路，合理选择和灵活运用评价方法都是十分必要的。由于世界上没有一成不变的事物，评价对象的发展不是过去状态的简单延续，评价的事件也不会是类似事件的机械再现，相似不等于相同，因此在评价过程中，还应对客观情况进行具体细致的分析，以提高评价结果的准确程度。

5.1.2 安全评价的原则

（1）危险性评价的客观性原则

在评价时，应保证提供的评价数据可靠，防止因主观因素作用而导致评价结果的偏差，同时对评价的结果应进行检查。

（2）评价方法的通用性原则

评价方法应适应于各种系统。

（3）评价方法的综合性原则

评价方法具有能反映评价对象各方面综合性指标的功能。

（4）评价方法的可行性原则

从评价方法的技术可行性、适用性、准确性、经济性和时效性等来看，方法是可行的。

（5）评价方法的协调性原则

某种具体评价方法是总评价系统的一个组成单元。

（6）安全指标的可比性原则

所用评价指标参数必须切实能用数值反映其危险程度。

（7）评价结果的简明性原则

评价结果应该用综合的单一数字表达，由于评价时要考虑多方面的因素，用综合的单一数字表达其评价结果，才能真实地反映系统安全性的实际情况。

（8）危险性取值的适当性原则

危险性参数的取值范围不应过大，否则，使用者无所依从，给该方法的推广带来困难。

5.1.3 安全评价内容

安全评价包括危险性识别和危险度评价两大部分，安全评价是一个利用安全系统工程原理和方法识别和评价系统、工程生产经营活动存在的风险的过程，这一过程包括危险、有害因素识别及危险和危害程度评价两部分。危险、有害因素识别的目的在于识别危险来源。危险和危害程度评价的目的在于确定危险源的危险性、危险程度，应采取的控制措施，以及采取控制措施后仍然存在的危险性是否可以被接受。在实际的安全评价过程中，这两个方面是不能截然分开孤立进行的，而应相互交叉、相互重叠于整个评价工作中。安全评价的基本内容如图 5-1 所示。

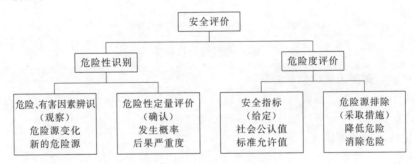

图 5-1　安全评价的基本内容

随着现代科学技术的发展，在安全技术领域里，已由以往主要研究、处理那些已经发生和必然发生的事件，发展为主要研究、处理那些还没有发生，但有可能发生的事件，并把这种事件发生的可能性具体化为一个数量指标，计算事故发生的概率，划分危险等级，制定安全标准和对策措施，并对其进行综合比较和评价，从中选择最佳的方案，预防事故的发生。

安全评价通过危险性识别及危险度评价，客观地描述系统的危险程度，指导人们预先采取相应措施来降低系统的危险性。

5.1.4 安全评价程序

安全评价程序主要包括：准备阶段，危险、有害因素识别与分析，定性、定量评价，提出安全对策措施，形成安全评价结论及建议，编制安全评价报告。具体如图 5-2 所示。

（1）准备阶段

明确被评价对象和范围，收集国内外相关法律法规，技术标准及工程系统的技术资料。

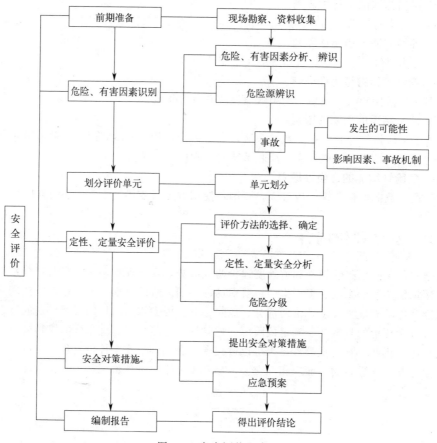

图 5-2　安全评价程序

（2）危险、有害因素识别与分析

根据被评价的工程、系统的情况，识别和分析危险、有害因素，确定危险、有害因素存在的部位、存在的方式，事故发生的途径及其变化的规律。

（3）定性、定量评价

在危险、有害因素识别和分析的基础上，划分评价单元，选择合理的评价方法，对工程、系统发生事故和职业危害的可能性和严重性进行定性、定量评价。

（4）提出安全对策措施

根据定性、定量评价结果，提出清除或减弱危险、有害因素的技术和管理措施及建议。

（5）形成安全评价结论及建议

简要地列出主要危险、有害因素的评价结果，指出工程、系统应重点防范的重大危险因素，明确生产经营者应重视的重要安全措施。

（6）编制安全评价报告

依据安全评价的结果编制相应的安全评价报告。

5.1.5　安全评价指标体系的结构设计

评价一个对象的安全水平，可从系统分析的角度，设想一个评价模型框图，如图 5-3所示。

在图 5-3 中，把一个企业看作一个大系统，即人-机-环境系统。系统的输入是国家和企

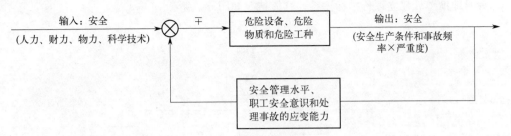

图 5-3 安全评价模型框图

业本身对安全在人力、财力、物力和科学技术方面的投入，系统的输出为企业的安全生产条件和风险率（事故频率×严重度）。在系统的内部，影响系统输出的因素很多，其中起主要作用的是企业的安全管理水平、职工的安全意识和处理事故的应变能力，以及企业所拥有的危险设备、危险物质和危险工种。更为重要的是，一个企业的安全管理水平、职工的安全意识，会反过来强烈地影响着企业投入的效益，从控制论的角度说，有着很强的反馈作用，不可避免地要加强或削弱输出项。因此，作为整个系统各因素的综合信息，应该是企业的安全水平，换言之，企业的整体安全水平，与企业的安全管理水平，职工的安全意识和处理事故的应变能力，危险装置、危险物质和危险工种三个方面有着紧密的联系。

以上三个方面，可以看作是三个子系统，每个子系统由若干指标组成，合在一起则构成安全评价指标体系。在确定各个子系统指标时，应当解决目标评价和过程评价的关系。

对于这个问题，存在着两种观点。

（1）企业安全评价应当是目标评价

其主要论点是：企业的安全评价是对企业加强宏观指导和管理的手段之一，应当是目标控制，不应强调过程控制。许多管理过程是不太容易衡量好坏的，过程管理的好坏主要通过效果来反映。目标评价正是主要看企业安全工作的结果，而不是看过程本身。从安全评价的任务来看，评价本身不是经验的总结。

（2）企业安全评价不能只进行目标评价，应当考虑过程评价

其主要论点是：企业的安全评价是一个很复杂的问题，其中的一些因素，特别是人的安全意识和企业的安全管理水平，对企业的整体安全水平的影响要通过一段时间才能反映出来，是一种滞后效应。因此，需要通过一些过程指标来衡量人的安全意识和企业安全管理水平对企业整体安全水平的影响。

一个企业的安全水平，同企业的安全管理关系密切，科学的、现代化的管理显得越来越重要，而管理方面的评价基本上是属于过程评价。

考虑过程评价，将有助于企业的安全工作健康地发展，因为有些过程指标是带有引导性的。

以上两种观点均不无道理，但都只强调了事物的某个方面，具有一定的片面性，对此，应综合考虑两方面的情况，才能比较全面地得出结论。

基于上面的分析和讨论，可以提出这样一个安全评价指标体系，即以企业的危险物质和危险设备为基础，以降低伤亡事故率和减少损失为目标，以企业的安全管理水平与职工的安全意识为控制手段的评价指标体系。

【例 5-1】 以某加油站为例建立评价指标体系。

答：根据本加油站的基本情况将其划分为 3 个评价单元，分别为辅助单元、加油工艺单元、储油库单元。其中辅助单元中包括环境、人员、辅助设备、安全管理因素集，加油工艺单元包括人员、安全管理、设备设施因素集，储油库单元包括人员、设备设施、罐区环境因素集。

针对辅助单元建立评价指标体系，具体情况如图 5-4 所示。

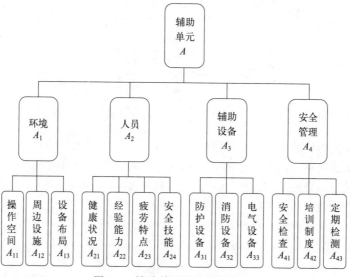

图 5-4　辅助单元评价指标体系

针对加油工艺单元建立评价指标体系，具体如图 5-5 所示。

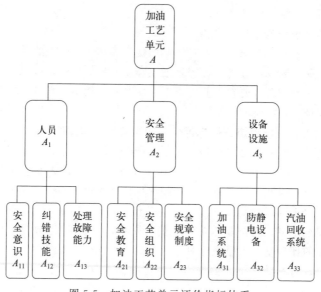

图 5-5　加油工艺单元评价指标体系

针对储油库单元建立评价指标体系，具体如图 5-6 所示。

5.1.6　安全评价的参数与标准

安全评价的参数指危险性的判别指标（或判别准则），是用来衡量被评价系统风险大小的尺度，无论是定性评价还是定量评价，都需要有危险判别指标。安全评价的标准则是衡量被评价系统危险性的限定或期望尺度，判断风险是否达到了可接受程度、系统的安全水平是否在可接受的参数范围。显然，无论是定性评价还是定量评价，都需要安全评价标准。

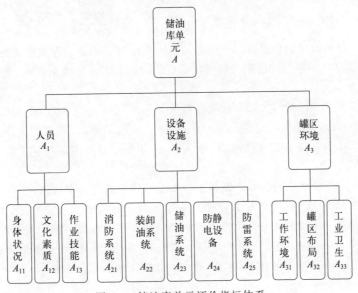

图 5-6　储油库单元评价指标体系

5.1.6.1　一般安全评价中的参数与标准

一般安全评价，特别是定性安全评价中，其参数（即危险判别指标）主要有安全系数、安全等级、危险指数、危险等级等。失效概率、事故频率、财产损失率、死亡概率、风险率和安全指标等也经常作为安全评价的参数，且主要应用在定量安全评价中。

各种安全评价都应该根据国家相关法律、法规、规章和标准进行，因此，国家法律、法规、规章和标准是安全评价所依据的主要标准。

需要说明的是，安全评价所依据标准众多，不同行业会涉及不同标准，安全评价过程中应注意使用最新的、适合本行业的标准。

5.1.6.2　风险率与安全指标

定量安全评价过程中，需要用风险率与安全指标两个数量化的参数，以判定系统的实际安全状况，下面对这两个参数以及与之相关的事故频率等参数进行详细介绍。

（1）风险率

风险率也叫危险度，是用来表示危险性大小的指标。安全系统工程认为，危险性是客观存在的，并且在一定条件下会发展成为事故，造成一定损失。

危险性的大小受两方面因素的影响，一是事故的发生概率，二是事故后果的严重程度。事故的发生概率表示事故发生的可能性，可以用事故的频率来代替。事故的频率表示在一定时间或生产周期内事故发生的次数。事故后果的严重程度表示发生一起事故造成的损失数值，称为严重度。如果事故仅造成财物损失，则包括直接损失和间接损失，可以折算成损失的金额进行计算。由于安全方面主要考虑事故造成的伤亡损失，事故的严重度则由人员死亡或负伤的损失工作日来表示。

风险率的定义如下。

$$R = PC \tag{5-1}$$

式中，R 表示风险率；P 表示事故发生概率（频率）；C 表示事故后果的严重度。

对风险率的定义式做进一步分析，有：

$$风险率＝频率\times严重度＝\frac{事故次数}{单位时间}\times\frac{损失数值}{事故次数}＝\frac{损失数值}{单位时间} \qquad (5\text{-}2)$$

由式(5-2)可见，风险率是以单位时间的损失数值来表示的。在安全方面，主要考虑事故造成的伤亡情况，即损失数值用人员死亡或负伤的损失工作日数来表示。因此，风险率可以用如下单位表示。

① 死亡/(人·年)，指每人每年的死亡概率。

② FAFR（fatality accident frequency rate，死亡事故频率），指接触工作1亿（10^8）小时所发生的死亡人数。1FAFR相当于1000人在40年工作时间内（每年工作2500小时）有1人死亡。

③ 损失工作日/接触小时，指每接触工作1小时所损失的工作日数。

有了风险率的概念，就可以用数字明确表示系统的危险性大小，也表示了其安全性如何。安全评价及安全工作的任务，就是要设法降低风险率，提高系统的安全性。

【例5-2】通过实例进行风险率的计算。据统计资料，某地区一年发生汽车交通事故1500万次，其中每300次事故中造成1人死亡，若按该地区人口为2亿，计算该地区汽车交通事故的风险率。

答：根据案例分析知，一年中汽车交通事故的死亡人数为5万人，则该地区汽车交通事故的风险率为：

$$R=\frac{5\times10^4}{2\times10^8}=2.5\times10^{-4}$$

若每人每天用车时间为4小时，则每年365天中总共接触小汽车1460小时。根据这些数据，可以求得以FAFR表示的风险率为：

$$R=\frac{2.5\times10^{-4}}{1460}\times10^8=17.1\text{FAFR}$$

事故除了可能产生死亡这一最严重的后果以外，大多数是负伤。对负伤风险进行评价，则采用损失工作日/接触小时为计算单位。

负伤有轻重之分，如果经过治疗、休养后能够完全恢复劳动能力，则损失工作日数按实际休工天数计算。但有的重伤后造成伤残，或身体失去某种功能，不能完全恢复劳动能力，甚至发生死亡事故。为了便于计算，应该把致残、死亡伤害折合成相应的损失工作日数。

《企业职工伤亡事故分类》（GB 6441—1986）中，对每类伤亡事故的损失工作日均规定了换算标准，表5-1是其中的一例。同时规定，死亡或永久性全失能伤害的损失工作日为6000日。实际计算中，可按《企业职工伤亡事故分类》（GB 6441—1986）的规定计算各类伤亡事故的损失工作日。未规定数值的暂时性失能伤害按歇工天数计算。

表 5-1 骨折损失工作日换算表

骨折部位	损失工作日	骨折部位	损失工作日	骨折部位	损失工作日
掌、指骨	60	胸骨	105	桡骨下端	80
跖、趾	70	尺、桡骨干	90	胫、腓	90
肱骨髁上	60	股骨干	105	肱骨干	80
股粗隆间	100	锁骨	70	股骨颈	160

对于永久性失能伤害，不管其歇工天数多少，损失工作日均按《企业职工伤亡事故分类》（GB 6441—1986）的规定数值计算，若各伤害部位累计损失工作日数超过6000日，仍按6000日计算。

（2）安全指标

① 可接受危险分析。

按照相对安全的观点，安全是没有超过允许限度的危险，即安全也是一种危险，只不过其危险性很小，人们可以接受它。这种没有超过允许限度的危险称作可接受危险。

安全是一个相对的概念，人们对安全的认识可以看作一种心理状态的反应。对于同一事物究竟是安全的还是危险的，不同人或同一人在不同的心理状态下会有不相同的认识，也就是说，不同的人、在不同的心理状态下，其可接受危险的水平是不同的。一般地，人们随着立场、目的、环境的变化，对安全与危险的认识也会变化。

影响可接受危险水平的因素还包括人们是否自愿从事某项活动，以及危险的后果是否立即出现，是否有进行该项活动的替代方案，认识危险的程度，共同承担还是独自承担危险，事故的后果能否被消除等。

被社会公众所接受的危险称作社会允许危险。在系统安全评价中，社会允许危险是判别安全与危险的标准。

有学者研究了公众认识的危险与实际危险之间的关系，得到了如下的结果。

（a）公众认为疾病死亡人数低于交通事故死亡人数，而实际上前者是后者的若干倍。

（b）低估了一次死亡人数少但大量发生的事件的危险性。

（c）过高估计了一次死亡许多人但很少发生的事件的危险性。

在公众的心目中，每天死亡 1 人的活动没有一年中只发生一次死亡 300 人的活动危险，出现这种情况的主要原因是一些精神的、道义的和社会心理的因素起作用。

在系统安全评价中确定安全评价标准时，必须充分考虑公众对危险的认识。

② 安全指标的概念。

如上所述，任何系统都有一定的风险，绝对的安全是没有的。从这一观念出发，可以认为安全就是一种可以容许的危险。例如，谁都不否认，与煤炭工业等工业企业相比，商业是安全的。因此需要确定，系统中的风险率小到什么程度才算是安全的。进行定量安全评价时，将计算出的系统实际风险率与已确定的，公众认为安全的风险率数值进行比较，以判别系统是否安全。这个安全风险率数值就叫作安全指标（也有人称之为安全标准或安全目标），它是根据多年的经验积累并为公众所承认的指标。

③ 安全指标制定的一般原则。

安全指标的确定本身是个科学问题，对于工业生产安全指标的确定，至今尚处于探索和研究阶段。确定安全指标时，一般应该考虑以下几个基本原则。

第一，参照自然灾害（地震、台风、洪水、陨石等）的死亡概率，从中权衡选择适当的安全指标数值。

人们对各种危险的接受程度，与它们的风险率大小以及是否受人们的意志支配等许多因素有关。

如果风险率以死亡/(人·年)表示，在风险率的数值为不同的数量等级时，其危险程度和一般应采取的对策见表 5-2。

表 5-2　风险率的等级

风险率 /[死亡/(人·年)]	危险程度	对策
10^{-3} 数量级	危险程度特别高,相当于由生病造成的自然死亡率的 1/10	必须立即采取措施予以改进
10^{-4} 数量级	危险程度中等	应采取预防措施
10^{-5} 数量级	和游泳淹死的事故风险率为同一数量级	人们对此危险是关注的,也愿意采取措施加以预防
10^{-6} 数量级	相当于地震或天灾的风险率	人们并不担心这种事故的发生
$10^{-8} \sim 10^{-7}$ 数量级	相当于陨石坠落伤人的风险率	没有人愿意为这种事故投资加以预防

第二，以产业实际的平均死亡率作为确定安全指标的基础。

保护人的生命是安全的根本目的，死亡是安全工作中所应处理的最为明确、也最为敏感的事件，其统计数据的可靠程度也最高。况且，根据事故法则，还可以由死亡人数推断出重伤和轻伤事故情况。所以，死亡率是评价安全工作的一个重要指标，并且应以死亡率作为确定安全指标的基础。安全指标必须低于已经发生的实际死亡率数值，并应考虑由于自然灾害可能引起的次生灾害的影响。

第三，对职业性灾害的评价要比对其他灾害的评价严格。

人们自愿做的事情，如踢足球、骑摩托和吸烟等，对其风险基本上是接受的。对于职业性灾害就不是这样，没有人心甘情愿地承担这风险。因此，对于职业性灾害的评价和防范，要采取更为严格的措施。

第四，要考虑合理的投资。

要采取措施降低事故的风险率，就需要有一定的投入。因此，确定安全指标时，要对可能达到的安全水平和需要支出的费用进行综合比较和判断，从而确定具有投资可行性、有效性的最佳费用指标。

（3）我国危险化学品安全指标

我国国家安全生产监督管理总局（现应急管理部）于2014年5月7日发布第13号公告，公布了《危险化学品生产、储存装置个人可接受风险标准和社会可接受风险标准（试行）》（以下简称《可接受风险标准》），该标准可作为危险化学品生产、储存装置安全评价时的安全指标，可用于确定陆上危险化学品企业新建、改建、扩建和在役生产、储存装置的外部安全防护距离。

《可接受风险标准》分别对个人风险和社会风险给出了标准。个人风险指因危险化学品生产、储存装置中各种潜在的火灾、爆炸、有毒气体泄漏事故造成区域内某一固定位置人员的个体死亡概率，即单位时间内（通常为一年）的个体死亡率。社会风险是对个人风险的补充，指在个人风险确定的基础上，考虑到危险源周边区域的人口密度，以免发生群死群伤事故的概率超过社会公众的可接受范围。通常用累积频率和死亡人数之间的关系曲线（F-N曲线）表示。

① 可接受风险标准的确定原则。

第一，"以人为本、安全第一"的理念。根据不同防护目标处人群的疏散难易程度，将防护目标分为低密度、高密度和特殊高密度三类场所，分别制定相应的个人可接受风险标准。

第二，既与国际接轨，又符合中国国情的原则。我国新建装置的个人可接受风险标准在现有公布可接受风险标准的国家中处于中等偏上水平。由于我国现有在役危化装置较多，综合考虑其工艺技术、周边环境和城市规划等历史客观原因，对在役装置设定的风险标准比新建装置相对宽松。

② 可接受风险的具体标准。

第一，个人可接受风险标准。我国危险化学品生产、储存装置个人可接受风险标准见表50，不同防护目标的个人可接受风险标准是由分年龄取死亡率最低值乘以相应的风险控制系数得出的。参考国外相关做法，不同防护目标的风险控制系数分别选定为10%、3%、1%和0.1%，因此得到表中的风险率数值。例如，在役装置低密度人员场所的个人可接受风险标准为 $3.64 \times 10^{-4} \times 10\%$ 死亡/(人·年) $\approx 3 \times 10^{-5}$ 死亡/(人·年)。

第二，社会可接受风险标准。社会可接受社会风险标准划分为不可接受区、可接受区和尽可能降低区3个区域。这是采用 ALARP（as low as reasonable practice，最低合理可行）原则划分的。即 ALARP 原则通过两个风险分界线将风险划分为3个区域：不可接受区（风险不能被接受）、可接受区（风险可以被接受，无需采取安全改进措施）、尽可能降低区（需要尽可能采取安全措施，降低风险）。

表 5-3 我国个人可接受风险标准值

防护目标	个人可接受风险标准/[死亡/(人·年)]	
	新建装置	在役装置
低密度人员场所(人数<30人):单个或少量暴露人员	1×10^{-5}	3×10^{-5}
居住类高密度场所(30人≤人数<100人):居民区、宾馆、度假村等。 公众聚集类高密度场所(30人≤人数<100人):办公场所、商场、饭店、娱乐场所等	3×10^{-6}	1×10^{-5}
高敏感场所:学校、医院、幼儿园、养老院、监狱等。 重要目标:军事禁区、军事管理区、文物保护单位等。 特殊高密度场所(人数≥100人):大型体育场、交通枢纽、露天市场、居住区、宾馆、度假村、办公场所、商场、饭店、娱乐场所等	3×10^{-7}	3×10^{-6}

根据《可接受风险标准》，可采用定量风险评价方法确定外部安全防护距离，科学开展危险化学品企业的安全评价工作。

我国各行业及有关安全生产监督管理部门在进行安全管理工作中，都要给所属单位下达安全指标。为防止盲目性，应该研究提出适于我国应用的安全指标。《可接受风险标准》的应用，可为这一工作提供参考和指导。

5.1.7 安全评价方法的确定原则

(1) 安全评价方法分类

安全评价方法是进行定性、定量安全评价的工具。安全评价的目的和对象不同，安全评价的内容和指标也不同。安全评价方法有很多种，每种评价方法都有其适用范围和应用条件，在进行安全评价时，应根据安全评价的对象和要达到的评价目的，确定适用的安全评价方法。

为了根据安全评价对象选择适用的评价方法，对安全评价方法进行了分类。安全评价方法的分类方法有很多种，常用的有按评价结果的量化程度分类、按评价的逻辑推理过程分类、按评价所针对的对象分类、按评价要达到的目的分类等。

① 按评价结果的量化程度分类。按照安全评价结果的量化程度，安全评价方法可分为定性安全评价方法和定量安全评价方法。

(a) 定性安全评价方法。定性安全评价方法主要是根据经验和直观判断能力，对生产系统的工艺、设备、设施、环境、人员和管理等方面的状况进行定性分析，安全评价的结果是一些定性的指标。例如，是否达到了某项安全指标、事故类别和导致事故发生的因素等。属于定性安全评价方法的有安全检查表、专家现场询问观察法、因素图分析法、事故引发和发展分析、作业条件危险性评价法（格雷厄姆-金尼法或 LEC 法）、故障类型和影响分析、危险可操作性研究等。

定性安全评价方法的特点是：容易理解，便于掌握，评价过程简单。目前定性安全评价方法在国内外企业安全管理工作中被广泛使用。但定性安全评价方法往往依靠经验，带有一定的局限性，安全评价结果有时因参加评价人员的经验和经历等有相当的差异。同时，由于安全评价的结果不能给出量化的危险度，所以不同类型的对象之间安全评价结果缺乏可比性。

(b) 定量安全评价方法。定量安全评价方法是运用基于大量的实验结果和广泛的事故统计资料分析获得的指标或规律（数学模型），对生产系统的工艺、设备、设施、环境、人员和管理等方面的状况进行定量的计算，安全评价的结果是一些定量的指标。例如，事故发生的概率、事故的伤害（或破坏）范围、定量的危险性、事故致因因素的事故关联度或重要度等。

按照安全评价给出的定量结果的类别不同，定量安全评价方法还可以分为概率风险评价法、伤害（或破坏）范围评价法和危险指数评价法。

概率风险评价法。概率风险评价法是根据事故的基本致因因素的发生概率，应用数理统计中的概率分析方法，求取事故基本致因因素的关联度（或重要度）或整个评价系统的事故发生概率的安全评价方法。故障类型及影响分析、事故树分析、逻辑树分析、概率理论分析、马尔可夫模型分析、模糊矩阵法、统计图表分析法等都可以由基本致因因素的事故发生概率来计算整个评价系统的事故发生概率。

概率风险评价法建立在大量的实验数据和事故统计分析的基础之上，因此，评价结果的可信程度较高。由于能够直接给出系统的事故发生概率，因此，便于各系统进行风险程度高低的比较。特别是对于同一个系统，概率风险评价法可以给出发生不同事故的概率、不同事故致因因素的重要度，便于不同事故的可能性和不同致因因素重要性的比较，但该类评价方法要求数据准确、充分，分析过程完整，判断和假设合理，尤其是需要准确地给出基本致因因素的事故发生概率，显然这对于一些复杂、存在不确定因素的系统是十分困难的。因此，该类评价方法不适用于基本致因因素不确定或基本致因因素事故概率不能给出的系统。但是，随着计算机在安全评价中的应用，模糊数学理论、灰色系统理论和神经网络理论在安全评价中的应用，弥补了该类评价方法的不足，扩大了概率风险评价法的应用范围。

伤害（或破坏）范围评价法。伤害（或破坏）范围评价法是根据事故的数学模型，应用计算数学方法，求取事故对人员的伤害范围或对物体的破坏范围的安全评价方法，液体泄漏模型、气体泄漏模型、气体绝热扩散模型、池火火焰与辐射强度评价模型、火球爆炸伤害模型、爆炸冲击波超压伤害模型、蒸气云爆炸超压破坏模型、毒物泄漏扩散模型和锅炉爆炸伤害 TNT 当量法等都属于伤害（或破坏）范围评价法。

伤害（或破坏）范围评价法应用数学模型进行计算，只要计算模型以及计算所需要的初值和边值选择合理，就可以获得可信的评价结果。评价结果是事故对人员的伤害范围或（和）对物体的破坏范围，因此评价结果直观、可靠。评价结果可用于危险性分区，也可以进一步计算伤害区域内的人员及其人员的伤害程度，以及破坏范围内物体损坏的程度和直接经济损失。但该类评价方法计算量比较大，一般需要借助计算机进行计算，特别是计算的初值和边值选取往往比较困难，而且评价结果对评价模型和初值、边值的依赖性很大，评价模型或初值、边值的选择稍有不当或有偏差，评价结果就会出现较大的失真。因此，该类评价方法适用于系统的事故模型和初值、边值比较确定的评价系统。

危险指数评价法。危险指数评价法是应用系统的事故危险指数模型，根据系统及其物质、设备（设施）和工艺的基本性质和状态，采用推算的办法，逐步给出事故的可能损失、引起事故发生或使事故扩大的设备、事故的危险性以及采取安全措施的有效性的安全评价方法。常用的危险指数评价法有：道化学公司火灾爆炸危险指数评价法，蒙德火灾爆炸毒性指数评价法，易燃、易爆、有毒重大危险源评价法。

在危险指数评价法中，由于指数的采用，使得系统结构复杂、难以用概率计算事故的可能性，但划分为若干个评价单元的办法使问题得到了解决。这种评价方法，将有机联系的复杂系统按照一定的原则划分为相对独立的若干个评价单元，针对每个评价单元逐步推算事故的可能损失和危险性，以及采取安全措施的有效性，再比较不同评价单元的评价结果，确定系统最危险的设备和条件。评价指数值同时含有事故发生的可能性和事故后果两方面的因素，避免了事故概率和事故后果难以确定的缺点。该类评价方法的缺点是：采用的安全评价模型对系统安全保障设施（或设备、工艺）的功能重视不够，评价过程中的安全保障设施

（或设备、工艺）的修正系数，一般只与设施（或设备、工艺）的设置条件和覆盖范围有关，而与设施（或设备、工艺）的功能、优劣等无关。特别是忽略了系统中的危险物质和安全保障设施（或设备、工艺）间的相互作用关系。而且，给定各因素的修正系数后，这些修正系数只是简单地相加或相乘，忽略了各因素之间的重要度的不同。因此，使用该类评价方法，只要系统中危险物质的种类和数量基本相同，系统工艺参数和空间分布基本相似，即使不同系统服务年限有很大不同而造成实际安全水平已经有了很大的差异，其评价结果也是基本相同的，从而导致该类评价方法的灵活性和敏感性较差。

② 按评价的逻辑推理过程分类。按照安全评价的逻辑推理过程，安全评价方法可分为归纳推理评价法和演绎推理评价法。归纳推理评价法是从事故原因推论结果的评价方法，即从最基本的危险、有害因素开始，逐步分析导致事故发生的直接因素，最终分析到可能的事故。演绎推理评价法是从结果推论原因的评价方法，即从事故开始，推论导致事故发生的直接因素，再分析与直接因素相关的间接因素，最终分析和查找出致使事故发生的最基本的危险、有害因素。

③ 按评价所针对的对象分类。按照评价对象的不同，安全评价方法可分为设备（设施或工艺）故障率评价法、人员失误率评价法、物质系数评价法、系统危险性评价法等。

④ 按评价要达到的目的分类。按照安全评价要达到的目的，安全评价方法可分为事故致因因素安全评价法、危险性分级安全评价法和事故后果安全评价法。事故致因因素安全评价法是采用逻辑推理的方法，由事故推论最基本的危险、有害因素或由最基本的危险、有害因素推论事故的评价法。该类方法适用于识别系统的危险、有害因素并分析事故，这类方法一般属于定性安全评价法。危险性分级安全评价法是通过定性或定量分析给出系统危险性的安全评价方法。该类方法适用于系统的危险性分级，既可以是定性的安全评价法，也可以是定量的安全评价法。事故后果安全评价法可以直接给出定量的事故后果，给出的事故后果可以是系统事故发生的概率、事故的伤害（或破坏）范围、事故的损失或定量的系统危险性等。

（2）安全评价方法确定

任何一种安全评价方法都有其适用条件和范围。在安全评价中如果使用了不适用的安全评价方法，不仅浪费工作时间，影响评价工作的正常开展，而且可能导致评价结果严重失真，使安全评价失败。因此，在安全评价中，合理选择安全评价方法是十分重要的。

① 安全评价方法的确定原则。在进行安全评价时，应该在认真分析并熟悉被评价系统的前提下确定安全评价方法，并遵循充分性、适应性、系统性、针对性和合理性的原则。

（a）充分性原则。充分性是指在确定安全评价方法之前，应该充分分析被评价的系统，掌握足够多的安全评价方法，并充分了解各种安全评价方法的优缺点、适用条件和范围，同时为安全评价工作准备充分的资料。也就是说，在确定安全评价方法之前，应准备好充分的资料，供确定安全评价方法时参考和使用。

（b）适应性原则。适应性是指确定的安全评价方法应该适用被评价的系统。被评价的系统可能是由多个子系统构成的复杂系统，各子系统评价的重点可能有所不同，各种安全评价方法都有其适用的条件和范围，应该根据系统和子系统、工艺的性质和状态，确定适用的安全评价方法。

（c）系统性原则。系统性是指确定的安全评价方法与被评价的系统所能提供的安全评价初值和边值条件应形成一个和谐的整体，也就是说，安全评价方法获得的可信的安全评价结果，必须建立在真实、合理和系统的基础数据之上，被评价的系统应该能够提供所需的系统化数据和资料。

（d）针对性原则。针对性是指所确定的安全评价方法应该能够提供所需的结果。由于评价的目的不同，需要安全评价提供的结果可能是危险、有害因素、事故发生的原因、事故发生的概率、事故后果、系统的危险性等，安全评价方法能够给出所要求的结果才能被选用。

（e）合理性原则。在满足安全评价目的、能够提供所需的安全评价结果的前提下，应该确定计算过程最简单、所需基础数据最少和最容易获取的安全评价方法，使安全评价的工作量和要获得的评价结果都是合理的，不要使安全评价出现无用的工作和不必要的麻烦。

② 安全评价方法的确定过程。不同的被评价系统应选择不同的安全评价方法，安全评价方法的确定过程也略有不同，一般可按图5-7所示的步骤确定安全评价方法。

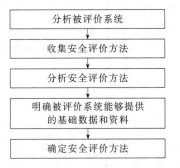

图 5-7　安全评价方法的确定过程

在确定安全评价方法时，首先应详细分析被评价的系统，明确通过安全评价要达到的目标，即通过安全评价需要给出哪些、什么样的安全评价结果。然后应收集尽量多的安全评价方法，将安全评价方法进行分类整理，明确被评价的系统能够提供的基础数据、工艺和其他资料。最后根据安全评价要达到的目标以及所需的基础数据、工艺和其他资料，确定适用的安全评价方法。

③ 确定安全评价方法的准则，如图5-8所示。

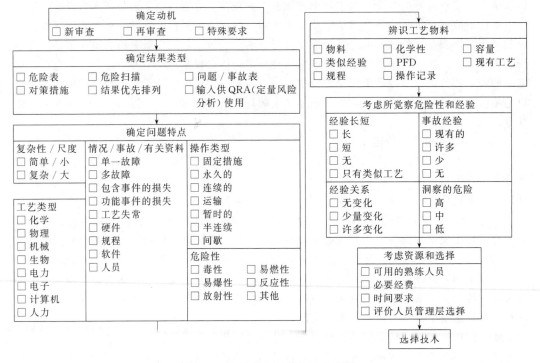

图 5-8　确定安全评价方法的准则

④ 确定安全评价方法应注意的问题。确定安全评价方法时应根据安全评价的特点、具体条件和需要，针对被评价系统的实际情况、特点和评价目标，进行认真分析、比较，必要时，还应根据评价目标的要求，选择几种安全评价方法进行安全评价，互相补充、分析综合和相互验证，以提高评价结果的可靠性。在选择安全评价方法时应该特别注意以下几方面的问题。

（a）充分考虑被评价系统的特点。根据被评价系统的规模、组成、复杂程度、工艺类型、工艺过程、工艺参数以及原料、中间产品、产品、作业环境等选择安全评价方法。

随着被评价系统的规模、复杂程度的增大，有些评价方法的工作量、工作时间和费用相应地增大，甚至超过容许的条件，在这种情况下，有些评价方法即使很适合，也不能采用。

任何安全评价方法都有一定的适用范围和条件。如危险指数评价法一般都适用于化工类工艺过程（系统）的安全评价，故障类型与影响因素分析法适用于机械、电气系统的安全评价，而事故树分析法则适用于分析基本的事故致因因素等。

一般而言，对危险性较大的系统可采用系统的定性、定量安全评价方法，但工作量也较大，如事故树、危险指数评价法、TNT 当量法等。反之，可采用经验的定性安全评价方法或直接引用分级（分类）标准进行评价，如安全检查表、直观经验法或直接引用高处坠落危险性分级标准等。

被评价系统若同时存在几类危险、有害因素，往往需要用几种安全评价方法分别进行评价。对于规模大、复杂、危险性高的系统，可先用简单的定性安全评价方法进行评价，然后再对重点部位（设备或设施）采用系统的定性或定量安全评价方法进行评价。

（b）评价的具体目标和要求的最终结果。在安全评价中，由于评价目标不同，要求的评价最终结果是不同的，如查找引起事故的基本危险、有害因素，由危险、有害因素分析可能发生的事故，评价系统事故发生的可能性，评价系统的事故严重程度，评价系统的事故危险性，评价某危险、有害因素对发生事故的影响程度等，因此，需要根据被评价目标选择适用的安全评价方法。

（c）评价资料的占有情况。如果被评价系统技术资料、数据齐全，可进行定性、定量评价，并选择合适的定性、定量评价方法。反之，如果是一个正在设计的系统，由于缺乏足够的数据资料或工艺参数不全，则只能选择较简单的、需要数据较少的安全评价方法。

（d）安全评价师的素质。安全评价师的知识、经验和习惯，对安全评价方法的选择十分重要。

一个企业进行安全评价的目的是提高全体员工的安全意识，树立"以人为本"的安全理念，全面提高企业的安全管理水平。所以，安全评价需要全体员工的参与，使他们能够识别出与自己作业相关的危险、有害因素，找出事故隐患。这时应采用较简单的安全评价方法，便于员工掌握和使用（同时还要能够提供危险性的分级）。实践表明，作业条件危险性评价法或类似的评价方法是适用的。

一个企业为了某项工作的需要，可请专业的安全评价机构进行安全评价，参加安全评价的人员都是专业的安全评价师，他们有丰富的安全评价工作经验，掌握很多安全评价方法，甚至有专用的安全评价软件。因此，可以使用定性、定量安全评价方法对评价的系统进行深入的分析和系统的评价。

5.1.8 评价单元的划分

5.1.8.1 评价单元的概念

在危险、有害因素分析的基础上，根据评价目标和评价方法的需要，将系统分成有限个确定范围的单元进行评价，该范围称为评价单元。

作为评价对象的一个建设项目、装置（系统），一般是由相对独立、相互联系的若干部分（子系统、单元）组成，各部分的功能、含有的物质、存在的危险因素和有害因素、危险性和危害性以及安全指标均不尽相同，整体评价难以实现。因此，以整个系统作为评价对象实施评价时，一般按一定原则将评价对象分成若干个有限、确定范围的单元，先分别对每个单元进行评价，再将其综合为整个系统的评价。

将系统划分为不同类型的评价单元进行评价，不仅可以简化评价工作、减少评价工作量、避免遗漏，而且由于能够得出各评价单元危险性的比较概念，避免了以最危险单元的危险性来表征整个系统的危险性，夸大整个系统的危险性的可能性，从而提高了评价的准确性、降低了采取对策措施的安全投资费用。

美国道化学公司在火灾爆炸指数法评价中称："多数工厂是由多个单元组成，在计算该类工厂的火灾爆炸指数时，只选择那些对工艺有影响的单元进行评价，这些单元可称为评价单元。"其评价单元的概念与上述的概念实质上是一致的。

5.1.8.2 评价单元划分的原则

划分评价单元是为评价目标和评价方法服务的，应便于评价工作的进行，有利于提高评价工作的准确性。评价单元一般以生产工艺、工艺装置、物料的特点、特征与危险、有害因素的类别、分布有机结合进行划分，还可以按评价的需要将一个评价单元再划分为若干子评价单元或更细致的单元。由于至今尚无一个明确、通用的规则来规范单元的划分，因此，会出现不同的评价人员对同一个评价对象划分出不同的评价单元的现象。

由于评价目标不同，各评价方法均有自身特点，所以，评价单元划分并不要求绝对一致，只要达到评价目的即可。

《安全预评价导则》（AQ 8002—2007）要求：评价单元划分应考虑安全预评价的特点，以自然条件、基本工艺条件、危险、有害因素分布及状况、便于实施评价为原则进行。《安全验收评价导则》（AQ 8003—2007）要求：划分评价单元应符合科学、合理的原则。

总之，评价单元的划分应以能够保证安全评价的顺利实施为原则。

5.1.8.3 评价单元划分的方法

划分评价单元可以将评价对象分解为人、机、物、法、环作为一般思路，同时考虑是否能与已有的评价方法相对应，便于实施评价。对于不同的评价单元，可根据评价的需要和单元特征选择不同的评价方法。

划分评价单元的方法很多，最基础的方法有：以危险、有害因素的类别划分评价单元、以装置特征和物质特性划分评价单元、依据评价方法的有关规定划分评价单元等。

（1）以危险、有害因素的类别划分评价单元

① 综合评价单元。对工艺方案、总体布置及自然条件、社会环境对系统影响等综合方面危险、有害因素的分析和评价，宜将整个系统划为一个评价单元。

② 共性评价单元。

(a) 将具有共性危险因素和有害因素的场所和装置划分为一个评价单元。

先按危险因素类别各划归一个单元，再按工艺、物料、作业特点（即其潜在危险因素）划分成子单元分别评价。

【例 5-3】以炼油厂为例划分评价单元。

答：炼油厂可将火灾爆炸作为一个评价单元，按馏分、催化重整、催化裂化、加氢裂化等工艺装置和储罐区划分成子评价单元，再按工艺条件、物料的种类（性质）和数量更细分为若干评价单元。

(b) 将存在起重伤害、车辆伤害、高处坠落等危险因素的各码头装卸作业区作为一个评价单元。将有毒危险品、矿砂等装卸作业区的毒物、粉尘危害部分列入毒物、粉尘有害作业评价单元。将燃油装卸作业区作为一个火灾爆炸评价单元，其车辆伤害部分则在通用码头装卸作业区评价单元中评价。

（c）进行安全评价宜按有害因素（有害作业）的类别划分评价单元。例如，将噪声、辐射、粉尘、毒物、高温、低温、体力劳动强度危害的场所各划归一个评价单元。

（2）以装置特征和物质特性划分评价单元

① 按装置工艺功能划分。对于化工生产的评价对象，按生产装置的区域划分，基本上可以反映出化工生产的工艺过程，各装置的功能特征区别也较分明，以装置划分单元更有利于评价结果的准确性。

（a）原料储存区域。

（b）反应区域。

（c）产品蒸馏区域。

（d）吸收或洗涤区域。

（e）中间产品储存区域。

（f）产品储存区域。

（g）运输装卸区域。

（h）催化剂处理区域。

（i）副产品处理区域。

（j）废液处理区域。

（k）通入装置区的主要配管桥区域。

（l）其他（过滤、干燥、固体处理、气体压缩等）区域。

② 按布置的相对独立性划分。

（a）以安全距离、防火墙、防火堤、隔离带等与（其他）装置隔开的区域或装置部分作为一个单元。

（b）储存区域内通常以一个或共同防火堤（防火墙、防火建筑物）内的储罐、储存空间作为一个单元。

③ 按工艺条件划分评价单元。按操作温度、压力范围的不同划分单元，按开车、加料、卸料、正常运转、添加触剂、检修等不同作业条件划分单元。

④ 按储存、处理危险物品的潜在化学能、毒性和危险物品的数量划分评价单元。

（a）一个储存区域内（如危险品库）储存的不同危险物品，为了能够正确识别其相对危险性，可作不同单元处理。

（b）为避免夸大评价单元的危险性，评价单元的可燃、易燃、易爆等危险物品最低限量为2270kg（5000lb）或2.73m^3［600加仑（英）］，小规模实验工厂上述物质的最低限量为454kg（1000lb）或0.545m^3［120加仑（英）］（该限制为美国道化学公司的《火灾、爆炸危险指数评价法》第7版的要求，其他评价方法如ICI蒙德火灾、爆炸危险指数计算法，没有此限制）。

⑤ 按重点危险划分单元。

根据以往事故资料，将发生事故能导致停产、波及范围大、造成巨大损失和伤害的关键设备作为一个单元，将危险性大且资金密度大的区域作为一个单元，将危险性特别大的区域、装置作为一个单元，将具有类似危险性潜能的多个单元合并为一个大单元。

（3）依据评价方法的有关规定划分评价单元

评价单元划分原则并不是孤立的，而是有其内在联系的，划分评价单元时应综合考虑各方面的因素。

若应用火灾爆炸指数、单元危险性快速排序等评价方法进行火灾爆炸危险性评价时，除按评价单元划分的一般原则外，还应依据评价方法的有关具体规定划分评价单元。

安全预评价和安全验收评价对评价单元的划分也有标准要求，应按标准执行。

① 安全预评价的评价单元划分方法。安全预评价的评价单元，由其预测性评价的性质所决定。安全预评价的目的是保障评价对象建成或实施后能安全运行，因此，依据《安全预评价导则》要求，安全预评价时评价单元划分应考虑安全预评价的特点，以自然条件，基本工艺条件，危险、有害因素分布及状况，便于实施评价为原则。

② 安全验收评价的评价单元划分方法。安全验收评价的评价单元，由其符合性评价的性质决定。依据《安全验收评价导则》要求，安全验收评价对象的评价单元可按以下内容划分。

（a）法律、法规等方面的符合性。

（b）设备、设施、装备及工艺方面的安全性。

（c）物料、产品的安全性能。

（d）公用工程、辅助设施的配套性。

（e）周边环境适应性和应急救援的有效性。

（f）人员管理和安全培训方面的充分性等。

另外，在进行评价单元划分时，需注意评价单元划分与评价结果的相关性。即以某种原则划分评价单元，实际上就确定了评价结果的形式，划分评价单元的方法不同，导致评价结果反映的角度不同，评价单元划分与所表现的评价结果密切相关。

若按有害作业的类别划分评价单元，则将这个单元中噪声、辐射、粉尘、毒物、高温、低温、体力劳动强度等检测结果与对应标准比较，查看各个因素是否超标，得出单项评价结果。

若粉尘浓度超标，则粉尘这个单项的评价结果为"不合格"，由于各个因素对人体健康损害的后果不同，相互比较时最好置入权值（整合条件），各单项评价结果经过整合，得到的是单元评价结论。

若按某种评价方法的要求划分单元，单元中包含不同类型的危险、有害因素，按评价方法的标准（评价方法一般都带有判别标准）进行评价后，得到的可能不是单项评价结果而是不同因素的综合评价结果，再根据方法的要求得出单元评价结论。

采用以上两种单元划分方法，出现不可比较的两种单元评价结论。因此，在确定评价单元划分方法的同时，需要考虑评价结果和单元评价结论是否与评价要求相一致。

5.2 作业条件危险性评价法

作业条件危险性评价法也称格雷厄姆危险度评价法，最早由美国安全专家格雷厄姆（Graham）和金尼（Kinney）提出，是一种评价操作人员在具有潜在危险性环境中作业时使用的危险性的半定量评价方法。它用与系统风险有关的三个因素指标值之积来评价系统人员伤亡风险的大小，并将所得作业条件危险性数值 D 与规定的作业条件危险性等级比较，从而确定作业条件的危险程度。具体的计算公式为：

$$D = LEC \tag{5-3}$$

式中，D 表示作业条件危险性；L 表示发生事故的可能性大小；E 表示人体暴露在这种危险环境中的频繁程度；C 表示一旦发生事故可能造成的损失后果。

5.2.1　发生事故或危险事件的可能性

事故或危险事件发生的可能性（L）与其实际发生的概率相关。用概率表示为：绝对不可能发生的概率为 0，而必然发生的事件概率为 1。但在考察一个系统的危险性时，绝对不可能发生事故是不确切的，即概率为 0 的情况不确切。所以，将实际上不可能发生的情况作为打分的参考点，定其分数值为 0.1。

此外，在实际生产条件中，事故或危险事件发生的可能性范围非常广泛，因而人为地将完全出乎意料、极少可能发生事故的情况规定为 1，能预料到将来某个时候会发生事故的分值规定为 10。在 1 和 10 之间再根据可能性的大小相应地确定几个中间值，如将"不经常，但可能"的分值定为 3，"相当可能"的分值定为 6。同样，在 0.1 和 1 之间也插入了与某种可能性对应的分值。于是，将事故或危险事件发生可能性从"实际上不可能"的分值 0.1，经过"完全意外，极少可能"的分值 1，确定到"完全会被预料到"的分值 10 为止，如表 5-4 所示。

表 5-4　事故或危险事件发生可能性分值

分值	事故或危险情况发生的可能性	分值	事故或危险情况发生的可能性
10[*]	完全会被预料到	0.5	可以设想，但高度不可能
6	相当可能	0.2	极不可能
3	不经常，但可能	0.1[*]	实际上不可能
1[*]	完全意外，极少可能		

[*] 为打分的参考点。

5.2.2　暴露于危险环境的频率

暴露于危险环境的频率用 E 表示。众所周知，作业人员暴露于危险作业条件的次数越多、时间越长，则受到伤害的可能性也越大。为此，格雷厄姆和金尼规定了连续出现在潜在危险环境的暴露频率分值为 10，一年仅出现几次非常稀少的暴露频率分值为 1。以 10 和 1 为参考点，再在 1 和 10 之间根据在潜在危险作业条件中暴露的情况进行划分，并对应地确定其分值。例如，"每月暴露一次"的分值为 2，"每周暴露一次或偶然暴露"的分值为 3。当然，"根本不暴露"的分值为 0，但这种情况实际上是不存在的，也没有意义，因此，无须列出。暴露于潜在危险环境的分值见表 5-5。

表 5-5　暴露于潜在危险环境的分值

分值	暴露于危险环境的情况	分值	暴露于危险环境的情况
10[*]	连续暴露于潜在危险环境	2	每月暴露一次
6	逐日在工作时间内暴露	1[*]	每年几次出现在潜在危险环境
3	每周一次或偶然暴露	0.5	非常罕见的暴露

[*] 为打分的参考点。

5.2.3　发生事故或危险事件的可能结果

发生事故或危险事件的可能结果用 C 表示。造成事故或危险事故的人身伤害或物质损失可在很大范围内变化，以工伤事故而言，可以从轻微伤害到许多人死亡，其范围非常宽泛。因此，格雷厄姆和金尼将"轻微伤害，需要救护"的可能结果分值规定为 1，以此为一个基准点，而将"大灾难，许多人死亡"的可能结果的分值规定为 100，作为另一个参考点。

在 1 和 100 两点之间，插入相应的中间值。发生事故或危险事件可能结果的分值见表 5-6。

表 5-6　发生事故或危险事件可能结果的分值

分值	可能结果	分值	可能结果
100*	大灾难,许多人死亡	7	严重,严重伤害
40	灾难,数人死亡	3	重大,致残
15	非常严重,一人死亡	1*	轻微伤害,需要救护

* 为打分参考点。

5.2.4　生产作业条件的危险性

生产作业条件的危险性用 D 表示。确定了上述 3 个具有潜在危险性的作业条件的分值，并按式(5-3)进行计算，即可得危险性分值。据此，要确定其危险性程度时，则按下述标准进行评定。

由经验可知，危险性分值在 20 以下的属低危险性，一般可以被人们接受；危险性分值大于等于 20 且小于 70 时，需要加以注意；危险性分值大于等于 70 且小于 160 时，有明显的危险，需要采取措施进行整改。根据经验，危险性分值在大于等于 160 且小于 320 时，属高度危险的作业条件，必须立即采取措施进行整改；危险性分值大于等于 320 时，则表示该作业条件极其危险，应该立即停止作业，直到作业条件得到改善为止。危险性分值与危险程度描述的对应情况见表 5-7。

表 5-7　危险性分值与危险程度描述

分值	危险程度描述	分值	危险程度描述
$D \geqslant 320$	极其危险,不能继续作业	$20 \leqslant D < 70$	一般危险,需要注意
$160 \leqslant D < 320$	高度危险,需要立即整改	$D < 20$	稍有危险,或许可以接受
$70 \leqslant D < 160$	显著危险,需要整改		

拓展阅读 5-1

作业条件危险性评价法拓展应用案例

5.3　道化学火灾爆炸指数评价法

美国道化学公司于 1964 年首次提出道化学火灾爆炸指数法（Dow 指数法），经过六次修订和改进，于 1993 年形成了第七个版本。此评价法适用范围较广，它不但可以用于对含有易燃、爆炸、化学活泼物质的生产、储存、处理的化学工艺进行评价，也可以用于对给排水（气）系统、污水处理系统、配电系统、锅炉、发电厂的一些设施以及存在某种风险的设备等进行评价。道化学火灾爆炸指数评价法是根据以往的事故统计数据、材料的潜在能量和现有的安全措施，对过程单元的潜在火灾、爆炸和反应风险进行量化的分析和评价。

5.3.1 道化学火灾爆炸指数评价法的目的

F&EI（火灾爆炸指数）系统的目的如下。

① 真实地量化潜在火灾、爆炸和反应性事故的预期损失。

② 确定可能引起事故发生或使事故扩大的装置。

③ 向管理部门通报潜在的火灾、爆炸危险性。

虽然 F&EI 系统主要用于评价储存、处理、生产易燃、可燃活性物质的操作过程，但也可用于分析污水处理设施、公用工程系统、管路、整流器、变压器、锅炉、热氧化器以及发电厂一些单元的潜在损失，该系统还可用于潜在危险物质库存量较小的工艺过程的风险评价，特别是用于实验工厂的风险评价。该评价方法的适用范围是：易燃或化学活泼物质的最小处理量为 454kg 左右。

5.3.2 道化学火灾爆炸指数评价法的分析程序

道化学火灾爆炸指数法评价程序见图 5-9。

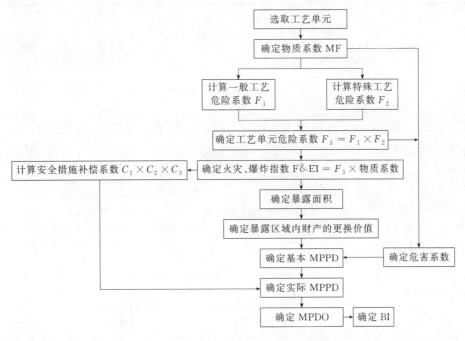

图 5-9 道化学火灾爆炸指数法评价程序

① 依照设计方案选择最适宜的工艺单元，它应在工艺上起关键作用，并可能对潜在火灾、爆炸危险具有重大影响。

② 确定每一工艺单元的物质系数（MF）。

③ 按照 F&EI 计算表（表 5-8），采用适当的系数值后完成一般工艺危险系数的计算。

④ 按照 F&EI 计算表（表 5-8），采用适当的系数值后完成特殊工艺危险系数的计算。

⑤ 用一般工艺危险系数和特殊工艺危险系数相乘，求出工艺单元危险系数。

⑥ 用工艺单元危险系数和物质系数的乘积确定火灾、爆炸危险指数（F&EI）。

⑦ 按暴露半径确定所评价工艺单元周围的暴露面积。

⑧ 确定在暴露区域内所有设备的更换价值，并列出设备单。

⑨ 根据 MF 和工艺单元危险系数（F_3），确定危害系数，危害系数表示损失暴露程度。

⑩ 由暴露面积与危害系数的乘积求出基本最大可能财产损失（基本 MPPD）。

⑪ 应用安全措施补偿系数于基本 MPPD，确定实际 MPPD。

⑫ 已知实际 MPPD，确定最大可能损失工作日（MPDO）。

⑬ 确定停产损失（BI）。

计算 F&EI 和进行风险分析汇总，需要下列资料。

① 准确的装置（生产单元）设计方案。

② 工艺流程图。

③ 火灾、爆炸指数危险度分级指南（第七版）。

④ 火灾、爆炸指数计算表（第七版）（表 5-8）。

⑤ 安全措施补偿系数表（第七版）（表 5-9～表 5-11）。

⑥ 工艺单元风险分析汇总表（第七版）（表 5-12）。

⑦ 生产单元风险分析汇总表（第七版）（表 5-13）。

⑧ 有关装置的更换费用数据。

表 5-8　火灾、爆炸指数（F&EI 表）

地区/国家：	部门：		场所：		日期：	
位置：	生产单元：				工艺单元：	
评价人：	审定人（负责人）：				建筑物：	
检查人（管理部）：	检查人（技术中心）：				检查人（安全和损失预防）：	
工艺设备中的物料：						
操作状态：开车、正常操作、停车			确定 MF 的物质			
物质系数（当单元温度超过 60℃ 时则注明）						
①一般工艺危险			危险系数范围		采用危险系数	
基本系数			1.00		1.00	
a)放热化学反应			0.3～1.25			
b)吸热反应			0.2～0.4			
c)物料处理与输送			0.25～1.05			
d)密闭式或室内工艺单元			0.25～0.9			
e)通道			0.2～0.35			
f)排放和泄漏控制			0.25～0.5			
一般工艺危险系数（F_1）						
②特殊工艺危险						
基本系数			1.00		1.00	
a)毒性物质			0.2～0.8			
b)负压（<500mmHg①）						
c)易燃范围内及接近易燃范围的操作（惰性化、未惰性化）						
(a)罐装易燃液体			0.5			
(b)过程失常或吹扫故障			0.3			
(c)一直在燃烧范围内			0.8			
d)粉尘爆炸			0.25～2			
e)压力						
操作压力（绝对压）/kPa						
释放压力（绝对压）/kPa						
f)低温			0.2～0.3			
g)易燃及不稳定物质的重量						
物质重量/kg						
物质燃烧热 H_c/(J/kg)						

(a)工艺中的液体及气体		
(b)储存中的液体及气体		
(c)贮存中的可燃固体及工艺中的粉尘		
h)腐蚀与磨蚀	0.1~0.75	
i)泄漏(接头和填料)	0.1~1.5	
j)使用明火设备		
k)热油热交换系统	0.15~1.15	
l)转动设备	0.5	
特殊工艺危险系数(F_2)		
工艺单元危险系数($F_1 \times F_2 = F_3$)		
火灾、爆炸指数($F_3 \times MF = F\&EI$)		

① 1mmHg=133.3224Pa。

注：无危险时系数用 0.00。

安全措施补偿系数见表 5-9、表 5-10、表 5-11，安全措施补偿系数 $= C_1 \times C_2 \times C_3$。

表 5-9　工艺控制安全补偿系数（C_1）

项目	补偿系数范围	采用补偿系数	项目	补偿系数范围	采用补偿系数
应急电源	0.98		惰性气体保护	0.94~0.96	
冷却装置	0.97~0.99		操作规程/程序	0.91~0.99	
抑爆装置	0.84~0.98		化学活泼物质检查	0.91~0.98	
紧急切断装置	0.96~0.99		其他工艺危险分析	0.91~0.98	
计算机控制	0.93~0.99				

表 5-10　物质隔离安全补偿系数（C_2）

项目	补偿系数范围	采用补偿系数	项目	补偿系数范围	采用补偿系数
遥控阀	0.96~0.98		排放系统	0.91~0.97	
卸料/排空装置	0.96~0.98		联锁装置	0.98	

表 5-11　防火设施安全补偿系数（C_3）

项目	补偿系数范围	采用补偿系数	项目	补偿系数范围	采用补偿系数
泄漏检测装置	0.94~0.98		水幕	0.97~0.98	
结构钢	0.95~0.98		泡沫灭火装置	0.92~0.97	
消防水供应系统	0.94~0.97		手提式灭火器材/喷水枪	0.93~0.98	
特殊灭火系统	0.91		电缆防护	0.94~0.98	
洒水灭火系统	0.74~0.97				

表 5-12　工艺单元危险分析汇总

项目	获得数值	单位
火灾、爆炸指数(F&EI)		
暴露半径		m
暴露面积		m²
暴露区内财产价值		百万元
危害系数		
基本最大可能财产损失(基本 MPPD)		百万元
安全措施补偿系数		
实际最大可能财产损失(实际 MPPD)		百万元
最大可能停工天数(MPDO)		
停产损失(BI)		百万元

注：无安全补偿系数时，填入 1.00。

表 5-13 生产单元风险分析汇总

地区/国家:			部门:			场所:	
位置:			生产单元:			操作类型:	
评价人:			生产单元总替换价值:			日期:	
工艺单元主要物质	物质系数	火灾爆炸指数 F&EI	影响区内财产价值/百万元	基本 MPPD /百万元	实际 MPPD /百万元	停工天数 MPDO	停产损失 BI /百万元

5.3.3 工艺单元的选择

火灾、爆炸指数是用来评估特定工艺过程最大潜在损失范围的一种工具,可使人们预测事故可能导致的实际危害和停产损失。

为了计算火灾、爆炸指数,首先要用一个有效而又合乎逻辑的程序来确定装置中的哪些单元需要研究。工艺单元被定义为工艺装置的任意一个主要单元,如在氯乙烯单体或二氯乙烯工厂的加热炉或急冷区中可以划分为如下工艺单元:二氯乙烯预热器、二氯乙烯蒸发器、加热炉、冷却塔、二氯乙烯吸收器和脱焦槽。

工艺单元的名称也必须填入 F&EI 计算表的相应位置,生产单元的名称也必须填入 F&EI 计算表中。生产单元是包括化学工艺、机械加工、仓库、包装线等在内的整个生产设施。

生产单元可以是一个乳胶厂、合成厂。乳胶厂的工艺区域可分为下列工艺单元:原料储存罐、工艺流体储存罐、水液罐、反应器供料泵、反应器、汽提塔、回收罐。仓库也可作为一个单元,物料储存于防火墙区域内或整个储存区不设防火墙者,可作为一个单元。

显然,大多数生产单元都包括许多工艺单元,但在计算火灾、爆炸指数时,只评价那些从损失预防角度来看对工艺有影响的工艺单元,这些单元称之为恰当工艺单元,简称工艺单元。

选择恰当工艺单元的重要参数如下。
① 潜在化学能(物质系数)。
② 工艺单元中危险物质的数量。
③ 如资金密度(元/m²)。
④ 操作压力和操作温度。
⑤ 导致火灾、爆炸事故的历史资料。
⑥ 对装置操作起关键作用的单元,如热氧化器。

一般情况下,这些参数的数值越大,该工艺单元就越需要评价。

工艺区或工艺区附近的个别设备、关键设备或单机设备一旦遭受破坏,就可能导致停产数日,即使是极小的火灾、爆炸,也可能因停产而造成重大损失。因而,关键设备的损失则成为选择恰当工艺单元的一个重要因素。

评价工艺单元的选择没有硬性规定,在决定哪些设备具有最大潜在火灾、爆炸危险时,可以请教技术中心、有经验的设备工程师、工艺安全和损失预防专家或其他有工艺经验的人。在选择时需考虑内容如下。

① 火灾、爆炸指数体系是假定工艺单元中所处理的易燃、可燃或化学活泼物质的最低量为 2268kg 或 2.27m³。如果单元内物料量较少,则评价结果就会夸大其危险性。通常,对于小规模实验工厂而言,所处理的易燃或化学活泼物质的量至少为 454kg 或 0.454m³ 时,评价结果才有意义。

② 当设备串联布置且相互间未有效隔离时,需仔细考虑单元的划分。例如,在一连串

反应装置间没有中间泵，在这种情况下，要根据工艺类型来确定是取一系列设备作为一个工艺单元，还是仅取单个设备作为一个单元。

在聚苯乙烯生产过程中，主要危险是来自第一级反应器中尚未反应的物料，此时采用闪蒸罐真空操作危险系数是不合理的，它只影响第三或第四级，它们在工艺过程中同时起危害作用是不可能的，合理的做法是区分为两个独立的单元，分别对其进行评价。

一个生产单元的单独操作区极少被分成三个或四个以上的工艺单元来计算 F&EI 值。工艺单元数依据工艺类型和生产单元的配置决定。每一个评价工艺单元都要分别完成其 F&EI 计算表，各计算结果也必须填入生产单元危险分析汇总表。

③ 仔细考虑操作状态和操作时间也很重要，根据其特点，通常可分为开车、正常生产、停车、装料、卸料、添加触媒等。在不同的生产阶段均可能产生异常状况，对 F&EI 有影响，经过仔细判别后，通常可以选择一个操作阶段来计算 F&EI，但有时必须研究几个阶段来确定重大危险。

5.3.4　确定物质系数

物质系数（MF）是进行火灾和爆炸指标计算和风险评估的基本参数之一，用于描述物质在燃烧或化学反应过程中可能释放的能量大小。物质系数的计算需要考虑物质的可燃性和化学活性（稳定性），其计算方法参考了美国消防协会（NFPA）的相关标准。具体的物质系数求取见表5-14。物质系数是评估化学品和材料安全性的重要指标之一，可用于制定火灾和爆炸防范措施，以及设计防护设备和施工方案。

表 5-14　物质系数求取表

液体气体的易燃性或可燃性	NFPA 325M 或 49	反应性或不稳定性				
		$N_R=0$	$N_R=1$	$N_R=2$	$N_R=3$	$N_R=4$
不燃物	$N_F=0$	1	14	24	29	40
F.P＞93.3℃	$N_F=1$	4	14	24	29	40
37.8℃＜F.P≤93.3℃	$N_F=2$	10	14	24	29	40
22.8℃≤F.P≤37.8℃ 并且 B.P≥37.8℃	$N_F=3$	16	16	24	29	40
F.P＜22.8℃ 并且 B.P＜37.8℃	$N_F=4$	21	21	24	29	40
可燃性粉尘或烟雾						
S_t-1(K_{st}≤200bar·m/s)		16	16	24	29	40
S_t-2(K_{st}=201~300bar·m/s)		21	21	24	29	40
S_t-3(K_{st}＞300bar·m/s)		24	24	24	29	40
可燃性固体						
厚度＞40mm 紧密的	$N_F=1$	4	14	24	29	40
厚度＜40mm 疏松的	$N_F=2$	10	14	24	29	40
泡沫、塑料、纤维、粉状物等	$N_F=3$	16	16	24	29	40

注：F.P 表示闪点；B.P 表示沸点；S_t 表示粉尘等级；K_{st} 表示粉尘爆炸指数，代表了粉尘的爆炸性能的大小，是粉尘爆炸最大压力上升速率和容积体积归一化处理后的结果。

物质系数的计算过程一般先确定物质的可燃性和化学活性指标，然后将两者进行综合考虑得出物质系数。可燃性指标一般包括闪点、自燃温度、爆炸极限等参数，化学活性指标则包括物质的不稳定性、反应速率等参数。通过对物质系数的计算，可以快速评估物质的危险性，为防范可能出现的爆炸和火灾提供科学依据。在实际应用中，针对不同的化学品和工艺条件，需要选取合适的物质系数计算方法，并参考相关标准和规范进行分析。同时，还需要注意物质系数的不确定性和局限性，在进行安全评估和风险控制时需要综合考虑其他因素的影响。

第**5**章　系统安全评价

149

确定了适当的物质系数之后，下一步是计算工艺单元危险系数（F_3），F_3 与 MF 相乘就可得到 F&EI。

确定工艺单元危险系数的数值，首先要确定 F&EI 表中的一般工艺危险系数和特殊工艺危险系数，构成工艺危险系数的每一项都可能引起火灾或爆炸事故的扩大或升级。

5.3.5 一般工艺危险性

一般工艺危险是确定事故损害大小的主要因素。

此处列出的六项内容适用于大多数作业场合，也许不必每项系数都采用，但是它们在火灾、爆炸事故中所起的巨大作用已被证实。因此，仔细分析工艺单元是最重要的。

① 放热化学反应。
② 吸热反应。
③ 物料处理与输送。
④ 封闭单元或室内单元。
⑤ 通道。
⑥ 排放和泄漏控制。

欲切实地评估工艺单元暴露危险，要把待分析的工艺单元的特定物质系数与在最危险运行条件下的一般工艺危险修正系数结合在一起使用。

5.3.6 特殊工艺危险性

特殊工艺危险是影响事故发生概率的主要因素，特定的工艺条件是导致火灾、爆炸事故的主要原因。特殊工艺危险有如下所列 12 项。

① 毒性物质。
② 负压操作。
③ 燃烧范围或其附近的操作。
④ 粉尘爆炸。
⑤ 释放压力。
⑥ 低温。
⑦ 易燃和不稳定物质的数量。
⑧ 腐蚀。
⑨ 泄漏（连接头和填料处）。
⑩ 明火设备的使用。
⑪ 热油交换系统。
⑫ 转动设备。

释放压力：当释放压力（表压）小于 6895kPa 时，危险系数由式(5-4)求得，当释放压力（表压）大于 6895kPa 时，危险系数由表 5-15 获得。

$$Y = 0.16109 + 1.61503 \times (X/1000) - 1.42879 \times (X/1000)^2 + 0.5172 \times (X/1000)^3 \quad (5\text{-}4)$$

式中，Y 为危险系数值；X 为压力值，lbf/in^2（$1lbf/in^2 = 6.895kPa$）。

工艺单元中易燃和不稳定物质的数量，计算方法见式(5-5)。

$$\lg Y = 0.17179 + 0.42998 \times (\lg X) - 0.37244 \times (\lg X)^2 + 0.17712 \times (\lg X)^3 - 0.029984 \times (\lg X)^4$$

$$(5\text{-}5)$$

式中，Y 为危险系数值；X 为工艺单元中过程总能量，10^9。

安/全/系/统/工/程

表 5-15 易燃可燃液体的压力危险系数

释放压力（表压）/kPa	危险系数	释放压力（表压）/kPa	危险系数
6896～10342	0.86	17238～20684	0.98
10343～13789	0.92	20685～68590	1.00
13790～17237	0.96	≥68591	1.50

5.3.7 工艺单元危险系数的确定

单元危险系数（F_3）是一般工艺危险系数（F_1）和特殊工艺危险系数（F_2）的乘积，之所以采用乘积而不用和，是因为一般工艺危险系数 F_1 和特殊工艺危险系数 F_2 中的有关危险因素相互合成的效应。

单元危险系数（F_3）的正常值范围为 1～8，它被用来确定 F&EI 值以及计算危害系数。

针对各工艺危险正确地确定危险系数后，F_3 的值一般不会超过 8，如果 F_3 的值大于 8，也按最大值 8 计算。单元危险系数填入火灾、爆炸指数计算表中的相应栏目中。

计算工艺单元危险系数（F_3）中的各项系数时，应选择物质在工艺单元中所处的最危险状态，可以考虑的操作状态有开车、连续操作和停车。

严谨的定义是防止对过程中的危险进行重复计算，因为在确定物质系数时已选取了单元中最危险的物质，并据此进行火灾、爆炸分析，实际上肯定将是最坏情况，即已考虑到实际上可能发生的最坏状况。

计算 F&EI 时，一次只评价一种危险。如果 MF 是按照工艺单元中的易燃液体来确定的，就不要选择与可燃性粉尘有关的系数，纵然粉尘可能存在于过程的另一段时间内，合理的计算方法为：先用易燃液体的物质系数进行评价，然后再用可燃性粉尘的物质系数进行评价，只有导致最高 F&EI 和实际最大可能财产损失的计算结果才需要报告。

一个重要例外是混杂物，如果某种混杂在一起的混合物被作为最危险物质的代表，则计算工艺单元危险系数时，可燃粉尘和易燃蒸气的系数都要考虑。

在 F&EI 计算表中有些项已有了固定系数值，切记：一次只分析一种危险，使分析结果与特定的最危险状况（如开车、正常操作或停车）相对应，始终把焦点放在工艺单元和选出进行分析的物质系数上，并记住只有恰当地对每项系数进行评估，其最终结果才是有效的。

5.3.8 火灾、爆炸危险指数的计算

火灾、爆炸危险指数被用来估计生产过程中的事故可能造成的破坏。各种危险因素如反应类型、操作温度、压力和可燃物的数量等表征了事故发生概率、可燃物的潜能以及由工艺控制故障、设备故障、振动或应力疲劳等导致的潜能释放的大小。

根据直接原因，易燃物泄漏并点燃后引起的火灾或燃料混合物爆炸的破坏情况分为以下几类。

① 冲击波或燃爆。

② 初始泄漏引起的火灾暴露。

③ 容器爆炸引起的对管道与设备的撞击。

④ 引起二次事故——其他可燃物的释放。

随着单元危险系数和物质系数的增大，二次事故变得愈加严重。

火灾、爆炸危险指数（F&EI）是单元危险系数（F_3）和物质系数（MF）的乘积。它与后面的暴露半径有关。

表 5-16 是 F&EI 与危险程度之间的关系，它使人们对火灾、爆炸的严重程度有一个相

対的认识。

表5-16　F&EI 及危险等级

F&EI 值	危险等级	F&EI 值	危险等级
1～60	最轻	128～158	很大
61～96	较轻	≥159	非常大
97～127	中等		

F&EI 被汇总记入火灾、爆炸指数计算表中。建议保存有关 F&EI 的计算和文件，以备日后检查和校对。

5.3.9　确定暴露半径和暴露区域

(1) 暴露半径

对已计算出来的 F&EI，乘以 0.26 转换成暴露半径，单位是 m。暴露半径表明了生产单元危险区域的平面分布，它是一个以工艺设备的关键部位为中心，以暴露半径为半径的圆。每一个被评价的生产单元都可画出这样一个圆。暴露半径的值填入工艺单元危险分析汇总表的第 2 行。

如果被评价工艺单元是一个小设备，就可以该设备的中心为圆心，以暴露半径为半径画圆。如果设备较大，则应从设备表面向外量取暴露半径。暴露区域加上评价单元的面积才是实际暴露区域的面积。在实际情况下，暴露区域的中心常常是泄漏点，经常发生泄漏的点是排气口、膨胀节和装卸料连接处等部位，它们均可作为暴露区域的圆心。

(2) 暴露区域

暴露半径决定了暴露区域的大小。按下式计算暴露区域。

$$暴露区域面积 = \pi R^2$$

暴露区域的数值填入工艺单元危险分析汇总表的第 3 行。

暴露区域意味着其内的设备将会暴露在本单元发生的火灾或爆炸环境中。为了评价这些设备在火灾、爆炸中遭受的损坏，要考虑实际影响的体积。该体积是一个围绕着工艺单元的圆柱体的体积，其面积是暴露区域，高度相当于暴露半径。有时用球体的体积来表示也是合理的，该体积表征了发生火灾、爆炸事故时生产单元所承受风险的大小。

众所周知，火灾、爆炸的蔓延并不是一个理想的圆，故不会对所有方向造成同等的破坏。实际破坏情况受设备位置、风向及排放装置情况的影响，这些都是影响损失预防设计的重要因素。不管怎样，圆提供了赖以计算的基本依据。

在早期的 F&EI 研究中，计算暴露半径时要考虑各种易燃物泄漏量达 8cm 深时可能造成的后果以及爆炸性气体混合物和火灾的影响，同时还要考虑不同环境的状况。

如果暴露区域内有建筑物，但该建筑物的墙耐火或防爆或二者兼而有之，此时该建筑物没有危险，因而不应计入暴露区域内。如果暴露区域内设有防火墙或防爆墙，则墙后的面积也不算作暴露面积。

如果物料储存在仓库或其他建筑物内，基于上述理由可以得到如下结论：处于危险状态的仅是建筑物本身的容积，可能的危险是燃烧而不是爆炸，建筑物的墙和顶棚应不能传播火焰。假若这个建筑物不耐火或至少由可燃物建造，则影响区域就延伸到墙壁之外。

另外还要考虑以下几方面。

① 包含评价单元的单层建筑物的全部面积可以看作是暴露区域，除非它用耐火墙分隔成几个独立的部分。如果有爆炸危险，即使各部分用防火墙隔开，整个建筑面积都要看成是暴露区域。

② 多层建筑具有耐火楼板时，其暴露区域按楼层划分。

③ 如果火源在建筑物的外部，则防火墙具有良好的防止建筑物暴露于火灾危害中的作用。但若有爆炸危险，它就丧失了隔离功能。

④ 防爆墙可以看作是暴露区域的界限。

【例5-4】已知单元A，单元危险系数＝4.0，物质系数＝16，危害系数＝0.45，F&EI＝64，暴露半径＝16.4m，暴露区域＝845m²。单元B，单元危险系数＝4.0，物质系数＝24，危害系数＝0.74，F&EI＝96，暴露半径＝24.6m，暴露区域＝1901m²。基于以上两例对F&EI最终评价结果进行比较分析。

答：虽然上述两个单元的单元危险系数均为4.0，但其最终的可能损失还必须考虑所处理物料的危险性。单元A的情况表明周围845m²的区域将有45％遭到破坏，而单元B的情况则表明周围1901m²的区域将有75％遭受破坏。如果单元B的危险系数是2.7而不是4.0，则它和单元A具有相同的F&EI值（64），可是单元B的危害系数将变为0.65（根据物质系数24来确定），而单元A的危害系数为0.45（根据物质系数16而确定）。

5.3.10　确定总损失

（1）暴露区域内财产价值

暴露区域内财产价值可由区域内含有的财产（包括在其中储存的物料）的更换价值来确定：

$$更换价值＝原来成本×0.82×增长系数$$

上式中的系数0.82考虑到事故发生时有些成本不会遭受损失或无需更换，如场地平整、道路、地下管线和地基、工程等，如能作更精确的计算，这个系数可以改变。

增长系数由工程预算专家确定，他们掌握着最新的公认数据。

暴露区域内财产价值填入工艺单元危险分析汇总表中第4行及生产单元危险分析汇总表中。

更换价值可按以下几种方法计算。

① 采用暴露区域内设备的更换价值。现行价值可按上述原则确定，在理想情况下，会计的统计资料可提供这些信息。

注意：会计统计中可能有保险金额或实际的现金值，它是从现行的更换价值算出的。当赔偿金额是按保险值来确定时，估计风险的最好办法是依据现行的更换价值。

② 用现行的工程成本来估算暴露区域内所有财产的更换价值（地基和其他一些不会遭受损失的项目除外）。这几乎像估算一个新装置那样费时。为简化起见，可只用主要设备的成本来估算，然后用工程预算安装系数核定安装费用。工艺技术中心可以提供已有装置和新建装置的最新成本数据。

③ 从整个装置的更换价值推算每平方米的设备费，再用暴露区域的面积与之相乘就可得到更换价值。这种方法的精确度可能最差，但对老厂最实用。

计算暴露区域内财产的更换价值时，必须采用在存物料的价值及设备价值。对于储罐的物料量可按其容量的80％计算；对于塔器、泵、反应器等采用在存量或与之相连的物料储罐的物料量。不论其量是否偏小，亦可用15分钟物流量或其有效容积。

物料的价值要根据制造成本、可销售产品的销售价及废料的损失等来确定。暴露区域内所有的物料都要包括在内。

注意：当一个暴露区域包含另一暴露区域的一部分时，不能重复计算。

（2）危害系数的确定

危害系数是由单元危险系数（F_3）和物质系数（MF）确定的，它代表了单元中物料泄漏或反应能量释放所引起的火灾、爆炸事故的综合效应。确定危害系数时，如果F_3数值超过 8.0，则按 $F_3=8.0$ 来确定危害系数。

随着物质系数（MF）和单元危险系数（F_3）的增加，单元危害系数从 0.01 增至 1.0。危害系数在工艺单元危险分析汇总表的第 5 行。

依据《火灾爆炸危险指数评估法》（第七版）（简称《道七版》），由式(5-6) 得危害系数为

$$Y=0.340314+0.076531X+0.003921X^2-0.00073X^3 \tag{5-6}$$

式中，Y 为危害系数值；X 为危险系数值。

式(5-6) 是物质系数为 21 时的危害系数计算公式。

（3）基本最大可能财产损失（base MPPD）

确定了暴露区域、暴露区域内财产和危害系数之后，有必要计算按理论推断的暴露面积（实质上是暴露体积）内有关设备财产价值的数据。暴露面积代表了基本最大可能财产损失（base MPPD）。基本最大可能财产损失是由工艺单元危险分析汇总表中的第 4 行和第 5 行的数据相乘得到的。基本最大可能财产损失根据许多年来开展损失预防积累的数据来确定。基本最大可能财产损失填入工艺单元危险分析汇总表的第 6 行和生产单元危险分析汇总表中。基本最大可能财产损失假定没有任何一种安全措施来降低损失。

（4）安全措施补偿系数

安全措施补偿系数是若干项目的乘积，填入单元危险分析汇总表的第 7 行。有关的具体内容在前面已经说明。

建造任何一个化工装置（或化工厂）时，应该考虑一些基本设计要点，要符合各种规范，如建筑规范和美国机械工程师学会（ASME）、美国消防协会（NFPA）、美国材料试验学会（ASTM）、美国国家标准所（ANSI）的规范以及地方政府的要求。

除了这些基本的设计要求之外，根据经验提出的安全措施也证明是有效的。它不仅能预防严重事故的发生，也能降低事故的发生概率和危害。安全措施可以分为以下三类：C_1 工艺控制、C_2 物质隔离、C_3 防火措施。

安全措施补偿系数按下列程序进行计算并汇总于安全措施补偿系数表中。

① 直接把合适的系数填入该安全措施的右边。

② 没有采取的安全措施，系数记为 1。

③ 每一类安全措施的补偿系数是该类别中所有选取系数的乘积。

④ 计算 $C_1 \times C_2 \times C_3$ 便得到总补偿系数。

⑤ 将补偿系数填入单元危险分析汇总表中的第 7 行。

所选择的安全措施应能切实地减少或控制评价单元的危险，选择安全措施以提高安全可靠性不是该方法的最终结果，最终结果是确定损失减少的金额或使最大可能财产损失降至一个更为实际的数值。

（5）实际最大可能财产损失（actual MPPD）

基本最大可能财产损失与安全措施补偿系数的乘积就是实际最大可能财产损失（actual MPPD），它表示在采取适当（但不完全理想）防护措施后事故造成的财产损失。如果这些防护装置出现故障，其损失值应接近于基本最大可能财产损失。

实际最大可能财产损失填入工艺单元危险分析总表的第 8 行和生产单元危险分析汇总表相应的栏目中。

（6）最大可能工作日损失（MPDO）

正如在引言中所说，估算最大可能工作日损失（MPDO）是评价停产损失（BI）必须经过的一个步骤。停产损失常常等于或超过财产损失，这取决于物料储量和产品的需求状况。一些不同的情况可以导致最大可能工作日损失（MPDO）与财产损失的关系发生变化。例如以下几种情况。

① 修理电缆支架上损坏的电缆所花费的时间与修理或更换小电动机、泵及仪表的时间差不多，但其财产损失要小得多。

② 关键原料供应管的故障（如盐水管、碳氢化合物输送管等）的财产损失小，但最大可能工作日损失大。

③ 需更换部件或是单机系统难以买到，对停工天数有影响，会拖延修复日期。

④ 需要从遥远的生产厂家购置损失的产品。

⑤ 工厂之间的依赖关系，由于原材料生产厂的问题而导致材料供应困难，使收益和连续成本受到损失。

为了求得 MPDO，必须首先确定 MPPD，然后根据下述公式计算 MPDO。

MPPD（X）与停工日（Y）之间的方程式如下。

上限 70% 的方程式为：

$$\lg Y = 1.550233 + 0.598416 \times \lg X \tag{5-7}$$

正常值的方程式为：

$$\lg Y = 1.325132 + 0.592471 \times \lg X \tag{5-8}$$

下限 70% 的方程式为：

$$\lg Y = 1.045515 + 0.610426 \times \lg X \tag{5-9}$$

根据以往火灾、爆炸事故得到的数据，也为确定危害系数提供了基础。对数据做大量的推演，MPDO 与 MPPD 之间的关系是不够精确的。在许多情况下，人们可直接从正常值的方程式计算出 MPDO。值得注意的是在确定 MPDO 时要做恰当的判断，如果不能做出精确的判断，MPDO 的值可能在 70% 上下范围内波动。可是，如有确凿的证据，MPDO 的值也可远远偏离 70%，如果根据供应时间和工程进度较精确地确定停产日期，就可采用它而不用按照方程式来加以确定。

有些情况下，MPDO 值可能与通常的情况不尽符合。如压缩机的关键部件可能有备品，备用泵和整流器也有储备。在这种情况下利用下限 70% 的方程式来计算 MPDO 是合理的。反之，部件采购困难或单机系统时，一般就要利用上限 70% 的方程式来计算 MPDO。换言之，专门的火灾、爆炸后果分析可用来代替上述方程式以确定 MPDO。

（7）停产损失（BI）

按人民币计，停产损失（BI）按下式计算：

$$BI = (MPDO/30) \times VPM \times 0.7 \times 7.2 \tag{5-10}$$

式中，VPM 代表每月产值；0.7 代表固定成本和利润。

停产损失（BI）填入工艺单元危险分析汇总表的第 10 行及生产单元危险分析汇总表中。

（8）关于最大可能财产损失、停产损失

可以接受的最大可能财产损失和停产损失的风险值有多大？这是一个不容易回答的问题，它取决于不同的工厂类型。例如，烃类加工厂的潜在损失总是要超过泡沫聚苯乙烯工厂。分析的办法是与技术领域类似的工厂进行比较。一个新装置的损失风险预测值不应超过具有同样技术的类似工厂。

另外一个问题是市场情况及一旦一个生产厂停产，其产品供应情况如何。如若许多厂生产同一种产品，则其停产损失最小。如果损坏的工厂是某种产品的唯一生产厂家，因而市场应很脆弱，这时遭受的潜在损失就很大。

如果发生重大的财产损失事故，关键的单元操作如废物处理、热氧化等也对停产损失有较大影响。

如果最大可能损失是不可接受的，重要的是应该或可能采取哪些措施来降低它。

① 风险分析应在重大新建项目的设计阶段进行，这就提供了一个采取措施减少 MPPD

的好机会。达到上述目的的最有效的方法是改变平面布置、增大间距以及减少暴露区域内的总投资。在一些情况下，物料的存量是影响F&EI的主要因素，这时利用物料的存量可能是最容易而又有效的。针对具体情况，还可能用到其他一些行之有效的措施。显而易见，采取消除或减少危害预防措施比增加更多的安全措施对最大可能财产损失有更有效的影响。

② 对现有生产装置进行检查时，改变平面布置或物料的存量在经济上是很难接受的，明显减少MPPD有一定的限度，所以重点就应该放在增加安全措施上。

（9）工厂平面布置的讨论

火灾、爆炸指数（F&EI）评价在规划新厂的平面布置或在现有生产装置增加设备和构筑物时是非常有用的。F&EI分析与损失预防原则结合，能确保工艺单元和重要的建筑物、设备之间有合适的间距。F&EI数值越大，装置之间的间距就越小。

另外，能将F&EI分析反复应用于初步方案设计阶段，以评价相邻建筑物和设备之间火灾、爆炸的潜在影响。假若分析结果表明风险不能接受，则应增大间距或采取更为先进的工程措施并估计其后果。评价F&EI并在平面布置上采取措施将导致设备与建筑物的安全、易于维修、方便操作和成本效益兼顾。

拓展阅读 5-2

道化学火灾爆炸指数评价法拓展应用案例

5.4　蒙德法

Dow化学公司火灾、爆炸危险指数评价方法问世后，各国均在其基础上提出了不同的风险评价方法，其中，英国帝国化学公司（ICI）Mond分部在Dow化学公司安全评价法的基础上，提出了一个更加全面、更加系统的安全评价法，称为Mond火灾、爆炸及毒性指数评价法，中文简称蒙德法。

Mond火灾、爆炸及毒性指数评价法与Dow化学公司火灾、爆炸指数评价法的原理相同，都以物质系数为基础。这种方法在考虑对系统安全的影响因素时更加全面、更加注意系统性，该方法既肯定了Dow化学公司火灾、爆炸危险指数评价法，又在其评价的基础上做了重要的改进和补充，主要是引进了毒性的概念和计算，推广到包括物质毒性在内的火灾爆炸、毒性指标的初步计算，再进行安全对策措施加以补偿的最终评价，从而增加了评价的深度，被公认为一种特别适合化工装置的火灾、爆炸及毒性危险程度评价方法。Mond火灾、爆炸及毒性指数评价法在改进工艺以后，根据反馈的信息进行危险性指数的修正突出了该方法的动态特性。该方法与Dow化学公司火灾、爆炸危险指数评价法相比较，改进、扩充的内容主要有以下几点。

① 引进了毒性的概念，将Dow化学公司的火灾、爆炸指数扩展到包括物质毒性在内的火灾、爆炸、毒性指标的评价，使表示装置潜在危险性的风险评价更加切合实际。

② 发展了某些补偿系数，对装置现实危险性水平进行再评价，从而使预测评价定量化

更具有实用意义。

③ 可对较广范围的工程及设备进行研究。

④ 包括了具有爆炸性的化学物质的使用管理。

⑤ 根据对事故案例的研究，考虑了对危险度有相当影响的几种特殊工艺类型的危险性。

5.4.1 蒙德法评价程序

使用蒙德法进行评价时，首先应将装置划分为不同类型的单元，其目的是便于对不同装置单元的危险性进行辨识与分析，重点分析其中的最危险单元。评价单元是有一定间距，用防火墙、防护堤等隔开的装置的一个独立部分，在选择装置的部分作为单元时，要注意邻近的其他单元的特征及是否存在有不同的特别工艺和有危险性物质的区域。把各工程储存和输送操作与其他操作分别开来进行评价，在不增加危险性潜能的情况下，常把具有类似危险性潜能的单元也归并为一个比较大的单元。

装置中具有代表性的单元类型有原料储存区、供应区、反应区、产品蒸馏区、吸收或洗涤区、半成品储存区、产品储存区、运输装卸区、催化剂处理区、副产品处理区、废液处理区等。此外，还有过滤、干燥、固体处理、气体压缩等，合适时也可将装置划分为适当的单元。将装置划分为不同类型的单元，就能对不同装置单元的危险特性进行评价。

图 5-10 为蒙德法评价程序示意图。

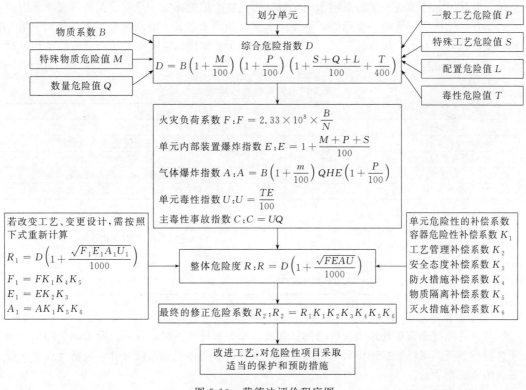

图 5-10　蒙德法评价程序图

5.4.2 单元危险性初期评价

单元危险性初期评价是在不考虑任何安全措施的基础上，评价装置单元危险性的大小，评价内容包括物质系数 B、特殊物质危险值 M、数量危险值 Q、一般工艺危险值 P、特殊工艺危险值 S、配置危险值 L、毒性危险值 T 等。

（1）物质系数 B

物质系数是用来表明物质在标准状态下的火灾、爆炸或释放能量危险性的大小。一般用物质的燃烧热或反应热的值表示。

对于一般可燃性物质，按标况下空气中的燃烧热计算其物质系数；对于不燃物质，由于其与氧气作用不会发生放热反应，规定其物质系数为 0.1；对于边缘可燃性物质，其物质系数由反应热计算；对可燃性固体、粉尘和加入不燃性稀释剂的可燃性物质混合物，其物质系数为 0.1；而对具有潜在的凝聚相爆炸或分解危险性的物质，要使用燃烧热、爆炸热或分解热中较大的数值计算物质系数。

单元内往往有原料、中间产品、产品、催化剂、溶剂等多种物质存在，选用不同的物质对单元的危险性进行评价，其评价结果是不相同的。因此，评价过程中要选择单元中以较多数量存在的危险性潜能较大的物质进行评价。如果单元中存在着一种以上的重要物质时，必须对各物质分别进行评价，而作为该单元危险性的代表，应选用最危险的一个作为最终评价的依据。

（2）特殊物质危险值 M

决定特殊物质危险性时，对重要物质的特殊性质、重要物质在单元内与催化剂等其他物质混合的情况要重新进行评价。要根据该单元内重要物质的数量，在火灾或可能出现火灾的条件下对其特定性质所产生的影响来决定特殊物质危险值的标准。危险值是所研究单元内主要物质在具体使用环境的一个函数，不能用孤立的性质来定义。由此可见，不同单元中某一物质危险值可强可弱，如单元不同，即使是同样的重要物质也需要对特殊物质危险值加以改变。特殊物质危险值 M 见表 5-17。

表 5-17　特殊物质危险值 M

特殊物质危险值	建议值/%	备注
氧化性物质	0～20	包括液氧、氯酸盐、硝酸盐、过硫酸盐、过氧化物等
与水反应产生可燃气体	0～30	包括电石、钠、镁、碱金属铵盐、氢化物等
混合及扩散特性	−60～60	
自热性	30～250	包括硫化铁、反应性金属、磷、某些有机过氧化物等
自聚合性	25～75	包括环氧乙烷、苯乙烯、丁二烯、氰氢酸等
着火敏感性	−75～150	
爆炸分解性	125	高压乙烯、气体的高浓度过氧化物、环氧乙烷蒸气等
气体的爆炸性	150	加压四氟乙烯、浓过氧化氢等
凝聚层爆炸性	200～1500	包括凝缩相发射药及爆轰性物质等
其他特性	0～150	
特殊物质危险值合计		

（3）数量危险值 Q

数量危险值是指在处理大量可燃性、着火性和分解性物质时，要乘以附加的危险值。单元内物质总量，可以根据物质质量直接计算，也可以根据体积和密度计算，包括评价单元设备内的全部物质量。

（4）一般工艺危险值 P

这类危险值与单元内进行的工艺及其操作的基本类型有关，指的是与所选取单元的工艺流程和单元操作有关的危险值，具体情况参见表 5-18。

安／全／系／统／工／程

表 5-18　一般工艺危险值 P

一般工艺危险值	建议值
仅物理变化	10%～50%
单一连续反应	25%～50%
单一不连续反应	在"单一连续反应"值的基础上再加 10%～60%
同一装置内重复反应	0～75%
物质移动	0～75%
可能输送的容器	10%～100%

（5）特殊工艺危险值 S

特殊工艺危险指的是由于高温、低温、高压、负压等操作或过程中存在腐蚀、聚合、疲劳、爆炸等危险，会使总体危险性增加，从而对评价单元产生特殊的危险。该项危险值在重要物质或基本工艺操作所评价的评分基础上，由工艺操作、储存、输送等特性决定。

特殊工艺危险包括：低压，高压，低温，高温，腐蚀和侵蚀的危险物，接头和填料的危险性，振动及循环负荷疲劳危险性以及基础或支持吊架的破损，难控制的工艺或反应，在燃烧极限附近操作，比平均爆炸危险性大的情况，粉尘或雾滴爆炸的危险性，使用强气相氧化剂的工艺，工艺着火的灵敏度，静电危险性，等等。

（6）配置危险值 L

布置装置时，如果考虑不周，往往会带来附加危险。此处讨论单元布置引起的危险所考虑的重要因素是大量可燃性物质在单元内存在的高度。从单元布置的观点考虑，首先必须规定单元的重要尺寸。单元的高度是指装置工艺单元和输送物料的配管顶部至地面的距离。在计算中，高度单位为 m，用符号 H 表示。配置危险值取值见表 5-19。

表 5-19　配置危险值 L

配置危险值	建议值/%	配置危险值	建议值/%
结构设计	0～200	地表排水沟	0～100
多米诺(连锁)效应	0～250	其他	0～250
地下设施	0～150	配置危险值合计	

工艺单元或者建筑物的布置互相接近时，一个单元发生事故，相邻单元有可能卷入，即发生多米诺效应。非常高的工艺单元更容易受到多米诺效应的影响，特别是小面积上的高单元。多米诺效应建议附加值见表 5-20。

表 5-20　多米诺效应建议附加值

单元高度	尺寸	附加值
20m 以上	≥20～30m	20
	≥30～40m	40
	≥40～60m	150
15m 以上 (高度为通常作业区域短边长的倍数)	≥3～5 倍	25
	≥5～8 倍	50
	≥8～12 倍	100
	12 倍以上	>120

其他情况下危险值见表 5-21。

（7）毒性危险值 T

毒性危险值是关于毒性危险性的相对评分及其对综合危险性评价的影响。物质毒性大小和作用特点直接决定其对健康的危害程度，一般受到毒性物质的理化特征、浓度、对该物质敏感性等因素的影响。下列各因素反映了物质毒性的影响。

表 5-21　其他情况下危险值

类别	危险值
占地面积 400m² 以上的工艺单元，若不满足时周围至少三面被宽 7m 以上的道路所包围	75
工艺单元的一部分，备有 12h 以上所使用的原料、中间体或者成品仓库	值依储藏量决定
备有 H（单位：小时）所使用的物料	$2 \times (H-12)$
工艺单元距离主控制室、办公室、工厂边界 10m 以内	50
工艺单元建筑在控制室、办公室上边或下边时	100

① TLV 值。TLV 值表示的是具有毒害性的蒸气、粉尘等物质的时间负荷值。确认单元中最危险的物质，根据 TLV 值最低，或者毒性危险性（如皮肤吸收的情况）最大，而又大量存在来确定，这种物质可能并不是单元中的重要物。TLV 值的系数按表 5-22 确定。

表 5-22　TLV 值的系数

TLV×10⁻⁶	<0.001	≥0.001~0.01	>0.01~0.1	>0.1~1	>1~10	>10~100	>100~1000	>1000~10000	>10000
系数	300	200	150	100	75	50	30	10	0

② 物质类型。单元中最危险物质的类型危险值见表 5-23，即使这种物质没有毒性也要进行评价。

表 5-23　物质类型危险值

类别	危险值
在正常工艺操作条件下，物质以液体或者液化气体存在	50
物质在低温条件下储藏	75
物质在工艺过程中，以微粒子状固体存在或者以粉尘状存在	200
物质对空气的相对密度为 1.3 以上，并以气相状态储存	25
无臭味，在它的毒性浓度下不易发觉时	200
其他情况	0

③ 短时间暴露。对 TLV，考虑相对于 15min 暴露的允许浓度，系数取值见表 5-24。毒性危害对长期健康有危害时，修正系数高；短期即可危害时，修正系数低。

表 5-24　短时间暴露系数

修正系数	1.25	>1.25~2	>2~5	>5~15	>15~100	>100
短时间暴露系数	150	100	50	20	0	-100

④ 皮肤吸收。毒性物质能够通过皮肤吸收时，需采用附加系数，取值范围为 0~300，且下限值与 TLV 值相同。

⑤ 物理因素。除以上因素外，还需考虑其他因素带来的附加威胁，如放射能、高温、紫外线、高真空等物理因素，会使暴露在毒性中的危害增大。视情况不同，毒性影响系数增加 0~50。

5.4.3　单元危险性整体评价

（1）ICI 综合危险指数的计算

将单元危险性初期评价所得的各种值填入单元危险性初期评价计算表，首先计算得到 ICI 综合危险指数 D：

$$D = B\left(1 + \frac{M}{100}\right)\left(1 + \frac{P}{100}\right)\left(1 + \frac{S+Q+L}{100} + \frac{T}{400}\right) \tag{5-11}$$

Dow/ICI 综合危险指数 D 的大小表示火灾、爆炸危险的潜能大小，其危险程度划分为 9 个等级，见表 5-25。

表 5-25　危险程度等级表

D	0~20	>20~40	>40~60	>60~75	>75~90	>90~115	>115~150	>150~200	>200
危险等级	缓和	轻度	中等	稍重	重	极端	非常极端	潜在灾难性	高度灾难性

（2）火灾潜在危险

火灾潜在危险使用火灾负荷系数 F 表示，以单位面积的燃烧热表示：

$$F = 2.33 \times 10^8 \times \frac{B}{N} \tag{5-12}$$

式中，F 表示火灾负荷系数，kJ/m^2；B 表示评价单元内重要物质的物质系数；N 表示单元作业面积，m^2。

表 5-26 为火灾负荷系数 F 的取值范围及火灾危险等级划分。

表 5-26　F 取值范围及火灾危险等级划分

火灾负荷系数/(kJ/m²)	火灾危险等级	预计火灾持续时间/h
>0~5.68×10⁵	轻	0.25~<0.5
>5.68×10⁵~11.36×10⁵	低	0.5~<1
>11.36×10⁵~22.71×10⁵	中等	1~<2
>22.71×10⁵~45.42×10⁵	高	2~<4
>45.42×10⁵~11.36×10⁶	非常高	4~<10
>11.36×10⁶~22.71×10⁶	强	10~<20
>22.71×10⁶~5.68×10⁷	极端	20~<50
>5.68×10⁷~11.36×10⁷	非常极端	50~100

（3）爆炸潜在危险

使用爆炸指数 E 衡量评价单元内部装置爆炸危险性的大小，计算公式为：

$$E = 1 + \frac{M+P+S}{100} \tag{5-13}$$

根据 E 的取值范围，可将爆炸危险划分为以下几个等级，见表 5-27。

表 5-27　E 取值范围及爆炸危险等级划分

E	0~1	>1~2.5	>2.5~4	>4~6	>6
危险等级	轻	低	中等	高	非常高

按 Dow/ICI 设置的综合危险指数范围的水准，火灾负荷范围有几种情况过分低，这就需要考虑改为爆炸危险性，具体情况可由计算求得。

（4）气体爆炸危险

使用气体爆炸指数 A 衡量外部气体环境发生爆炸的危险性，计算公式为：

$$A = B\left(1 + \frac{m}{100}\right)QHE\left(1 + \frac{P}{100}\right) \tag{5-14}$$

式中，B 表示评价单元内重要物质的物质系数；m 表示单元中重要物质的混合扩散系数；E 表示爆炸指数。

表 5-28 为气体爆炸指数 A 的取值范围及爆炸危险等级划分。

表 5-28　A 取值范围及爆炸危险等级划分

A	0~10	>10~30	>30~100	>100~500	>500
危险等级	轻	低	中等	高	非常高

（5）单元毒性危险

通过计算单元毒性指数 U 评价单元的毒性影响，单元毒性指数 U 的计算公式为：

$$U = \frac{TE}{100} \tag{5-15}$$

式中，T 表示毒性危险值；E 表示爆炸指数。

单元毒性指数 U 的取值范围及等级划分见表 5-29。

表 5-29　U 取值范围及毒性危险等级划分

U	0～1	>1～3	>3～5	>5～10	>10
危险等级	轻	低	中等	高	非常高

（6）主毒性事故指数

主毒性事故指数用 C 表示，为单元毒性指数 U 与数量危险值 Q 的乘积，计算公式为：

$$C = UQ \tag{5-16}$$

主毒性事故指数 C 的数值范围及等级划分见表 5-30。

表 5-30　C 取值范围及毒性危险等级划分

C	0～20	>20～50	>50～200	>200～500	>500
危险等级	轻	低	中等	高	非常高

（7）整体危险性评价

使用整体危险度 R 来评价单元的整体危险性，主要影响因素为 Dow/ICI 综合危险指数 D，同时考虑火灾潜在危险、爆炸潜在危险、气体爆炸危险以及单元毒性危险的影响，整体危险度 R 的计算公式为：

$$R = D\left(1 + \frac{\sqrt{FEAU}}{1000}\right) \tag{5-17}$$

式中，F 表示火灾负荷系数；E 表示爆炸指数；A 表示气体爆炸指数；U 表示单元毒性指数。

F、E、A、U 最小取值为 1。表 5-31 为整体危险度 R 的取值范围及危险等级划分。

表 5-31　整体危险度 R 的取值范围及危险等级划分

R	0～20	>20～100	>100～500	>500～1100	>1100～2500	>2500～12500	>12500～65000	>65000
危险等级	缓和	低	中等	高（Ⅰ类）	高（Ⅱ类）	非常高	极端	非常极端

5.4.4　单元危险性的补偿评价

单元初期危险性评价是在不考虑任何安全措施的基础上对装置单元危险性进行的安全评价，若整体危险度水平较高，超出可接受范围，则必须采取相应的安全措施降低事故危险，并针对所采取的措施对单元进行进一步的补偿评价。

采用蒙德法进行单元危险性补偿评价时，主要考虑以下几项补偿系数：容器危险性补偿系数 K_1、工艺管理补偿系数 K_2、安全态度补偿系数 K_3、防火措施补偿系数 K_4、物质隔离补偿系数 K_5、灭火措施补偿系数 K_6。

补偿后的火灾负荷系数、爆炸指数、气体爆炸指数和单元毒性指数分别为：

$$F_1 = FK_1K_4K_5 \tag{5-18}$$

$$E_1 = EK_2K_3 \tag{5-19}$$

$$A_1 = AK_1K_5K_6 \tag{5-20}$$

$$R_1 = D\left(1 + \frac{\sqrt{F_1E_1A_1U_1}}{1000}\right) \tag{5-21}$$

再考虑总危险性补偿系数 K 的影响，计算得到最终的修正危险系数 R_2 为：

$$R_2 = R_1 K = R_1 K_1 K_2 K_3 K_4 K_5 K_6 \qquad (5\text{-}22)$$

最后，分析补偿评价的结果，并在对评价结果进行分析的基础上，提出相应的安全对策，以供决策参考使用。

5.5 易燃易爆有毒重大危险源安全评价法

5.5.1 基本术语和定义

① 单元（unit）：涉及危险化学品的生产、储存装置、设施或场所，分为生产单元和储存单元。

② 临界量（threshold quantity）：某种或某类危险化学品构成重大危险源所规定的最小数量。

③ 危险化学品重大危险源（major hazard installations for hazardous chemicals）：长期地或临时地生产、储存、使用和经营危险化学品，且危险化学品的数量等于或超过临界量的单元。

④ 生产单元（production unit）：危险化学品的生产、加工及使用等的装置及设施，当装置及设施之间有切断阀时，以切断阀作为分隔界限划分为独立的单元。

⑤ 储存单元（storage unit）：用于储存危险化学品的储罐或仓库组成的相对独立的区域，储罐区以罐区防火堤为界限划分为独立的单元，仓库以独立库房（独立建筑物）为界限划分为独立的单元。

⑥ 混合物（mixture）：由两种或者多种物质组成的混合体或者溶液。

5.5.2 重大危险源的辨识指标

① 生产单元、储存单元内存在危险化学品的数量等于或超过临界量，即被定为重大危险源。单元内存在的危险化学品的数量根据危险化学品种类的多少区分为以下两种情况。

（a）生产单元、储存单元内存在的危险化学品为单一品种时，该危险化学品的数量即为单元内危险化学品的总量，若等于或超过相应的临界量，则定为重大危险源。

（b）生产单元、储存单元内存在的危险化学品为多品种时，按式(5-23)计算，若满足式(5-23)，则定为重大危险源。

$$S = \frac{q_1}{Q_1} + \frac{q_2}{Q_2} + \cdots + \frac{q_n}{Q_n} \geqslant 1 \qquad (5\text{-}23)$$

式中　　　S——辨识指标；

$q_1, q_2, \cdots, q_n$——每种危险化学品的实际存在量，t；

$Q_1, Q_2, \cdots, Q_n$——与每种危险化学品相对应的临界量，t。

② 危险化学品储罐以及其他容器、设备或仓储区的危险化学品的实际存在量按设计最大量确定。

③ 对于危险化学品混合物，如果混合物与其纯物质属于相同危险类别，则视混合物为纯物质，按混合物整体进行计算。如果混合物与其纯物质不属于相同危险类别，则应按新危险类别考虑其临界量。

④ 危险化学品重大危险源的辨识流程见图 5-11。

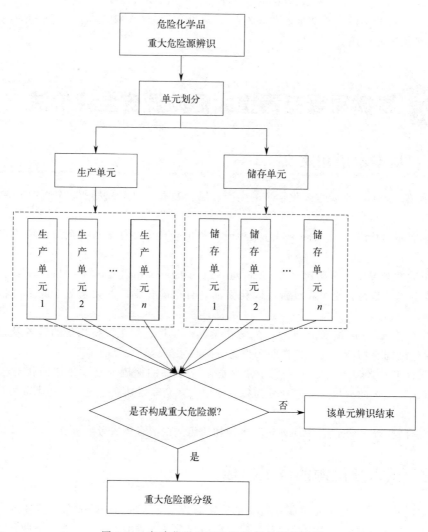

图 5-11　危险化学品重大危险源辨识流程图

5.5.3　重大危险源的分级

（1）重大危险源的分级指标

采用单元内各种危险化学品实际存在量与其相对应的临界量比值，经校正系数校正后的比值之和 R 作为分级指标。

（2）重大危险源分级指标的计算方法

重大危险源的分级指标按式（5-24）计算。

$$R=\alpha\left(\beta_1\,\frac{q_1}{Q_1}+\beta_2\,\frac{q_2}{Q_2}+\cdots+\beta_n\,\frac{q_n}{Q_n}\right) \tag{5-24}$$

式中，R 为重大危险源分级指标；α 为该危险化学品重大危险源厂区外暴露人员的校正系数；β_1，β_2，…，β_n 是与每种危险化学品相对应的校正系数；q_1，q_2，…，q_n 是每种危险化学品实际存在量，t；Q_1，Q_2，…，Q_n 是与每种危险化学品相对应的临界量，t。

根据单元内危险化学品的类别不同，设定校正系数 β 值。在表 5-32 范围内的危险化学品，其 β 值按表 5-32 确定；未在表 5-32 范围内的危险化学品，其 β 值按表 5-33 确定。

表 5-32　毒性气体校正系数 β 取值表

名称	校正系数 β	名称	校正系数 β
一氧化碳	2	硫化氢	5
二氧化硫	2	氟化氢	5
氨	2	二氧化氮	10
环氧乙烷	2	氰化氢	10
氯化氢	3	碳酰氯	20
溴甲烷	3	磷化氢	20
氯	4	异氰酸甲酯	20

表 5-33　未在表 5-32 中列举的危险化学品校正系数 β 取值表

类别	符号	校正系数 β
急性毒性	J1	4
	J2	1
	J3	2
	J4	2
	J5	1
爆炸物	W1.1	2
	W1.2	2
	W1.3	2
易燃气体	W2	1.5
气溶胶	W3	1
氧化性气体	W4	1
易燃液体	W5.1	1.5
	W5.2	1
	W5.3	1
	W5.4	1
自反应物质和混合物	W6.1	1.5
	W6.2	1
有机过氧化物	W7.1	1.5
	W7.2	1
自燃液体和自燃固体	W8	1
氧化性固体和液体	W9.1	1
	W9.2	1
易燃固体	W10	1
遇水放出易燃气体的物质和混合物	W11	1

根据危险化学品重大危险源的厂区边界向外扩展 500m 范围内常住人口数量，按照表 5-34 设定暴露人员校正系数 α 值。

表 5-34　暴露人员校正系数 α 取值表

厂外可能暴露人员数量	校正系数 α
100 人以上	2.0
50～99 人	1.5
30～49 人	1.2
1～29 人	1.0
0 人	0.5

（3）重大危险源分级标准

根据计算出来的 R 值，按表 5-35 确定危险化学品重大危险源的级别。

表 5-35　重大危险源级别和 R 值的对应关系

重大危险源级别	R 值
一级	$R \geqslant 100$
二级	$100 > R \geqslant 50$
三级	$50 > R \geqslant 10$
四级	$R < 10$

5.5.4　易燃易爆有毒重大危险源的评价

本节主要介绍易燃、易爆、有毒重大危险源评价方法，该方法是国家"八五"科技攻关课题《易燃、易爆、有毒重大危险源辨识评价技术研究》中提出的。它在大量重大火灾、爆炸、毒物泄漏中毒事故资料的统计分析基础上，从物质危险性、工艺危险性入手，分析重大事故发生的可能性的大小以及事故的影响范围、伤亡人数、经济损失，综合评价重大危险源的危险性，并提出应采取的预防、控制措施。

（1）评价单元的划分

重大危险源评价应以危险单元作为评价对象。一般把装置的一个独立部分称为单元，并以此来划分单元，如原料供应区、反应区、产品蒸馏区等。

（2）评价模型的层次结构

根据安全工程学的一般原理，危险性定义为事故频率与事故后果严重程度的乘积，即危险性评价一方面取决于事故的易发性，另一方面取决于一旦发生事故，其后果的严重性。现实的危险性不仅取决于由生产物质的特定物质危险性和生产工艺的特定工艺过程危险性所决定的生产单元的固有危险性，而且还同各种人为管理因素及防灾措施综合效果有密切联系。易燃、易爆、有毒重大危险源评价层次结构图如图 5-12 所示。

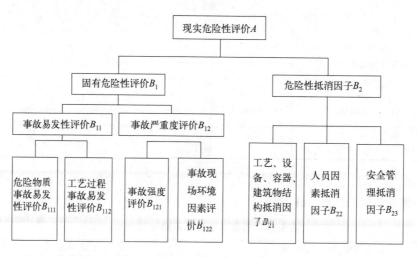

图 5-12　易燃、易爆、有毒重大危险源评价层次结构图

（3）数学模型

现实危险性评价数学模型为：

$$A = \left\{ \sum_{i=1}^{n} \sum_{j=1}^{m} (B_{111})_i W_{ij} (B_{112})_j \right\} B_{12} \prod_{k=1}^{3} (1 - B_{2k}) \tag{5-25}$$

式中，A 表示现实危险性；$(B_{111})_i$ 表示第 i 种物质危险性的评价值；$(B_{112})_j$ 表示第 j

安/全/系/统/工/程

种工艺危险性的评价值；W_{ij} 表示第 j 种工艺与第 i 种物质危险性的相关系数；B_{12} 表示事故严重度评价值。

B_{21} 表示工艺、设备、容器、建筑物结构抵消因子；B_{22} 表示人员因素抵消因子；B_{23} 表示安全管理抵消因子。

① 危险物质事故易发性 B_{111} 的评价。

具有燃烧爆炸性质的危险物质可分为 7 大类。

(a) 爆炸性物质。

(b) 气体燃烧性物质。

(c) 液体燃烧性物质。

(d) 固体燃烧性物质。

(e) 自燃物质。

(f) 遇水易燃物质。

(g) 氧化性物质。

每类物质根据其总体危险感度给出权值分，每种物质根据其与反应感度有关的理化参数值给出状态分，每一大类物质下面分若干小类，共计 19 个子类。对每一大类或子类，分别给出状态分的评价标准。权值分与状态分的乘积即为该类物质危险感度的评价值，亦即危险物质事故易发性的评分值。

考虑到毒物扩散的危险性，危险物质分类中将毒性物质定义为第 8 类危险物质。一种危险物质既可以属于易燃易爆 7 大类中的一类，又可以属于第 8 类。对于毒性物质，其危险物质事故易发性主要取决于 4 个参数：毒性等级、物质的状态、气味、重度。

毒性大小不仅影响事故后果，而且影响事故易发性。毒性大的物质，即使扩散微量也能酿成事故，而毒性小的物质不具有这种特点。毒性对事故严重度的影响在毒物伤害模型中予以考虑。对不同的物质状态，毒物泄漏和扩散的难易程度有很大不同。显然气相毒物比液相毒物更容易酿成事故。重度大的毒物泄漏后不易向上扩散，因而容易造成中毒事故。物质危险性的最大值定义为 100 分。

② 工艺过程事故易发性 B_{112} 的评价及工艺——物质危险性相关系数的确定。

工艺过程事故易发性的影响因素确定为 21 项，分别是：放热反应、吸热反应、物料处理、物料储存、操作方式、粉尘生成、低温条件、高温条件、高压条件、特殊的操作条件、腐蚀、泄漏、设备因素、密闭单元、工艺布置、明火、摩擦与冲击、高温体、电器火花、静电、毒物出料及输送。最后一种工艺因素仅与含毒性物质有相关关系。

同一种工艺条件对于不同类别的危险物质所体现的危险程度是不相同的，因此必须确定相关系数。相关系数 W_{ij} 可以分为 5 级。

(a) A 级：关系密切，$W_{ij}=0.9$。

(b) B 级：关系大，$W_{ij}=0.7$。

(c) C 级：关系一般，$W_{ij}=0.5$。

(d) D 级：关系小，$W_{ij}=0.2$。

(e) E 级：没有关系，$W_{ij}=0$。

③ 事故严重度评价。

事故严重度用事故后果的经济损失（万元）表示。事故后果指事故中人员伤亡以及房屋、设备、物资等的财产损失，不考虑停工损失。人员伤亡分为人员死亡数、重伤数、轻伤数。财产损失严格来讲应分为若干个破坏等级，在不同等级损失区破坏程度是不同的，总损失为全部损失区损失的总和。在危险性评估中，为了简化方法，用一个统一的财产损失区来描述。

假定财产损失区内财产全部受损，在损失区外全不受损，即认为财产损失区内未受损部分的财产与损失区外受损的财产相互抵消。死亡、重伤、轻伤、财产损失各自都用一当量圆半径描述。对于单纯毒物泄漏仅考虑人员伤亡，暂不考虑动植物死亡和生态破坏所受到的损失。

根据事故后果，建立了6种伤害模型，分别是：凝聚相含能材料爆炸、蒸汽云爆炸、沸腾液体扩散为蒸汽云爆炸、池火灾、固体和粉尘火灾、室内火灾。不同类别物质往往具有不同的事故形态，但即使是同一类物质，甚至同一种物质，在不同环境条件下也可能表现出不同的事故形态。

为了对各种不同类别的危险物质可能出现的事故严重度进行评价，根据下面两个原则建立了物质子类别同事故形态之间的对应关系，每种事故形态用一种伤害模型来描述。

（a）最大危险原则。

如果一种危险物质具有多种事故形态，且它们的事故后果相差较大，则按后果最严重的事故形态考虑。

（b）概率求和原则。

如果一种危险物质具有多种事故形态，且它们的事故后果相差不大，则按统计平均原理估计事故后果。

根据泄漏物状态（液化气、液化液、冷冻液化气、冷冻液化液、液体）和储罐压力、泄漏的方式（爆炸型的瞬时泄漏或持续10min以上的连续泄漏）建立了毒物扩散伤害模型，这些模型分别是：源抬升模型、气体泄放速度模型、液体泄放速度模型、高斯烟羽模型、烟团模型、烟团积分模型、闪蒸模型、绝热扩散模型和重气扩散模型。毒物泄漏伤害严重程度与毒物泄漏量以及环境大气参数（温度、湿度、风向、风力、大气稳定度等）都有密切关系。若在测算中遇到事先评价所无法定量预见的条件时，则按较严重的条件进行评估。

在本评价方法中使用下面的计算公式。

$$S = C + 20[N_1 + 0.5N_2 + (105/6000)N_3] \tag{5-26}$$

式中，S 为事故严重度，万元；C 为事故中财产损失的评估值，万元；N_1，N_2，N_3 分别为事故中人员死亡、重伤、轻伤人数的评估值。

④ 危险抵消因子。

当一种物质既具有燃烧爆炸特性又具有毒性时，则人员伤亡按两者中较重的情况进行测算，财产损失按照燃烧爆炸伤害模型进行测算。毒物泄漏伤害区也分死亡区、重伤区、轻伤区。轻度中毒而无需住院治疗即可在短时间内康复的一般吸入反应不算轻伤。各种等级的毒物泄漏伤害区呈纺锤形，为了测算方便，同样将它们简化成等面积的当量圆，但当量圆的圆心不在单元中心处，而在各伤害区的圆心上。

尽管单元的固有危险性是由物质的危险性和工艺的危险性所决定的，但是工艺、设备、容器、建筑结构上的各种用于防范和减轻事故后果的各种设施，危险岗位上操作人员的良好素质，严格的安全管理制度等，能够人人抵消单元内的现实危险性。

在本评价方法中，工艺、设备、容器和建筑结构抵消因子由23个指标组成评价指标集，安全管理状况由11类72个指标组成评价指标集，危险岗位操作人员素质由4项指标组成评价指标集。

⑤ 危险性分级与危险控制程度分级。

分级时使用下式进行计算。

$$A^* = \lg(B_1^*) \tag{5-27}$$

式中，A^* 为危险源分级标准；B_1^* 是以10万元为缩尺单位的单元固有危险性的评分值。

（a）一级重大危险源：$A^* \geqslant 3.5$。

（b）二级重大危险源：$2.5 \leqslant A^* < 3.5$。

（c）三级重大危险源：$1.5 \leqslant A^* < 2.5$。

（d）四级重大危险源：$A^* < 1.5$。

拓展阅读 5-3

易燃易爆有毒重大危险源的评价拓展应用案例

5.6 保护层分析法

保护层分析（LOPA）是美国化学工程师协会化学流程安全中心（CCPS）于 1993 年提出的一种半定量流程风险分析方法。LOPA 主要是为了确定现有的安全屏障是否充足或者是否还需要更多的安全屏障。LOPA 的另外一项应用是将 SIL 的要求分配给安全仪表功能。需要注意的是，在 LOPA 的术语中，安全屏障被称为保护层。

5.6.1 独立保护层的基本概念与要求

独立保护层（independent protection layer，IPL）与特定场景的初始事件无关，独立于任何其他与该场景有关的保护层，但是可以阻止场景发展成意外后果的设备、行动或者系统。

对于 IPL 的有效性和独立性，必须要进行审核。更具体地说，如果满足下列条件，一个保护层（安全屏障）就可以称为 IPL。

① IPL 提供的保护至少可以将识别出来的风险降低 1/10，这就意味着 IPL 在出现要求时的失效概率必须要小于 10^{-1}。

② 保护层满足安全屏障基本属性，具有特定性、充足性、独立性、可依赖性、坚固性和可审查性。

安全屏障的基本属性包括以下几方面。

① 特定性。安全屏障应该能够检测、防止或者减轻某一特定危险事件的后果。除此之外，还应该确认激活这个安全屏障不会引发其他的事故。

② 充足性。全屏障的充足性需要根据以下几点进行判断。

（a）能够在现有的设计状况下防止事故。

（b）能够满足相关标准和行业规范的要求。

（c）对受保护系统的变更具有包容性。

如果安全屏障充足性没有达到要求，就需要再加入新的安全屏障。

③ 独立性。安全屏障最后能够独立于其他所有与指定危险事件有关的安全屏障。独立性的要求是，安全屏障的性能不会受到其他安全屏障失效或者由于其他安全屏障失效引发状况的影响。最为重要的是，安全屏障必须独立于初始事件。

④ 可依赖性。安全屏障提供的保护可以在一定程度上降低已经识别出来的风险。因此，

安全屏障必须是可以依赖的，也就是说它应该能够实现其设计意图，可以根据出现要求时候的失效概率，通过现有的模型和数据，来评估安全屏障是否拥有足够的可依赖性。除此之外，安全屏障还应该满足下列要求。

(a) 在安全屏障需要激活的时候，所有的必要信号都必须能够被检测到。

(b) 主动型安全屏障必须经过测试证明是安全的。测试方法可以是自我测试，或者定期的验证性测试。

(c) 必须要对被动型安全屏障进行常规检查。

⑤ 坚固性。安全屏障必须要足够坚固。

(a) 能够承受极端事件，比如火灾或者洪水。

(b) 不会因为其他安全屏障激活而失效。

⑥ 可审查性。安全屏障的设计可以许对其保护性功能进行常规的周期性验证，比如验证测试和安全屏障功能维护。

5.6.2　保护层分析的目标和应用领域

(1) 保护层分析的目标

LOPA 可以回答下列与指定事故场景有关的问题。

① 事故场景中已经包括哪些保护层？

② 这些保护层当中哪些可以满足 IPL 的要求？

③ 每一道 IPL 可以/应该降低多少风险？

④ 所有的 IPL 总计可以/应该降低多少风险？

⑤ 有必要增加新的 IPL 吗？

⑥ 有必要执行安全仪表功能（SIF）吗？

⑦ 如果 SIF 是必要的，它的目标安全完善度水平（SIL）是多少？

(2) 保护层分析的应用领域

最初，LOPA 是在化工行业中开发出来的，后来也用于油气行业。在 HAZOP 研究过程中、HAZOP 校验过程中或者刚刚完成的时候，一般都要进行 LOPA。将 LOPA 和 HAZOP 分析研究集成使用有很多好处，但是需要研究团队对于分析的工厂十分熟悉。

LOPA 在项目或者流程生命周期的任何阶段都可以进行，但是最佳的使用时间还是在早期流程图完成或者 P&ID 图（管道和仪表流程图）的开发过程当中。对于现有的流程，LOPA 应该在 HAZOP 检查或校验的过程中或者完成之后进行。

5.6.3　保护层分析法简介

LOPA 的起始点是一系列初始事件或者 HAZOP 研究识别出来的偏差。在 LOPA 中，初始事件通常是危险事件（可以引起伤害的事件）可能原因中的某一个，但也可能是因果序中稍后发生的事件。初始事件可能会发展出一个或者多个事故场景。如图 5-13 中的领结图所示，通常需要使用一个或者多个保护层控制或者减轻初始事件的影响。

图 5-14 中的危险事件是一座化工厂发生了泄漏。有很多初始事件会导致泄漏，比如维护作业之后法兰上的螺栓拧得不够紧、维护作业之后阀门垫圈位置不正等。

设置保护层用来识别和控制初始事件，防止它们导致泄漏。同一个保护层可能可以用来阻止多个初始事件的发展。另外，泄漏可能会导致多种后果，具体的情况则取决于缓解型保护层是否能够发挥功效。

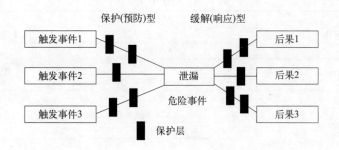

图 5-13　用领结图表示 LOPA 中初始事件和保护层

第 4 章的 4.1 节中指出，事故场景为从一个初始事件到一个最终事件的事件序列，在领结图中是从初始事件到某一个结果的路径。在 LOPA 中，需要对事故场景逐一进行分析，而每个事故场景在进行后续的分析之前都需要先定义清楚。事件树中有一些场景的最终事件没有明显的后果，因此，这些场景也可以在后面的分析当中省略掉。

不同事故场景（如初始事件开始的发展过程）可以采用事件树描述。建立 LOPA 事件树的时候，只需要考虑独立保护层。如图 5-14 所示，从初始事件到最终事件的一条路径构成一个事故场景，这幅图当中总计有四个不同的事故场景。

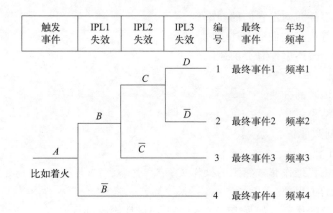

触发 事件	IPL1 失效	IPL2 失效	IPL3 失效	编 号	最终 事件	年均 频率
			D	1	最终事件1	频率1
		C				
	B		$\overline{D}$	2	最终事件2	频率2
A		$\overline{C}$		3	最终事件3	频率3
比如着火	$\overline{B}$			4	最终事件4	频率4

图 5-14　使用 LOPA 事件树描述保护层

第 4 章介绍了事件树的定量分析，如果有足够多数据，就可以用它确定不同事故场景的频率。因为 LOPA 是一种半定量分析方法，并不寻求确定每一个 IPL 的 PFD（probability of dangerous failure on demand，按需发生危险故障的概率）精确值。通常，只需要给出 PFD 的数量级就可以了，比如 10^{-1}、10^{-2} 等。

如果基于现有的保护层，分析发现与事故场景相关的风险无法接受的话，就有必要改进保护层以及（或者）增加新的保护层。通过 LOPA，可以确定需要降低的风险总量，分析不同 IPL 可以降低的风险。如果在标准保护层性能的基础上，还需要进一步降低风险，就需要加入安全仪表功能。可以根据需要额外降低的风险水平，来确定安全仪表功能的安全完善度。因此，在需要将安全完善度分配给不同安全仪表功能的时候，LOPA 是一种常用的方法。注意，LOPA 并不会给出需要增加哪些安全屏障或者哪些需要进行设计变更的建议，但是它可以帮助研究人员在不同的方案之间做出选择。

LOPA 工作表用来指导分析过程并建档。表 5-36 是常用的 LOPA 分析表。

表 5-36　LOPA 分析表

最终事件	编号	1
	描述	缓冲罐压力超限
	严重程度	H
初始事件	描述	安全阀失效
	频率（每年）	0.03
保护层	流程设计	1.0
	BPCS	1.0
	对警报的反应	0.3
	工程缓解	0.01
中间事件频率（每年）		0.9×10^{-4}
SIF 要求的 PFD		2×10^{-3}（SIL2）
缓解后的事件频率		1.8×10^{-7}
注释		

5.6.4　保护层分析法分析步骤

LOPA 可以按照下列八个步骤进行。

① 计划和准备。

② 构建事故场景。

③ 识别初始事件并确定它们的频率。

④ 识别 IPL 并确定它们的 PFD 值。

⑤ 估计与每个最终事件有关的风险。

⑥ 评价风险。

⑦ 比较降低风险的方法。

⑧ 报告分析结果。

第一步：计划和准备。

研究团队如下。

① 对于研究流程操作非常熟悉的操作员。

② 熟悉流程的工程师。

③ 来自制造商的代表（如果 LOPA 是在工厂设计阶段进行）。

④ 流程控制工程师。

⑤ 拥有研究流程相关经验的仪表/电气维护人员。

⑥ 风险分析专家。

在研究团队当中，至少应该有一个人接受过 LOPA 方法论的培训。

分析需要的数据如下。

① HAZOP 工作表或者初步风险分析报告。

② 原因和影响图。

③ 管道及仪表流程图。

④ 现有 SIF 的安全要求规范。

第二步：构建事故场景。

这一步使用事件树分析效率最高。我们需要对每一个（在 HAZOP 研究中发现的）初始事件建立事件树，只有那些满足 IPL 条件的保护层才可以作为事件树图中的关键点。因为 IPL 是独立的，可以通过初始事件的频率与场景中保护层的 PFD 或者失效概率的乘积来计算事故场景的频率，在确定场景频率的时候，还需要考虑那些没有安全屏障保护的关键性

安/全/系/统/工/程

事件。

相关最终事件的后果会引起对资产（比如人员、环境和其他有形资产）的伤害。如果某一最终事件对任何资产都没有显著的伤害，那么在后面的分析中就可以忽略与之相关的场景。

可能会有多个场景导致同一个最终事件。每一个不同并且独特的最终事件都需要赋予一个参考编号。还需要对每一个最终事件的严重程度进行评价并分类，比如高（H）、中（MD）和低（L）。

第三步：识别初始事件并确定它们的频率。

LOPA 团队应该对每个初始事件进行仔细研究，尤其是要关注那些有关"什么""何时""在哪里"的问题。

如果 LOPA 并不是 HAZOP 研究的一部分，研究团队就必须估计每一个初始事件的（年均）频率。接下来，LOPA 团队需要确定初始事件是否可以被终止，或者能否采取本安设计施加足够的控制。如果可以的话，就不需要再对这个初始事件进行 LOPA 了。

第四步：识别 IPL 并确定它们的 PFD 值。

接下来，LOPA 团队需要识别并且列出与每个特定初始事件有关的全部现有保护层。这些工作通常是 HAZOP 分析的一部分，但是 LOPA 团队应该仔细地检测每一个保护层，确认自己理解保护层的功能和局限。需要注意的是，LOPA 团队不能过于相信这些保护层性能和完善度。

下一步，LOPA 团队应该基于 IPL 的要求对每一个保护层进行比较，确定哪些保护层可以满足要求。那些不能满足 IPL 要求的保护层在进一步的分析当中无须再考虑，在工作表中，应该将每个 IPL 列出，并赋予唯一的参考编号。

LOPA 的第四步和第二步经常可以一起进行，因为在第二步建立事件树图的时候需要第四步的分析结果。

IPL 主要可以分成以下几类。

① 流程设计。

② 基本流程控制系统（BPCS）。

③ 操作员对警报的反应。

④ 工程缓解方法，比如排洪沟、压力释放装置和现有的安全仪表系统。

⑤ 限制使用等其他缓解措施（这组 IPL 有时候会被省略）。

然后，需要按照它们被初始事件的激活次序，对列出的 IPL 进行排列。

LOPA 团队还必须估计每个独立保护层的 PFD 值。接下来就可以计算每一类（1——工艺设计，2——基本过程控制系统，3——关键报警和人员干预，4——安全仪表系统 SIS，5——物理保护，6——释放后物理保护）独立保护层的总体 PFD。

第五步：估计与每个最终事件有关的风险。

计算单一场景后果发生频率，如式（5-28）所示。

$$f_i^C = f_i^1 \times \prod_{j=1}^{J} \mathrm{PFD}_{ij} = f_i^1 \times \mathrm{PFD}_{i1} \times \mathrm{PFD}_{i2} \times \cdots \times \mathrm{PFD}_{ij} \tag{5-28}$$

式中，f_i^C 表示初始事件 i 导致的结果 C 的出现频率，a^{-1}；f_i^1 为初始事件 i 发生频率，a^{-1}；PFD_{ij} 是一种特殊的策略，它可以在 i 的起点处产生第 j 个影响，从而防止 C 的出现。

第六步：评价风险。

一方面，如果在第五步中得到的事件的中间频率估值比接受准则中给出的数值更低就不需要再添加额外的保护层。可以使用风险矩阵确定这个风险是否可以接受，或者是否需要更多的 IPL 来进一步降低风险。

另一方面，如果事件的中间频率估值超过了接受准则，就需要采取进一步的保护行动。在添加更多的保护层和安全仪表系统之前，也可以考虑本安设计方法。如果对于第 1 类到第 5 类中的 IPL 来说，无法进行任何改变，那么就需要加入新的安全仪表功能（SIF）。

第七步：比较降低风险的方法。

如果第六步中的评价表明需要安全仪表功能，就将事件中间频率估值作为除数，将可容忍的经过缓解后的事件频率作为被除数，计算得到需要的 PFD 值。然后，再根据 PFD 确定相应的 SIL 等级。

如果 PFD 的值过高或者过低，就需要重新计算缓解后的事件频率。LOPA 团队需要重复进行这项工作，直到计算出所有相关最终事件的缓解事件频率。

第八步：报告分析结果。

5.6.5 保护层分析法分析案例

【例 5-5】对某燃油锅炉油位过高进行 LOPA 分析。

答：① 事故场景名称：由于油箱油位太高而导致漏油。

② 初始事件及频率：液位计失灵，以 $0.1a^{-1}$ 的频率出现，导致油箱油位太高，油品溢流。

③ 独立保护层 IPL 识别。

（a）第一个独立保护层的识别（BPCS 液位监测控制）。

当储油罐油箱油位仪表出现问题时，油箱油位会升高，依据气压指示器的气压变化，将油箱油位调整到较高位置，使油箱油位迅速下降。根据系统的实际情况识别出保护层为 BPCS 液位监测控制。该保护层故障不是造成 IE（初始事件）的原因，且已经与 SIS（安全仪表系统）在物理上分离，包括逻辑传感器、逻辑控制器和最终执行元件，该保护层具备独立性，可以作为独立保护层。

（b）第二个独立保护层的识别（关键报警和人员干预）。

如果油位太高，油位警报系统会立即开启，提醒工作人员尽快解决问题。根据系统的实际情况识别出保护层为关键报警和人员干预。首先现场的操作人员能够得到采取行动的指示或者报警；其次操作人员训练有素，能够完成特定报警要求的操作任务；第三，因为任务具有单一性，操作人员有足够的响应时间；第四，操作人员身体条件能够满足要求，所以识别的该保护层它可以起到一个单独的防护罩的作用，避免燃油泄漏，引发更大的火灾，所以可以作为独立保护层。

④ 独立保护层事件树的绘制。

事故场景分析见图 5-15。

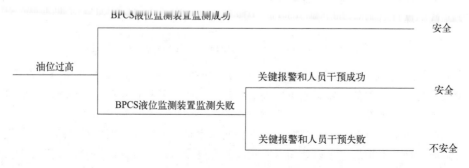

图 5-15　某燃油锅炉油位过高事故场景分析

⑤ 确定独立保护层事件发生概率。

第一个独立保护层 BPCS 液位监测控制故障率取值为 2.5×10^{-1}，第二个独立保护层关键报警和人员干预故障率取值为 1×10^{-1}。

⑥ 场景频率的计算。

根据式(5-28)可以计算出该场景的发生频率为：

$$f_i^{\mathrm{C}} = f_i^{\mathrm{I}} \prod_{j=1}^{J} \mathrm{PFD}_{ij} = 1 \times 10^{-1} \times 1 \times 10^{-1} \times 2.5 \times 10^{-1} = 2.5 \times 10^{-3} \mathrm{a}^{-1}$$

5.7 人因可靠性分析法

5.7.1 人因可靠性分析法的发展历程

20 世纪 50 年代末和 60 年代初，已经有人开始探讨人为差错对系统可靠性的影响。此后，随着工业生产尤其是核工业的发展，安全问题越来越突出，HRA(human reliability analysis，人因可靠性分析) 逐渐得到重视与发展。1973 年，*IEEE Transactions on Reliability* 出版了关于 HRA 的专辑，David Meister 对当时已经出现的 HRA 方法进行了详细评述，其中介绍的绝大部分方法由于出现时间比较早，目前已经不再使用，而个别方法经过不断改进，至今仍在应用，如 THERP(technique for human error rate prediction，人的失误率预测技术) 方法。20 世纪 80 年代是 HRA 发展的黄金时期，这在某种程度上与 1979 年发生的美国三哩岛核事故有关。目前在用的大部分方法都是在这个时期提出的，如 SLIM-MAUD (success likelihood index method-multiattribute utility decomposition，成功似然指数法-多属性效应分解) 方法、HCR(human cognitive reliability，人的认知可靠性) 方法和 HEART (human error assessment and reduction technique，人因失误评估与减少技术) 方法等。由于受到心理学、认知科学和计算机科学发展水平的限制，这些方法着重利用结构化建模和数学计算等方式追求精确的分析结果，但在人为差错机理分析和认知过程建模等方面普遍存在一些不足。因此，很多研究人员将这一时期出现的 HRA 方法称为第一代 HRA 方法。

20 世纪 90 年代之后，陆续出现了一些新方法，如 ATHEANA(a technique for human event analysis，人因事件分析技术)、CREAM(cognitive reliability and error analysis method，认知可靠性与失误分析方法) 等。相对于第一代 HRA 方法，这些方法的一个共同特点是在分析过程中建立了人的认知过程模型，试图从认知方面着手，通过分析环境条件、操作员本身和设备自身状态等人为差错诱因来描述人为差错产生机理。基于这一点，这段时间出现的方法称为第二代 HRA 方法。

一开始，HRA 的很多定义都是直接从经典的可靠性领域衍生出来的。比如，Dhillon 针对人因可靠性给出的定义就是"在规定的最小时间限度内（如果规定有时间要求），在系统运行中的任一要求阶段，由人成功完成任务或工作的概率"。HRA 的目的就是通过某种手段来获取这个概率值。这与传统的可靠性定义极其相似，同时也反映了当时认知科学的发展水平。由于对认知机理的研究不够深入，因此，不得不将人与普通的物理部件等量齐观。在这种定义方式的驱动下，HRA 趋向于通过假设检验等手段来确定人为差错的概率分布，从而确定可靠度，这与传统的可靠性分析手段基本相同。传统的分析手段有一个前提：系统（如电子设备等）的失效率不受应用场景的影响。人因可靠性很明显无法满足这一前提，它总是与任务场景密切相关，因此，采用这种方式得到的人因可靠度值得商榷。目前，大部分

HRA 方法都注意到了这一点，如 THERP 方法就规定了很多任务类型对应的基本人因可靠度，在具体的场景下应通过相应的影响因子进行调整，以得到最终的人因可靠度。1994 年，Kirwan 提出 HRA 的主要目标在于正确评估由于人为差错导致的风险和寻求降低人为差错影响的方式。这种定义方式涵盖的内容比较丰富。在实际应用中，找出人因可靠度并不是最终的目标，最终目标应该是寻找导致人因可靠性退化的诱因，并有针对性地加以控制。因此，对人因可靠性的分析就可以转向人为差错的分析，具体过程可以分为差错辨识、差错频率确定和差错规避措施设计三个阶段。导致人为差错的原因有很多，具体的影响机理也非常复杂，从现有的资料来看，还没有一种理论上完全正确的方法能够遍历所有诱因并获取其机理。但是，总的来说，除了偶尔出现的随机差错之外，人为差错的主要诱因可以分为五类，即训练水平、任务本质、人机交互界面质量、环境因素和任务执行时间。关于这些因素如何影响人的工作效率（human performance）的研究工作已经大量开展，并取得了很多有益的结果，但是关于如何影响人为差错尚未见到非常有价值的资料。因此，人因可靠性至少有两个方面的内容需要特别注意：其一，可靠性水平不是保持不变的，它受到任务时间和其他环境因素的影响；其二，不同性质的任务所对应的可靠性水平也是不同的。

5.7.2 THERP 与 HEART

THERP（technique for human error rate prediction，人的失误率预测技术）与 HEART（human error assessment and reduction technique，人因失误评估与减少技术）方法可以归为一类，它们认为人因可靠度是由任务决定的，并受到环境因素的影响。从这个角度出发，STAHR（socio-technical assessment of human reliability，人因可靠性的社会技术评估）也可以归为这一类。从文献出版时间来看，THERP 方法是 1964 年提出的，其主要设计工作在 20 世纪 70 年代完成，但直到 1983 年才最终成型。该方法主要通过建立 HRA 事件树来分析任务执行过程中可能出现的与人有关的差错，分析这些差错发生的概率，即标称人为差错概率 NHEP（nominal human error probability）。然后，通过性能形成因子 PSF（performance shaping factor）对 NHEP 进行调整以获得基本人为差错概率 BHEP（basic HEP）。最后，利用其他任务或者事件对该差错事件的影响的逻辑关系对 BHEP 进行修正以获得最终的人为差错概率 CHEP（conditional HEP）。

HRA 事件树和 PSF 概念是在 THERP 方法中提出的。HRA 事件树在结构上类似于事件树，但实质上是有很大区别的。HRA 事件树以人为差错为中心，通过分解任务流程，确定不同阶段中可能的人为差错，利用二分法建立事件树的分支。此外，HRA 事件树还考虑到了人的自我纠错能力，这是事件树中所没有体现的。一般情况下，通过查表（如 Air Data Store）可以确定每个分支所对应差错的基本概率。接下来，分析可能导致整个任务失败的所有分支，将这些分支概率相加即得到 NHEP。因此，HRA 事件树是 THERP 方法的关键之一。PSF 定义为可以对人为差错产生影响的所有因子。不同的 PSF 对应着不同的权值，在此基础上，可以对 NHEP 进行调整得到 BHEP。考虑到任务之间可能存在相互依赖的情况，该方法还给出了不同依赖程度下从 BHEP 调整到 CHEP 的方法。

THERP 方法的过程比较清晰，沿用至今，积累了丰富的数据资料，而 HRA 事件树和 PSF 被很多方法以不同形式借用。但是，这种方法还存在以下缺陷。第一，虽然事件树非常有用，但是在建立过程中并没有统一的标准，只能依赖评估人员对任务的理解，因此，评估人员中必须包括领域专家。第二，并不是所有的操作任务差错概率都可以从表中查出，对于这些表中没有包含的差错，只能通过查阅其他表或专家打分等主观手段得出。这两点导致最终的计算结果很难保持一致。第三，对于比较简单的任务来说，二分法可能还能够满足需要，但是，随着任务复杂程度的提高，简单地将操作分为正确或者差错就显得比较粗糙了。第四，在 PSF 和相关任务影响程度的分析方面，不同评估人员的理解很难保持一致，这样一来，就必须增加评估人员的数量，从而造成人力、财力和时间的浪费。HEART 方法是由 Williams 于 1986 年正式提出的，它虽然不是为了解决 THERP 方法存在的问题而提出来的，但实际上，其中一些思路恰好是与以上问题一一对应的。HEART 方法着重研究对人因可靠性有负面影响的因素，即差错诱发条件 EPC（error producing conditions），并寻求能够降低人为差错概率的措施。该方法基于两个基本假设，一是标称 HEP（NHEP）取决于不同的任务场景类型，二是最终的 HEP 可以通过 EPC 进行调节。其中，EPC 的概念和 PSF 非常相似，而通过 EPC 来调整 HEP 的思路也和 THERP 方法不谋而合，这不能不说作者借鉴了 THERP 中的一些思想。但是，在具体评估流程方面，HEART 方法要比 THERP 方法简单得多。Williams 归纳了 8 种不同类型的通用任务场景，并分别设定了标称 HEP 及其上下限，基本上所有任务都可以与这 8 种任务场景相匹配。针对可能出现的某些任务无法与这 8 种任务场景中的任何一种相匹配的情况，还额外指定了一种任务场景。HEART 方法中设定了 38 种 EPC 及其权值，用于调节 NHEP。针对某个具体的任务，还必须通过专家为 EPC 的影响程度打分（分值在 0 到 1 之间）。HEART 方法避开了事件树，直接将任务归纳为 8 种不同的类型，这在很大程度上减轻了评估人员的工作负荷，即使离开领域的专家也能够进行评估。此外，EPC 的数量也比较精练，便于进行快速查询，EPC 的调整公式也比较简单，这样可以在一定程度上保证数据的一致性。但是，需要指出的是，HEART 方法中也包含了主观评估的因素，即 EPC 的影响程度还是需要主观判断的。这是因为对于具体任务来说，EPC 的影响程度肯定存在区别。另外，由于该方法的任务类型和 EPC 数量比较少，因此，为了最大程度上保证安全，由该方法得到的结果比较保守，但对于那些高风险领域（如核工业）来说这也是必需的。

5.7.3　AIPA 和 HCR

AIPA（accident investigation and progression analysis，事故调查和进展分析）和 HCR（human cognitive reliability，人的认知可靠性）两种方法认为人因可靠度仅仅取决于可用的任务时间，从这一点讲，它们都属于 TRC（time reliability correlation，时间可靠相关性）方法的范畴。这类方法的理论基础针对某种系统状态，只要时间足够长，那么操作人员总可以做出反应。反过来说，如果时间不够长，那么就有可能无法做出反应或者做出错误反应。因此，这类方法的目的就是获取没有反应或者错误反应的概率。

AIPA 方法在这一种方法中是最简单的，它通过平均响应时间与可用的响应时间来表征某个行为的执行情况，最终依靠专家打分来确定行为无法执行的概率。HCR 方法的目标是分析错误反应和没有反应的概率，但最终结果仅仅给出了没有反应的概率。HCR 方法认为操作人员在规定的任务时间内没有响应的概率服从三参数的 Weibull 分布，其中的参数取决于认知行为的类型。与 AIPA 方法不同，HCR 考虑了 PSF 的影响，还可以通过操作人员的经验、压力、操作流程指南和人-机界面等 PSF 对差错概率进行调节。

5.7.4　THERP 模式

THERP（technique for human error rate prediction，人的失误率预测技术）模式主要是基于人因可靠性分析（HRA）的事件树模型建立的。它将人因事件中涉及的人员行为按事件发展过程进行分析，并在事件树中确定失效途径后进行定量计算。人因可靠性事件树描述人员操作过程的事件序列，它以时间为序并以二态分支扩展。其每一次分叉表示该系统处理任务过程的必要操作，有成功和失败两种可能途径。因而某作业过程中的人因可靠性事件树可描述出该作业过程中一切可能出现的人因失误模式及其后果。已知事件树的每个分支的发生概率，则可最终导出作业成功或失败的概率。

5.7.5　HCR模式

HCR(human cognitive reliability，人的认知可靠性) 是用来量化作业班组对系统异常信号未能在有限时间内做出正确响应概率的一种模式。它是基于 Rasmussen 的三级行为模型建立的，依据是否为例行工作、规程书情况和培训程度等，将系统中所有人员动作的行为类型分为技能型、规则型和知识型 3 种。同时，它认为每一种行为类型的失误概率决定于允许操作人员响应的时间 t 和操作人员执行时间 $T_{1/2}$ 之比，且遵从三参数的 Weibull 分布。

$$P(t) = \exp\left[-\left(\frac{t/T_{1/2} - \gamma}{\alpha}\right)^{\beta}\right] \tag{5-29}$$

式中，t 表示允许操作人员响应的时间；$T_{1/2}$ 表示操作人员执行时间；α，β，γ 表示与行为类型有关的参数。

$$T_{1/2} = T_{1/2,n}(1 + K_1)(1 + K_2)(1 + K_3) \tag{5-30}$$

式中，$T_{1/2}$ 表示操作人员执行时间；$T_{1/2,n}$ 表示一般状况的执行时间；K_1 表示操作员经验因子；K_2 表示心理压力因子；K_3 表示人-机界面因子。

HCR 模型的行为形成因子（K_1，K_2，K_3）及其取值见表 5-37，操作人员行为类型参数（α，β，γ）及其取值见表 5-38。

表 5-37　HCR 模型的行为形成因子及其取值

行为形成因子		取值
操作员经验(K_1)	专家,受过很好训练	−0.22
	平均训练水平	0.00
	新手,最小训练水平	0.44
心理压力(K_2)	严重应激情景	0.44
	潜在应激情景/高工作负荷	0.28
	最佳应激情况/正常	0.00
	低度应激/放松情况	0.28
人-机界面(K_3)	优秀	−0.22
	良好	0.00
	中等(一般)	0.44
	较差	0.78
	极差	0.92

表 5-38　操作人员行为类型参数及其取值

行为类型	α	β	γ
技能型	0.407	1.2	0.7
规则型	0.601	0.9	0.6
知识型	0.791	0.8	0.5

通过对 THERP 和 HCR 模式分析可知，这两种模式各自解决问题的侧重点是不同的，前者主要针对与时间相关甚微的序列动作，后者的着眼点在与时间密切相关的认知行为上。例如，在核电站，当一个需要操作员响应并干预的事故发生后，操作员首先要依据各种信息，如报警、显示、记录等对事故进行诊断。并按诊断进入相关事故规程，按规程的要求实

施具体的操作干预。在复杂人-机系统中人的行为均包括感知、诊断和操作 3 个阶段。若只用 THERP，则可能使人因事件中事实存在的诊断步骤的度量太粗糙（2 个相继基本度量点的概率值常相差 1 个数量级）；若只用 HCR，对于具体操作来说，又不如 THERP 可反映出各类操作的不同失误特征。因此，较好的方法是将 THERP 和 HCR 结合起来，在诊断阶段用 HCR 方法对该阶段可能的人员响应失效概率进行评价，而对感知阶段和操作阶段中可能的失误用 THERP 方法评价，两者相互补充、密切联系，共同构成一个有机整体。

5.7.6 人因事件分析模式 THERP+HCR

（1）THERP+HCR 模式

人因事件分析包括定性分析和定量分析两部分，THERP+HCR 本质上提供了人因事件量化技术。在大亚湾核电站和岭澳核电站的研究与实践中，有关人员建立了以 THERP+HCR 为核心的人因事件分析模式，包括程序模式和文件模式。

（2）THERP+HCR 程序模式

人因事件分析程序分为系统基本情况调查、定性评价、定量评价和综合评价 4 个阶段。基本情况调查和定性评价阶段的主要任务是对人因事件所涉及的因素及其相互关系有一个全面、本质的理解，为 THERP+HCR 量化模型提供有关基本数据。由于人因事件分析技术所包含分析人员主观因素较多，因而定性、定量评价后，人因分析人员还需将事件分析模型及结果与系统分析人员进行综合讨论与分析，确认分析没有出现理解方面的偏差且分析模型及结果合理、可接受。

（3）THERP+HCR 文件模式

作为工程技术，人因事件分析应具备可操作性、资料完备性、可追溯性、系统化和标准化的特点。基于 THERP+HCR 的人因事件分析模式采用了如下文件报告模式。

① 事件背景刻画。事件发生前后系统的状态和为保证系统功能而要求操作员执行的一些响应动作以及事件后果。

② 事件描述。事故工况下，当（值）班人员根据规程，对与事故相关的关键系统或设备的状态进行判断，以及根据判断进行的相应操作行为和事故演进及处理过程。

③ 事件成功准则。为确保事件成功所进行的相应的关键性操作。

④ 提问清单及调查与访谈记录表。根据对事故进程的理解，列出需要了解或确认的问题。

（a）操作员、安全工程师对事件进程的理解（核实自己的理解）。

（b）运行人员所用规程及规程的易用性。

（c）事件进程中所需的操作步骤、条件及关系。

（d）操作现场的人-机-环境系统状况。

（e）人员间的相关性及操作步骤间的相关性。

（f）事故可能造成的后果及运行人员对其严重程度的理解（心理压力）。

（g）允许时间、实际诊断时间、操作时间、一般执行时间等，根据人员访谈与相关资料调查得出结论，并将其作为人因分析档案的附件。

⑤ 调查、访谈结论。通过调查、访谈，对事件的进程、任务分析、人员每一动作的意义、动作目的、成功准则、系统人-机接口的状况、系统状态、运行人员的心理状况以及 THERP 和 HCR 模式所需的各类信息和数据有一个明确的结论。

⑥ 事件分析。事件分析包括事件过程分析、建模分析以及同时决定采用何种模式计算其失误概率。

⑦ 建模与计算。建立事件定量分析模型并进行有关数学计算。定量分析模型主要基于

THERP 或 HCR 建立。

（a）当基于 HCR 进行诊断失误计算时，首先要确定该事件的行为类型（技能型、规则型、知识型），再据此选择相应的 HCR 计算参数，同时必须考虑心理因素等对时间的影响。

（b）当基于 THERP 进行操作失误计算时，对于较复杂的操作，以人因事件树进行分析，对于较为简单的操作，可直接查 THERP 表的有关数据并确定其失效概率。THERP 和 HCR 两模型的接口主要通过诊断时间和操作时间的分割函数来连接。

5.7.7　HRA 分析过程

一个具体的 HRA 分析过程有可能不需要进行所有的步骤。事实上，应该明确地定出分析的目标和范围，包括以能满足分析目的为度的详细程度。例如，若研究的目的是如何提高控制室操作人员的效率，那么只进行到完成任务分析这一步就行了。

（1）描述人员特点、作业环境、所执行的工作任务

第一步是阐述对人-机系统的理解。描述人员特点、工作环境和所执行的工作任务的资料，可从各种渠道获取，常见的资料源如下。

① 描述员工有关特征的统计资料：员工的语言水平、教育水平、身体条件。

② 正规的作业环境说明书。

③ 分析人员访问工作场所。

④ 分析人员与现场人员的会谈情况。

⑤ 其他预先的人为失误事故或可能引起人为失误情况的研究资料。

（2）评价人-机界面人为因素工程分析

分析人的需要与机器设计、工艺操作、工作环境之间的相容性。人-机工程系统地评价人-机界面的每个方面，以确保对操作人员提出的要求是恰当的。如人-机工程可以识别以下内容。

① 具有缺陷的或需要不定期仔细调节量程的工艺测量指示仪表。

② 仪表的布置使读取数据不容易或使操作者难以读数。

③ 不让身材矮小的操作人员操作的手动阀门。

④ 操作人员在投料和转换批次时缺乏有效的通信联络工具。

人为因素分析的目的是找出人-机系统存在的缺陷。

（3）执行操作人员功能的任务分析

确定人-机系统存在的缺陷后，需要研究一下操作人员的具体执行措施。这个过程称为任务分析，内容包括具体操作人员职责或目标连续任务。每个具体任务表示的是一个操作人员必须执行的完成一个职能的具体措施。

（4）操作人员职责

每个任务都存在一个人为失误的机会，也就是说要圆满完成工作，这些步骤都必须得到正确的执行。在列出任务之后，分析人员对每一个任务进行评价，以确定可能产生的情况，以及使操作人员不能顺利地完成一个或多个任务可能失误的情况。

用与检查表类似的方法判断人产生失误的条件。表列出可能导致失误的某些情况，需要改变硬件的过程和方法，以便减少人为失误的可能性。

（5）进行与操作者职责有关的人为失误分析

评价小组使用编制事件树的方法来分析这些任务中每个事件间的逻辑关系，可以用 HRA 事件树的形式来表示。事件树传递任务分析信息，并给出一张能定量评价作为 HRA 的一部分的各故障的构成图。这个事件树可以包括硬件故障和人为失误。

导致失误的可能情况有：缺陷工艺过程，不合适、无效或失效的仪表，知识缺乏，与次

安/全/系/统/工/程

序不符，不合适的标签，错误反馈，改变/实施不一致，失效的设备，通信匮乏，联络沟通不够，布置不合理，违反人的习惯（如左手边行走），超灵敏控制，大脑过于疲劳，失误过于频繁，不好的工具，倾斜的屋顶，额外的不必要的警惕性，后备控制系统演习不足，缺乏实际限制（如酸碱浓度），办公物资不足（如对操作工有帮助的记录带、标志等缺乏）。

（6）汇总结果

人因可靠性分析的最后一步是汇总研究的结果。安全评价人员应提供一份所分析的人-机系统的描述性说明、一份对工艺过程的分析介绍、一份所设定的假定表、HRA 事件树格式、一张失误情况表、一份对各事故序列后果的讨论以及一份对人为失误重要意义方面的评价意见。分析程序如图 5-16 所示。

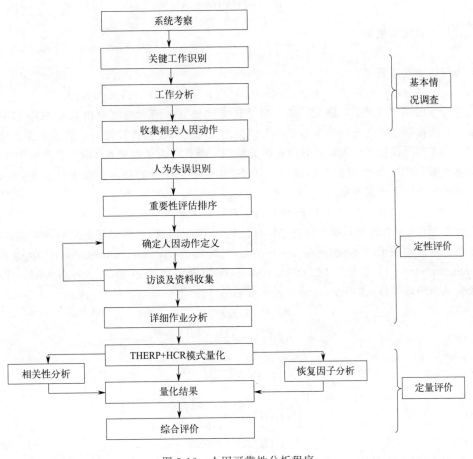

图 5-16　人因可靠性分析程序

5.7.8　人因可靠性分析应用案例

假定某人-机操作系统由作业班组对其进行操作管理，有关部门制定了操作规程，详细规定了人员在系统发生紧急情况的行为，系统一旦出现紧急情况会发出报警信号。试用 THERP＋HCR 的方法分析在该人-机操作系统出现紧急情况后，班组处理事故的人因事件失误率。

（1）需要说明的问题

① 人因失误率预测法（THERP）主要基于人因可靠性分析（HRA）事件树建立模型，

如图 5-17 所示。

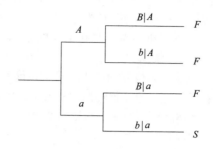

图 5-17　简单的 HRA 事件树

人员作业成功概率：

$$P(S)=P(a)\times P(b|a) \tag{5-31}$$

人员作业失败概率：

$$P(F)=P(a)\times P(B|a)+P(A)\times P(b|A)+P(A)\times P(B|A) \tag{5-32}$$

行为形成因子（PSF）修正。某一项子任务（如 A）的失败概率由基本 HEP（BHEP）表示，它依据该项子任务的动作类型，由相关的 THERP 表格查找得到。但由于在 HRA 事件树中，人的失误概率因人员差异而有很大差别。因此，为了得到在 HRA 事件树中子任务的实际概率 HEP，必须用行为形成因子（PSF）根据子任务的动作类型进行修正。一般而言，修正可用以下通式表示。

$$HEP=BHEP\times PSF_1\times PSF_2\times\cdots \tag{5-33}$$

由于 HRA 事件树的每项子任务之间可能具有相关性，因此可将任务之间的相关情况分成五类：完全相关 CC（completely correlation）、高相关 HC（high correlation）、中相关 MC（middle correlation）、低相关 LC（low correlation）以及零相关 ZC（zero correlation）。相应的人因失误率的计算公式如下。

CC：
$$P(B|A)=1 \tag{5-34}$$

HC：
$$P(B|A)=\frac{1+P(B)}{2} \tag{5-35}$$

MC：
$$P(B|A)=\frac{1+6P(B)}{7} \tag{5-36}$$

LC：
$$P(B|A)=\frac{1+19P(B)}{20} \tag{5-37}$$

ZC：
$$P(B|A)=P(B) \tag{5-38}$$

② HCR 是用来量化作业班组对系统异常信号未能在有限时间内做出正确响应概率的一种模式，该方法基于以下两种假设。

第一，所有人员行为类型可分为三类：技能型、规则型、知识型。可依据图 5-18 所示 HCR 行为类型辨识树对其进行辨识。

第二，每一行为类型的失误概率仅与允许时间 t 和执行时间 $T_{1/2}$ 的比值有关，且遵从三参数的 Weibull 分布，见式(5-29)、式(5-30)。

（2）THERP+ HCR 模式分析

① THERP＋HCR 模式主要特点及优势。

人因可靠性分析方法有很多，THERP 与 HCR 仅是其中两种，其主要特点分别如下所述。

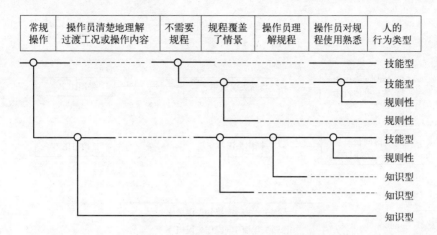

常规操作	操作员清楚地理解过渡工况或操作内容	不需要规程	规程覆盖了情景	操作员理解规程	操作员对规程使用熟悉	人的行为类型
						技能型
						技能型
						规则性
						规则性
						技能型
						规则性
						知识型
						知识型
						知识型

图 5-18　HCR 行为类型辨识树

HCR：迄今为止最系统的人因可靠性分析方法；在应用于事故下的规则性失误分析时，可获得信赖的结果；有较好的数据收集条件；有一套较完整的表格，查表可量化人因失误。

THERP：适用于诊断的决策行为的评价；将人的行为进行简化的处理后，再考虑一个不完全独立于时间的 HEP；模式已考虑人员间的相关性。

由于人员行为的多样性和高度复杂性，故不存在一种对任何行为模式都适用的可靠性分析方法。THERP＋HCR 模式的分析方法的优势如下。

（a）属于人-机系统作业，人的动作行为包含诊断和操作两方面。

（b）THERP 所得的值仅为单一操作员的失误率。人因可靠性分析往往需要模拟整个运行班组的行为，而 HCR 法就是为了评价运行班组未能在有限的时间内完成动作的概率而开发的，人员间的相关性已包含在内。

（c）这两种模式各自解决问题的侧重点是不同的，THERP 主要针对与时间相关甚微的序列动作（操作），HCR 的着眼点在与时间密切相关的认知行为上（诊断）。因此，HCR 对确定事故后分析人员在进行事故诊断阶段中可能的人因失效效果较好，而 THERP 用于评价人员的具体操作失效更为方便。

② THERP＋HCR 分析过程。

在人员发现并确认事故后采取行动的过程中，人因失误概率可根据图 5-19 所示的过程进行计算。

在假定的人-机系统作业中，人因失误概率 P 通过 3 个阶段求出。

（a）事故一旦发生，则人员通过报警信号或者观察可得知事故发生情况。一般而言，报警信号明显且操作人员经过良好的培训，故认为人员未发现报警并进入应急处理状态的概率 P_1 非常小。

（b）确定事故后，班组内各个人员的配合及启动应急措施的时间点等非常重要，此时，可采用 HCR 求出诊断失误概率 P_2。

（c）制定的操作规程详细规定了人员在紧急情况下的行为，这些行为属于与时间相关甚微的序列动作（操作），故可以用 THERP 求出其操作失误概率 P_3。

则整体人因失误率为：

$$P = P_1 + P_2 + P_3 \tag{5-39}$$

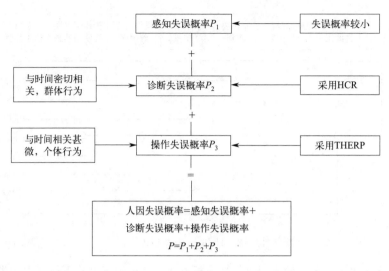

图 5-19 人因失误概率分析图

5.8 计算机系统安全评价

目前使用计算机进行安全评价应用非常广泛，下面是计算机系统安全评价的应用实例。

成套装置普遍应用于石油、化工等行业，这些行业在我国国民经济发展中起着举足轻重的作用。传统的设备管理模式造成设备非计划停机次数较多、故障频繁、可靠性和可用性不高等问题，对石化工业安全、环境和经济损失等影响较大。据统计，石化企业中生产成本30%～40%为设备故障维修和停机损失费。因此，如何确保设备本质安全，实现安全性与经济性的平衡，是石化企业生产发展的重要问题。

为此，将专家系统应用到以风险的识别、评价、控制为目的的设备系统安全保障系统中。专家系统包含有6个数据库，分别为检查维修历史数据库、设备基本信息数据库、腐蚀监测数据库、材料性能数据库、风险及损伤机理数据库、管道冲蚀部位图库。各数据库中的数据通过接口，与公司的企业资源计划（ERP）系统、设备管理（EM）、状态监测系统、腐蚀监测系统相连接。将数据输入风险评估系统中，对静设备、动设备和仪表分别进行RBI（基于风险的检验）和SIL（安全整体性等级）分析，得到它们的风险等级。各级人员能够通过该管理系统实时掌握设备风险状态，及时优化维修任务，为设备维修与安全管理提供决策支持，保证设备运行安全。系统框架如图5-20所示。

成套装置动态风险管理专家系统分为动态风险监控、数据存储、失效模式及损伤机理判别、动态风险评估、动态风险辅助分析5个流程。

（1）流程一：动态风险监控流程

动态风险监控流程主要包括对承压设备的运行数据、工艺数据和腐蚀监测数据等进行监控的一系列过程。

（2）流程二：数据存储流程

数据存储流程是用于对系统的各种数据进行存储的一系列过程，主要由静态数据存储单元和动态数据存储单元构成。

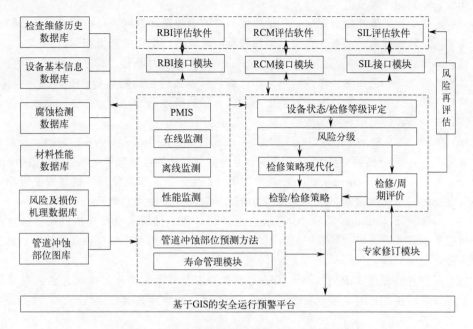

图 5-20　成套装置动态风险管理专家系统框架

（3）流程三：失效模式及损伤机理判别流程

失效模式及损伤机理判别流程主要通过从静态数据存储单元获取历史数据和通过所述动态数据存储单元获取监测数据，并基于获取的承压设备的历史数据和监测数据对承压设备的失效模式及损伤机理进行判别，生成承压设备的失效模式及损伤机理数据，并将所述失效模式及损伤机理数据发送给动态风险评估模块。

（4）流程四：动态风险评估流程

动态风险评估流程基于接收的承压设备的失效模式及损伤机理数据自动计算获得承压设备的风险等级，并将包含承压设备的风险等级的数据发送给动态风险辅助分析模块进行处理，以及发送给动态风险 GIS 展示模块进行展示。

（5）流程五：动态风险辅助分析流程

动态风险辅助分析流程通过数据存储模块获取历史数据、监测数据，并结合承压设备的风险等级数据，对高风险承压设备的剩余寿命进行预测，并对管道冲蚀风险严重部位进行分析，最后将处理后的承压设备剩余寿命数据和冲蚀风险严重的部位图发送给动态风险 GIS 模块进行预警展示。

本章小结

（1）安全评价：是以实现安全为目的，应用安全系统工程原理和方法，辨识与分析工程、系统、生产经营活动中的危险、有害因素，预测发生事故造成职业危害的可能性及其严重程度，提出科学、合理、可行的安全对策措施建议，做出评价结论的活动。

（2）作业条件危险性评价法：也称格雷厄姆危险度评价法，最早由美国安全专家格雷厄姆（Graham）和金尼（Kinney）提出，是一种评价操作人员在具有潜在危险性环境中作业时危险性的半定量评价方法。它用与系统风险有关的三个因素指标值之积来评价系统人员伤亡风险的大小，并将所得作业条件危险性数值 D 与规定的作业条件危险性等级比较，从而确定作业条件的危险程度。

（3）道化学火灾爆炸指数评价法：是根据以往的事故统计数据、材料的潜在能量和现有的安全措施，对过程单元的潜在火灾、爆炸和反应风险进行量化的分析和评价。

（4）Mond火灾、爆炸及毒性指数评价法：以物质系数为基础，除了分析物质的火灾、爆炸危险性特性外，还引进了毒性的概念和计算，可以进行包括物质毒性在内的火灾爆炸、毒性指标的初步计算，再进行安全对策措施加以补偿的最终评价，是一种特别适合化工装置的火灾、爆炸及毒性危险程度的评价方法。

（5）危险化学品重大危险源（major hazard installations for hazardous chemicals）：长期地或临时地生产、储存、使用和经营危险化学品，且危险化学品的数量等于或超过临界量的单元。

（6）生产单元（production unit）：危险化学品的生产、加工及使用等的装置及设施，当装置及设施之间有切断阀时，以切断阀作为分隔界限划分为独立的单元。

（7）储存单元（storage unit）：用于储存危险化学品的储罐或仓库组成的相对独立的区域，储罐区以罐区防火堤为界限划分为独立的单元，仓库以独立库房（独立建筑物）为界限划分为独立的单元。

（8）保护层分析（LOPA）：是为了确定现有的安全屏障是否充足或者是否还需要更多的安全屏障以及将SIL的要求分配给安全仪表功能的一种半定量流程风险分析方法。

<<<< 复习思考题 >>>>

（1）什么是评价单元？

（2）评价单元划分的原则是什么？

（3）简述划分评价单元的方法和注意事项。

（4）简述选择安全评价方法时应遵循的原则。

（5）论述选择安全评价方法时应注意的问题。

（6）作业条件危险性评价法的步骤。

（7）简述蒙德法和火灾爆炸指数评价法的异同。

（8）什么是独立保护层？

（9）目前常用人因可靠性分析法有哪些？

（10）图5-21为某反应装置流程示意图。设A、B两种原料在该装置中生成产品C。如果B的浓度超过A的浓度，则发生爆炸反应，这是绝对不允许的。请问针对该系统，可以采用本章学习的哪些方法进行安全评价？选择其中一种方法，写出具体的评价过程。

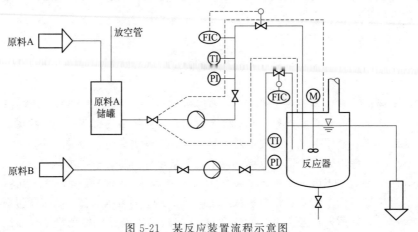

图 5-21　某反应装置流程示意图

参 考 文 献

[1] 程琳，张同升. 作业条件风险评价法（LEC 法）在外场试验安全管理中的应用实践 [J]. 船舶标准化与质量，2020（5）：52-55.

[2] 李壮，党晓雨. 基于 PHA-LEC 法在管道内涂车间的危险性分析 [J]. 当代化工，2014，43（7）：1262-1264.

[3] 张学智，王文浩，刁秀蒙，等. 基于道化学火灾爆炸危险指数法的异丁烯罐区火灾爆炸事故后果研究 [J]. 南开大学学报（自然科学版），2022，55（5）：1-7，14.

[4] 胡继元，黄智勇. 四氧化二氮储罐的风险评价 [J]. 安全与环境工程，2017，24（5）：129-131，157.

[5] 陈淋. 基于 ICI 蒙德法的氟化企业生产装置毒性危险性定量分析 [J]. 化学工程与装备，2023（1）：239-243.

[6] 秦华礼，桂焱. 蒙德法评价方法的计算机软件开发及应用 [J]. 化肥设计，2016，54（4）：33-36.

[7] 闫放，张舒，许开立. 化工危险源定量保护层分析 [J]. 中国安全科学学报，2019，29（1）：100-105.

[8] 郭庆，关德明. 民机维修任务分析的人因可靠性预测模型 [J]. 航空学报，2023，44（16）：163-173.

[9] 黄曙东. 基于人因失误率预测法改进的事故后人因可靠性分析技术 [J]. 安全与环境学报，2005，5（6）：115-117.

[10] 沈斐敏. 安全系统工程 [M]. 北京：机械工业出版社，2022.

[11] 徐志胜. 安全系统工程 [M]. 3 版. 北京：机械工业出版社，2016.

[12] 沈斐敏. 安全评价 [M]. 徐州：中国矿业大学出版社，2009.

[13] 林柏泉，张景林. 安全系统工程 [M]. 北京：中国劳动社会保障出版社，2007.

[14] 曹庆贵. 安全评价 [M]. 北京：机械工业出版社，2017.

[15] 汪元辉. 安全系统工程 [M]. 天津：天津大学出版社，1999.

[16] 龙凤乐. 油田生产安全评价 [M]. 北京：石油工业出版社，2005.

[17] 国家安全生产监督管理总局. 安全评价：上册 [M]. 3 版. 北京：煤炭工业出版社，2005.

[18] 国家安全生产监督管理总局. 安全评价：下册 [M]. 3 版. 北京：煤炭工业出版社，2005.

[19] 赵铁锤. 安全评价 [M]. 北京：煤炭工业出版社，2004.

[20] 赵铁锤. 危险化学品安全评价 [M]. 北京：中国石化出版社，2003.

[21] 张乃禄. 安全评价技术 [M]. 3 版. 西安：西安电子科技大学出版社，2016.

[22] 刘双跃. 安全评价 [M]. 北京：冶金工业出版社，2010.

[23] 张乃禄. 安全评价技术 [M]. 2 版. 西安：西安电子科技大学出版社，2011.

[24] 中国就业培训技术指导中心，中国安全生产协会. 安全评价师（国家职业资格一级）[M]. 北京：中国劳动社会保障出版社，2010.

[25] 中国就业培训技术指导中心，中国安全生产协会. 安全评价师（国家职业资格二级）[M]. 北京：中国劳动社会保障出版社，2010.

[26] 中国就业培训技术指导中心，中国安全生产协会. 安全评价师（国家职业资格三级）[M]. 北京：中国劳动社会保障出版社，2010.

[27] 李华，胡奇英. 预测与决策教程 [M]. 北京：机械工业出版社，2019.

[28] AQ/T 3049—2013. 危险与可操作性分析（HAZOP 分析）应用导则.

延伸阅读文献

第 5 章　系统安全评价

第 6 章

系统安全预测与决策

本章学习目标

① 了解预测结果的分析与评价的方法、计算机安全预测方法。

② 熟悉预测精准性的衡量指标，掌握层次分析决策法、模糊决策法、马尔可夫预测法、灰色预测法、回归预测法的原理及应用过程。

6.1 安全预测概述

安全预测在我国始于 20 世纪 70 年代末期，21 世纪初期才形成一定规模。目前，尚没有统一的认识和方法。

安全预测的发展首先来自决策的需要。目前，安全预测在我国尚未成为制定安全管理决策所不可缺少的一部分。安全预测的一个重要作用是分析评价系统中各种不确定因素，以及每种因素所承担的风险与风险发生的程度，从而帮助管理者进行有效抉择，达到系统安全运行的状态。因此，安全预测的主要目的是使决策的制订者了解风险发生的各种后果，并优化风险的决策。这种决策是人们在实践的基础上，根据对事故发生的客观规律的一些认识，在主观意志的参与下，对避免未来安全风险的行动目标及其实现方案进行合理分析、判断的过程。

我国的安全预测技术相对于国外而言起步较晚。许多专家学者在吸取世界各国经验教训的基础上，根据我国的具体情况，将那些经过实践检验确有价值的研究成果引入国内，并使其在近 30 年的时间里发展成为安全科学中的一个组成部分。在安全科学快速发展过程中，安全预测的发展已为安全决策提供了坚实的科学基础。

安全决策是在安全预测出现以后发展起来的。安全决策是在对系统过去、现在发生的事故进行分析的基础上，运用预测技术的手段，对系统未来事故变化规律做出合理判断的过程。安全分析是安全预测的基础，没有安全分析，就不可能有有效的安全预测与决策。

预测是运用各种知识和科学手段，分析研究历史资料，对安全生产发展的趋势或可能的结果进行事先的推测和估计。也就是说，预测就是由过去和现在去推测未来，由已知去推测未知。

预测由四部分组成，即预测信息、预测分析、预测技术和预测结果。

系统安全预测就要预测造成事故后果的许多前级事件，包括起因事件、过程事件和情况变化。随着生产的发展以及新工艺、新技术的应用，预测会产生什么样的新危险、新的不安全因素。随着科学技术的发展，预测未来的安全生产面貌及应采取的安全对策。

（1）安全预测的分类

① 按预测对象的范围划分。

（a）宏观预测：指对整个行业、一个省区、一个局（企业）的安全状况的预测。

（b）微观预测：指对一个厂（矿）的生产系统或对其子系统的安全状况的预测。

② 按时间长短划分。

（a）长（远）期预测：指对五年以上的安全状况的预测。它为安全管理方面的重大决策提供科学依据。

（b）中期预测：指对一年以上五年以下的安全生产发展前景进行的预测。它是制订五年计划和任务的依据。

（c）短期预测：指对一年以内的安全状态的预测。它是年度计划、季度计划以及规定短期发展任务的依据。

（2）安全预测的基本原理

系统安全预测同其他预测方法一样，遵循如下的基本原理。

① 系统原则。系统安全预测是系统工程，因此，应当从系统的观点出发，以全局的观点、更大的范围、更长的时间、更大的空间、更高的层次来考虑系统安全预测问题，并把系统中影响安全的因素用集合性、相关性和阶层性协调起来。

② 类推和概率推断原则。如果已经知道两个不同事件之间的相互制约关系或共同的有联系的规律，则可利用先导事件的发展规律来预测迟发事件的发展趋势，这就是所谓的类推预测。

根据小概率事件推断准则，若某系统评价结果表明其发生事故的概率为小概率事件，则推断该系统是安全的；反之，若其概率很大，则认为系统是不安全的。

③ 惯性原理。对于同一个事物，可以根据事物的发展都带有一定的延续性（即所谓惯性）来推断系统未来发展趋势。所以惯性原理也可以称为趋势外推原理。

应该注意的是，应用此原理进行安全预测是有条件的，它是以系统的稳定性为前提的。也就是说，只有在系统稳定时，事物之间的内在联系及其基本特征才有可能延续下去。但是，绝对稳定的系统是不存在的，这就要根据系统某些因素的偏离程度对预测结果进行修正。

（3）安全预测的方法

安全预测分析是建立在调查研究和科学试验基础上的科学分析。对于任何事物，如果只有情况和数据，没有科学的分析，就不能解释事物演变的规律及其发展趋势，也就无法实现预测。目前，预测方法有 150 种以上，比较常用的有 20～30 种，从大的方面可分为以下三类。

① 经验推断预测法。经验推断预测法包括：头脑风暴法、德尔菲法、主观概率法、试验预测法、相关树法、形态分析法、未来脚本法等。

② 时间序列预测法。时间序列预测法包括：滑动平均法、指数滑动平均法、周期变动分析法、线性趋势分析法、非线性趋势分析法等。

③ 计量模型预测法。计量模型预测法包括：回归分析法、灰色预测法、马尔可夫链预测法、投入产出分析法、宏观经济模型法等。

6.1.1 预测误差与预测精确性的衡量

（1）预测误差

一般来讲，任何定量预测都不可能达到完全准确。大家知道，科学的预测是对客观事物运行发展规律的模拟，各种预测技术和方法的实质正是寻求研究对象发展变化中隐含的规律，如惯性原理、类推原理、相关原理、概率推断原理等。然而，正如当今科学的成就依然只是揭开了宇宙神秘面纱的一角，这些规律也只是客观事物发展变化最主要、最显著的规律。世界上没有一成不变的事物，类似的事件也不是彼此的机械重复。

所以，对预测的误差要有辩证的认识。预测过程实际上是人们根据已掌握的客观规律，对客观事物运动、变化的认识进行不断修正和不断逼近的过程。

从预测实践的角度讲，影响预测结果精确性的因素有很多，例如以下几种因素。

① 信息（历史资料）的质量。信息收集作为预测工作的基础，如果数量不足、质量不高或错过时机，对预测准确度都有程度不同的影响。现今随着互联网与IT技术的广泛运用，大量的数据被自动存储，相应数据的质量也越来越高。例如，企业的需求需要进行预测，而随着精准营销技术的广泛运用，需求预测的误差也越来越小。

② 预测问题的分析与判断。实际工作中的预测问题往往比理论研究中的"序列"要复杂得多，对经济过程结构和逻辑关系的分析在很大程度上影响着人们对资料的选取和对预测方法的选择，而且预测过程中的很多步骤也包含着人们对问题的定性判断。所以，预测者对预测对象及客观条件的熟悉程度、经验知识以及预测者的智能结构（包括知识面的广度和深度、逻辑推理和分析判断能力等）也对预测结果有着巨大的影响。

③ 预测理论与方法。预测研究在世界上还是一门建立不久的新学科，指导这一研究的基础理论以及各种方法均不甚成熟，有待进一步地提高和完善。不同的预测方法与模型均有其有限的适用范围，而且在预测实践中，时间、资金因素也限制着人们，因此需要考虑预测的精确性和预测成本之间的平衡。

上述三个方面只是影响预测误差最主要的因素，其他的还包括社会因素、技术创新因素等。所以，需要树立对预测误差的正确认识，要客观、辩证地看待误差的存在。特别是对于定量预测方法，也有定量地衡量其精确性的指标。

（2）预测精确性的衡量指标

预测误差就是预测结果与实际结果的偏差，它决定了预测的精确性。定量预测方法的精确性有很多衡量指标，主要衡量指标有以下几种。

① 预测点的绝对误差。

记 $y_1, y_2, \cdots, y_n$ 为预测对象的实际观测值，$\hat{y}_1, \hat{y}_2, \cdots, \hat{y}_n$ 为预测值，则

$$a_t = y_t - \hat{y}_t, t = 1, 2, \cdots, n \tag{6-1}$$

式(6-1)表示在 t 点的绝对误差。显然 a_t 是预测结果误差最直接的衡量，但其大小受预测对象计量单位的影响，不适合作为预测精确性的最终衡量指标。

② 预测点的相对误差。

$$\tilde{a}_t = \frac{a_t}{y_t} = \frac{y_t - \hat{y}_t}{y_t}, t = 1, 2, \cdots, n \tag{6-2}$$

式(6-2)中，$\tilde{a}_t$ 常常用百分比表示，衡量预测点 t 上预测值相对于观测值的准确程度。如 $\tilde{a}_t = 2\%$ 说明预测值比实际值偏低了 2%，大致上也可以说预测的精度就是 98%。

上述两个指标均只表示了预测点上预测的误差，而要衡量预测模型整体的精确性，还必

安／全／系／统／工／程

须考虑所有预测点上总的误差。

③ 平均绝对误差（MAD）与相对平均绝对误差（AARE）。

对于绝对误差的存在，其累积值将会因正负误差相互抵消而减弱总的误差量，但绝对误差绝对值的累积则能避免正负误差的相互抵消。称

$$\text{MAD} = \frac{1}{n} \sum_{t=1}^{n} |y_t - \hat{y}_t| = \frac{1}{n} \sum_{t=1}^{n} |a_t| \tag{6-3}$$

为平均绝对误差。

但平均绝对误差依然受预测对象计量单位大小的影响，所以引入

$$\text{AARE} = \frac{1}{n} \sum_{t=1}^{n} \left| \frac{y_t - \hat{y}_t}{y_t} \right| = \frac{1}{n} \sum_{t=1}^{n} |\tilde{a}_t| \tag{6-4}$$

式（6-4）表示相对平均绝对误差，它较好地衡量了预测模型的精确性。但绝对值运算在数学上不好处理，所以又有以下两个衡量指标。

④ 预测误差的方差 S^2 与标准差 S。

$$S^2 = \frac{1}{n} \sum_{t=1}^{n} (y_t - \hat{y}_t)^2 = \frac{1}{n} \sum_{t=1}^{n} a_t^2 \tag{6-5}$$

$$S = \sqrt{\frac{1}{n} \sum_{t=1}^{n} (y_t - \hat{y}_t)^2} = \sqrt{\frac{1}{n} \sum_{t=1}^{n} a_t^2} \tag{6-6}$$

方差 S^2 与标准差 S 在数学上易于处理，也较好地反映了预测结果的精确性。显然，它们越大，表示预测结果越不准确。它们与平均绝对误差的区别在于方差和标准差对较大的预测点误差更为敏感，采用它们作精确性的衡量标准时，宁可有多个较小的预测点误差，也不愿有少量的较大的预测点误差。

当预测误差按正态分布时，平均绝对误差与标准差 S 之间有如下关系。

$$S = \sqrt{\frac{\pi}{2}} \text{MAD} \approx 1.25 \text{MAD} \tag{6-7}$$

根据预测误差还可以对预测进行监控，即不断地检验预测结果，根据预测误差的变化来判断所用的预测方法是否过时，是否需要重新选择预测方法，以及如何选择新的预测方法。监控预测效果的指标称为追踪信号，定义为

$$\text{追踪信号} = \frac{\sum_{t=1}^{n} (y_t - \hat{y}_t)}{\text{MAD}} \tag{6-8}$$

式（6-8）中的预测误差和 MAD 都要用相同的周期数资料进行计算。

追踪信号可接受的控制范围一般在下限 -3 到上限 $+3$ 之内。在这个范围内，可认为预测结果比较可靠，超出这个范围，就需检查所用的预测方法是否适用。

6.1.2　预测结果的分析与评价

预测作为一个资料、技术和分析相结合的过程，除了合理地运用技术之外，还要对定量方法产生的结果做出分析与评价，这也对预测工作的有效性起着至关重要的影响，体现了人们的经验与智慧，合理、有效的分析是预测从技术到艺术的飞跃。下面讨论如何分析与评价预测模型及其产生的预测结果。

（1）预测模型的评价

要保证预测结果的有效性，对预测模型进行分析与评价时应遵循如下原则。

① 合理性。预测模型是对实际事物发展规律的模拟，因此，它应与事物的发展规律相

一致，符合逻辑。否则，说明预测模型不合理，自然需要改进。

② 预测能力。建立模型是为了进行预测，模型是否具有预测能力是选择模型的主要标准。模型的预测能力主要表现在两个方面。一是看模型能否说明所要预测期间事物的发展情况。许多模型都是利用历史统计数据建立起来的，它们反映的是事物发展的历史规律。由于各种因素的发展变化，改变了事物发展的条件，可能会使历史规律不再延续，这就必然会对模型的预测能力造成影响。二是看预测模型的误差范围。利用模型进行预测，一般要确定预测结果的置信区间。当用于建立模型的历史数据误差较大时，将会导致预测结果的置信区间过宽，因而也会影响模型的预测能力。

③ 稳定性。如果一个预测模型能在较长的时期内准确地反映预测对象的发展变化情况，那么，它就比那些只能反映预测对象短暂变化的模型稳定。模型的稳定性还表现在其参数和预测能力是否受统计数据变化等因素的影响上。如果一个模型无论是用2013年的统计数据为起始资料建立起来的，还是用2016年的统计数据为起始资料建立起来的，其参数和预测能力都不会受到较大影响，或者在外部条件发生变化的条件下，模型仍具有较强的预测能力，这些都说明该模型具有较好的稳定性。反之，则说明该模型的稳定性较差。稳定性好的模型比稳定性差的模型抗干扰性强、使用的时间长，应该是优先选择的对象。

④ 简单性。当两个模型的预测能力相差不大时，形式简单、容易运用的模型是优先选择的对象。例如，当用1个自变量建立的因果关系数学模型与用2个自变量建立的因果关系数学模型所获得的预测结果相近时，自然应该选择前者。同时，由于自变量本身常常有误差，所以2个自变量的误差带给因变量的影响一般大于1个自变量带来的影响，这更显示出选择简单模型的优越性。

对预测模型的评价，除了可按照以上四条基本原则，也可采用其他适当的方法来进行，如邀请一些专家采用专家会议法或德尔菲法来对预测模型进行评价。

（2）预测结果的分析与反思

对于预测结果，归根结底要看它是否为决策者提供了可靠的未来信息，以使决策者做出科学的、正确的决策。所以，还必须对预测结果进行分析与反思。

预测工作受到信息质量的限制，同时在预测问题的分析中、在预测方法的选择上、在模型的建立过程中，都融入了个人的经验、知识等非定量的因素。在得到预测结果之后，为了使其最大限度地为决策者提供正确、有效的信息，还必须对自己的工作做一番反思。

反思工作没有内容和形式上的限制，但下面的几点是需要重视的。

① 在对预测问题的分析判断中，思维过程中有没有逻辑上的不合理之处，做出的结论是否与经验和常识相符。若不符，则要仔细思考是预测有误，还是对事物发展的突变因素认识不足。另外，在预测工作中一般对问题做了一些假设与简化，这些假设与简化是否合理也是反思的重点。

② 数据与信息是预测工作的基础，选取的数据是否有效、质量是否可靠，也是反思的重点。如果有新得到的数据、信息，则要根据新的信息补充原有信息。若新的信息仍然支持原有结论，那么原有的结论自然就更加可信；反之，则需进一步分析分歧产生的原因。

③ 预测方法的选择和运用是否合理。不同的方法和模型有不同的适用范围，要注意预测的问题和使用的数据是否适合选用的预测方法。

④ 在条件允许的情况下，尽可能采用多种方法进行预测。在预测方法各异、数据来源不同的情况下，多种预测方法的综合运用往往能产生更好的效果。因为不同的方法能针对事物发展规律的不同方面，不同来源的数据避免了单一数据源产生的误差，组合预测方法最大限度地利用了数据和知识。若多种方法的结论一致，显然增加了预测结果的可信度；若不一致，则要考虑是某个方法运用得不合理，还是应将不同方法的结果综合，得到新的结论。

对预测结果的分析与评价，是预测与决策的结合点，是预测结论为下一阶段工作使用所做出的"出厂检验"。在预测的整个过程中，特别是对预测模型的分析、对结果的反思，要时刻把握预测的目的是什么，预测在将要进行的决策中的价值是什么，做到目的明确、思路清楚。实际上，即使在决策中，对已有的预测结果根据新的情况重新进行评价与反思也是必要的。

6.2 层次分析决策法

6.2.1 层次分析法简介

层次分析法（analytic hierarchy process，AHP）是建立在系统理论基础上的一种解决实际问题的方法。用层次分析法做系统分析，首先要把问题层次化。根据问题的性质和所要达到的总目标，将问题分解为不同的组成因素，并按照因素间的相互关联、影响及隶属关系将因素按不同层次聚集组合，形成一个多层次的分析结构模型，并最终把系统分析归结为最低层（供决策的方案措施等）相对于最高层（总目标）的相对重要性权值的确定或相对优劣次序的排序问题。

在排序计算中，每一层次中的排序又可简化为一系列成对因素的判断比较，并根据一定的比率将判断定量化，形成比较判断矩阵。通过计算得出某层次因素相对于上一层次中某一因素的相对重要性排序（层次单排序）。为了得到某一层次相对上一层次的组合权值，将上一层次各因素分别作为下一层次各因素间相互比较判断的准则，依次沿层序结构由上而下逐层计算，即可计算出最低因素（如待决策的方案、措施、政策等）相对于最高层（总目标）的相对重要性权值或相对优势的排序值。因此，层次分析法可以用来确定系统综合安全程度影响因素的权值。

6.2.2 层次分析法步骤

（1）建立层次结构模型

层次分析法模型概念的基础是模型与对象之间存在某种相似性，因此，在这两个对象之间就存在着原型-模型关系。它一般具有三个特征。

① 它是现实系统的抽象或模仿。

② 它是由与分析问题有关的部分或因素构成的。

③ 它表明这些有关部分或因素之间的关系。

层次分析法常用的模型有符号模型、数学模型和模拟模型。

要建立一个有效的系统模型，必须符合以下三个要求。

① 相似性。模型与原型要有相似关系，即模型的结构和功能必须是研究对象（原型）的结构和功能的模仿。

② 简单性。模型必须由与原型有关的基本部分（要素）所构成。也就是说，模型必须撇开研究对象的次要成分或过程，而抓住研究对象的主要成分环节，这样才能起到对原型的模仿作用和简化作用。

③ 正确性。模型必须反映原型的各种真实关系，即模型能表现出研究对象内部和外部的各种基本关系。

根据对问题的初步分析，将问题包含的因素按照是否具有某些特征聚集成组，并把它们之间的共同特征看作是系统中新的层次中的一些因素，而这些因素本身也按照另外一组特性组合形成更高层次的因素，直到最终形成单一的最高因素，这往往可以视为决策分析的目标，这样就可构成由最高层、若干中间层和最底层排列的层次分析结构模型。决策问题通常可以划分为下面三类层次，如图6-1所示。

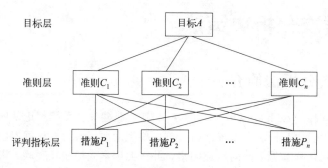

图6-1 层次分析结构模型

① 最高层：也称目标层。表示解决问题的目的，即层次分析要达到的总目标。

② 中间层：也称准则层，表示采取某种措施、政策、方案等来实现预定总目标所涉及的中间环节。

③ 最底层：也称评判指标层，表示解决问题要选用的各种措施、政策、方案等。

建立了层次分析模型后，就可以在各层元素中两两进行比较，构造出判断矩阵，并引入合适的标度将判断定量化，通过数学运算即可计算出最底层对于最高层总目标相对优劣的排序权值。

在层次模型中，采用作用线标明上一层次因素和下一层次因素之间的联系。如果某个因素与下一层中所有因素均有联系，则称这个因素与下一层次存在着完全层次关系。目标层与准则层因素之间的关系即为完全层次关系。若某个因素仅与下一层中的部分因素有联系，如准则层与评判指标层因素之间的关系即为不完全层次关系。另外，层次之间可以建立子层次，子层次从属于主层次中某个因素，它的因素与下一层次的因素有联系，但不形成独立层次。

（2）构造判断（成对比较）矩阵

每个系统分析都以一定的信息为基础，层次分析的信息基础主要是人们对于每一层次中各因素相对重要性给出的判断。这些判断通过引入合适的标度用数值表示出来，写成判断矩阵。判断矩阵表示针对上一层次某因素，本层次不同因素之间相对重要性的比较。

采用成对比较法和1～9标度，构造成对比较矩阵 A。判断矩阵表示见式(6-9)，判断方法见表6-1。

$$A = \begin{bmatrix} a_{11} & a_{12} & a_{13} & \cdots & a_{1n} \\ a_{21} & a_{22} & a_{23} & \cdots & a_{2n} \\ a_{31} & a_{32} & a_{33} & \cdots & a_{3n} \\ \vdots & \vdots & \vdots & & \vdots \\ a_{n1} & a_{n2} & a_{n3} & \cdots & a_{nn} \end{bmatrix} \tag{6-9}$$

1～9标度方法有以下依据。

① 实际工作中当被比较的事物在所考虑的属性方面具有同一个数量级或很接近时，定性的区别才有意义，也才有一定的精度。

安／全／系／统／工／程

② 在估计事物的区别性时，可以用 5 种判断表示，即相等、较强、强、很强、绝对强。当需要更高精度时，还可以在相邻判断之间做出比较，这样，总共有 9 个数字，它们有连贯性，因此在实际中可以应用。

③ 在对事物比较中，7±2 个项目为心理学极限。如果取 7±2 个元素进行逐对比较，它们之间的差别要用 7±2 个数字表示出来。

④ 社会调查也说明，在一般情况下，需要用 7 个标度点来区分事物之间质的差别或重要性程度的不同。

⑤ 如果需要用比 1～9 标度更大的数，可用层次分析法将因素进一步分解聚类，在比较这些因素之前，先比较这些类别，这样就可使所比较的因素之间质的差别落在 1～9 标度范围内。

表 6-1　判断矩阵标度及其含义

标度	含义
1	表示两个因素相比,具有同等重要性
3	表示两个因素相比,一个因素比另一个因素稍重要
5	表示两个因素相比,一个因素比另一个因素明显重要
7	表示两个因素相比,一个因素比另一个因素强烈重要
9	表示两个因素相比,一个因素比另一个因素极端重要
2,4,6,8	上述两相邻判断的中值
倒数	因素 i 与 j 比较得判断 a_{ij},因素 j 与 i 比较得判断 $a_{ji}=1/a_{ij}$

（3）计算权向量

可采用方根法算出权向量 $\boldsymbol{W}$，具体计算过程如下。

$$w_i=\left(\prod_{j=1}^{n}a_{ij}\right)^{\frac{1}{n}},i=1,2,\cdots,n \tag{6-10}$$

式中，w_i 为矩阵 $\boldsymbol{A}$ 行向量的方根。

将 w_i 归一化处理，得到权向量的元素值 w_i^*。其关系式为：

$$w_i^*=\frac{w_i}{\sum\limits_{i=1}^{n}w_i},i=1,2,\cdots,n$$

则权向量 $\boldsymbol{W}$ 为：

$$\boldsymbol{W}=(w_1^*,w_2^*,\cdots,w_n^*)$$

（4）进行一致性检验

通过进行一致性检验来度量评价因素权值判断矩阵有无逻辑混乱。计算一致性比率，其关系式为：

$$CR=\frac{CI}{RI} \tag{6-11}$$

$$CI=\frac{\lambda_{\max}-n}{n-1},n>1 \tag{6-12}$$

式中，CR 表示一致性比率；CI 表示一致性指标；RI 表示随机一致性指标；$\lambda_{\max}$ 为矩阵 $\boldsymbol{A}$ 的最大特征值；n 为矩阵的阶数。

RI 取值见表 6-2。

当 $CR<0.10$ 时，认为一致性可以接受，否则调整判断矩阵直到接受。

表 6-2　RI 取值

矩阵阶数	3	4	5	6	7	8	9	10	11	12	13	14	15
RI	0.52	0.89	1.12	1.26	1.36	1.41	1.46	1.49	1.52	1.54	1.56	1.58	1.59

6.2.3 层次分析法优缺点及适用范围

层次分析法是一种能有效地处理那些难以完全用定量来分析的复杂问题的手段。层次分析法应用领域比较广阔，可以分析社会、经济以及科学管理领域中的问题。层次分析法所构造的模型是递阶层次结构，即从高到低或从低到高的层次结构。而在实际分析中，还会遇到更复杂的系统。在这些系统中，层次已经不能表明高或低了，这是因为某一层次既可直接或间接地影响其他层次，同时又直接或间接地被其他层次所影响。这种类型的问题，通常用网络结构模型来描述。

拓展阅读 6-1

层次分析法拓展应用实例

6.3 模糊决策法

6.3.1 模糊决策法概述

模糊理论起源于 1965 年美国加利福尼亚大学控制论专家扎德（L. A. Zadeh）教授在 *Information and Control* 杂志上的一篇文章 "Fuzzy Sets"。模糊数学自 1976 年传入我国后，在我国得到了迅速发展，现在它的应用已遍及各个行业。

由于安全与危险都是相对模糊的概念，在很多情况下都有不可量化的确切指标，这就需要将诸多模糊的概念定量化、数字化。在此情况下，应用模糊数学将是一个较好的选择方案之一。

现实社会中，综合决策问题是多因素、多层次决策过程中所遇到的一个带有普遍意义的问题。在进行系统安全评价时，使用的评语常带有模糊性，所以宜采用模糊决策法。

模糊决策法具有自己的特点及适用条件，具体如下。

（1）模糊决策法的优点

① 模糊决策结果本身是一个向量，而不是一个单点值，并且这个向量是一个模糊子集，较为准确地刻画了对象本身的模糊状况，提供的决策信息比其他方法全面。

② 模糊决策从层次角度分析复杂对象，有利于最大限度地客观描述被评判对象。

③ 模糊决策中的权值是从评判者的角度认定各评判因素重要程度而确定的。根据评判者的着眼点不同，可以改变评判因素的权值，定权方法的适用性较强。

（2）模糊决策法的局限性

① 模糊决策过程中，不能解决评判因素间的相关性所造成的评判信息重复的问题，因此，在进行模糊决策前，因素的预选和删除十分重要，需要尽量把相关程度较大的因素删除，以保证评判结果的准确性。

② 在模糊决策中，各指标的权值是由人为打分给出的。这种方式具有较大的灵活性，但人的主观性较大，与客观实际可能会有一定的偏差。

（3）模糊决策法适用范围

模糊决策法适用性强，既可用于主观因素的综合评判，又可用于客观因素的综合评判。在实际生活中，"亦此亦彼"的模糊现象大量存在，所以模糊决策法的应用范围很广，特别是在主观因素的综合评判中，使用模糊决策法可以发挥模糊数学的优势，评判效果优于其他方法。在安全决策工作中，模糊决策法既可以用于系统的整体安全评判，也可以用于局部安全评判。

6.3.2 模糊决策原理及决策步骤

（1）模糊决策基本原理

模糊决策是应用模糊关系合成的原理，从多个因素对被评判事物隶属度等级状况进行综合评判的一种方法。模糊综合决策包括以下6个基本要素。

① 评判因素论域 U。U 代表综合评判中各评判因素所组成的集合。

② 评语等级论域 V。V 代表综合评判中评语所组成的集合。它实质是对被评事物变化区间的一个划分，如安全技术中"三同时"落实的情况可分为优、良、中、差4个等级，这里的优、良、中、差就是模糊决策中对"三同时"落实情况的评语。

③ 模糊关系矩阵 $\tilde{R}$。$\tilde{R}$ 是单因素评判的结果，即单因素评判矩阵。模糊决策所综合的对象正是 $\tilde{R}$。

④ 评判因素权向量 $\tilde{A}$。$\tilde{A}$ 代表评判因素在被评对象中的相对重要程度，它在模糊决策中用来对 $\tilde{R}$ 做加权处理。

⑤ 合成算子。合成算子指合成 $\tilde{A}$ 与 $\tilde{R}$ 所用的计算方法，也就是合成方法。

⑥ 评判结果向量 $\tilde{B}$。它是对每个被评判对象综合状况分等级的程度描述。

（2）一级模糊决策步骤

① 建立因素集。因素就是决策对象的各种属性或性能，在不同场合，也称为参数指标或质量指标，它们综合地反映出对象的质量。人们就是根据这些因素进行评价的。所谓因素集，就是影响评判对象的各种因素组成的一个普通集合，即 $U = \{u_1, u_2, \cdots, u_n\}$。这些因素通常都具有不同程度的模糊性。

② 建立评语集。评语集是决策者对评判对象可能做出的各种总的评判结果所组成的集合，即 $V = \{v_1, v_2, \cdots, v_n\}$。各元素 v_i 代表各种可能的评判结果。模糊决策的目的，就是在综合考虑所有影响因素的基础上，从评判集中得出一个最佳的评判结果。

③ 计算权值。在因素集中，各因素的重要程度是不一样的。为了反映各因素的重要程度，对各个因素 u_i 赋予相应的权值 $a_i(i = 1, 2, \cdots, n)$。由各权值所组成的向量 $\tilde{A} = (a_1, a_2, \cdots, a_n)$ 称为因素权向量，简称权向量。

通常各权值 a_i 应满足归一性和非负性条件，即：

$$\sum_{i=1}^{n} a_i = 1, a_i \geqslant 0 \tag{6-13}$$

各种权值一般由人们根据实际问题的需要主观确定，没有统一、严格的方法。常用方法有统计实验法、分析推理法、专家评分法、层次分析法和熵权法等。

④ 单因素模糊决策。单独从一个元素出发进行评判，以确定评判对象对评判集元素的隶属度便称为单因素模糊决策。

单因素模糊决策，即建立一个从 U 到 $F(V)$ 的模糊映射：

$$f:U \rightarrow F(V), \forall u_i \in U, u_i \rightarrow \tilde{f}(u_i) = \frac{r_{i1}}{v_1} + \frac{r_{i2}}{v_2} + \cdots + \frac{r_{in}}{v_n} \tag{6-14}$$

式中，r_{ij} 为 u_i 属于 u_j 的隶属度。

由 $\tilde{f}(u_i)$ 可得到单因素评判集 $\tilde{R}_i = (r_{i1}, r_{i2}, \cdots, r_{in})$。

以单因素评判集为行组成的矩阵称为单因素评判矩阵。该矩阵为模糊矩阵。

$$\tilde{R} = \begin{pmatrix} r_{11} & r_{12} & \cdots & r_{1m} \\ r_{21} & r_{22} & \cdots & r_{2m} \\ \vdots & \vdots & & \vdots \\ r_{n1} & r_{n2} & \cdots & r_{nm} \end{pmatrix} \tag{6-15}$$

⑤ 模糊决策。单因素模糊决策仅反映了一个因素对评判对象的影响，这显然是不够的。综合考虑所有因素的影响，便是模糊决策。

如果对各因素作用以相应的权值 a_i，便能合理地反映所有因素的综合影响。因此，模糊决策可以表示为：

$$\tilde{B} = \tilde{A}\tilde{R} = (a_1, a_2, \cdots, a_n) \begin{pmatrix} r_{11} & r_{12} & \cdots & r_{1m} \\ r_{21} & r_{22} & \cdots & r_{2m} \\ \vdots & \vdots & & \vdots \\ r_{n1} & r_{n2} & \cdots & r_{nm} \end{pmatrix} = (b_1, b_2, \cdots, b_m) \tag{6-16}$$

式中，b_j 称为模糊决策指标，简称决策指标。其含义为：综合考虑所有因素的影响时，评判对象对评判集中第 j 个元素的隶属度。

（3）多级综合评判模型

将因素集 U 按属性的类型划分成 s 个子集，记作 $U_1, U_2, \cdots, U_s$，根据问题的需要，每一个子集还可以进一步划分。对每一个子集 U_i，按一级评判模型进行评判。将每一个 U_i 作为一个因素，用 $\tilde{B}_i$ 作为它的单因素评判集，又可构成评判矩阵：

$$\tilde{R} = \begin{pmatrix} \tilde{B}_1 \\ \tilde{B}_2 \\ \vdots \\ \tilde{B}_s \end{pmatrix} \tag{6-17}$$

于是有第二级综合评判：

$$\tilde{B} = \tilde{A}\tilde{R} \tag{6-18}$$

最后根据最大隶属度原则确定安全评判等级。

拓展阅读 6-2

模糊决策拓展应用实例

6.4 马尔可夫预测法

马尔可夫（A. A. Markov）是俄国数学家。20 世纪初，他在研究中发现自然界中有一类事物的变化过程仅与事物的近期状态有关，而与事物的过去状态无关。具有这种特性的随机过程称为马尔可夫过程。设备维修和更新、人才结构变化、资金流向、市场需求变化等许多经济和社会行为都可用这一类过程来描述或近似，其应用范围非常广泛。

6.4.1　马尔可夫链

为了表征一个系统在变化过程中的特性（状态），可以用一组随时间进程而变化的变量来描述。如果系统在任何时刻上的状态是随机的，则变化过程就是一个随机过程。

设有参数集 $T \subset (-\infty, +\infty)$，如果对任意的 $t \in T$，总有一个随机变量 X_t 与之对应，则称 $\{X_t, t \in T\}$ 为随机过程。

若 T 为离散集，不妨设 $T = \{t_0, t_1, t_2, \cdots, t_n\}$，同时 X_t 的取值也是离散的，则称 $\{X_t, t \in T\}$ 为离散型随机过程。

设有一离散型随机过程，它所有可能处于的状态的集合为 $S = \{1, 2, \cdots, N\}$，称其为状态空间。系统只能在时刻 $t_0, t_1, t_2, \cdots$ 改变它的状态。为了简便，以下将 X_{t_n} 简记为 X_n。

一般地说，描述系统状态的随机变量序列不一定满足相互独立的条件。也就是说，系统将来的状态与过去时刻以及现在时刻的状态是有关系的。在实际情况中，也有具有这种性质的随机系统。系统在每一时刻（或每一步）的状态，仅仅取决于前一时刻（或前一步）的状态。这个性质称为无后效性，即所谓马尔可夫假设。具备这个性质的离散型随机过程，称为马尔可夫链。用数学语言描述如下。

如果对任意 $n > 1$，任意的 $i_1, i_2, \cdots, i_{n-1}, j \in S$，恒有：

$$P\{X_n = j \mid X_1 = i_1, X_2 = i_2, \cdots, X_{n-1} = i_{n-1}\} = P(X_n = j \mid X_{n-1} = i_{n-1}) \tag{6-19}$$

则称离散型随机过程 $\{X_t, t \in T\}$ 为马尔可夫链。

【例 6-1】马尔可夫链举例。

答： 在荷花池中有 N 片荷叶，编号为 $1, 2, \cdots, N$。假设有一只青蛙随机地从这片荷叶上跳到另一片荷叶上，青蛙的运动可看作一个随机过程。在时刻 t_n 青蛙所在的那片荷叶，称为青蛙所处的状态。那么，青蛙在未来处于什么状态，只与它现在所处的状态 $i(i = 1, 2, \cdots, N)$ 有关，而与它以前在哪片荷叶上无关。此过程就是一个马尔可夫链。

由于系统状态的变化是随机的，因此，必须用概率描述状态转移的各种可能性的大小。

6.4.2　状态转移矩阵

马尔可夫链是一种描述动态随机现象的数学模型，它建立在系统状态和状态转移的概念之上。所谓系统，就是人们所研究的事物对象。所谓状态，是表示系统的一组记号。当确定了这组记号的值时，也就确定了系统的行为，并说系统处于某一状态。系统状态常表示为向量，故称之为状态向量。例如，已知某月 A、B、C 三种危险化学品的市场占有率分别是 0.3、0.4、0.3，则可用向量 $\boldsymbol{P} = (0.3, 0.4, 0.3)$ 来描述该月市场危险化学品销售的状况。

当系统由一种状态变为另一种状态时，称之为状态转移。例如，危险化学品销售市场状态的转移就是各种危险化学品市场占有率的变化。显然，这类系统由一种状态转移到另一种状态完全是随机的，因此，必须用概率描述状态转移的各种可能性的大小。

如果在时刻 t_n 系统的状态为 $X_n = i$ 的条件下，在下一个时刻 t_{n+1} 系统状态为 $X_{n+1} = j$ 的概率 $p_{ij}(n)$ 与 n 无关，则称此马尔可夫链是齐次马尔可夫链，并记

$$p_{ij} = P\{X_{n+1} = j \mid X_n = i\}, i, j = 1, 2, \cdots, N \tag{6-20}$$

称 p_{ij} 为状态转移概率。显然有

$$p_{ij} \geqslant 0, i,j = 1,2,\cdots,N$$

$$\sum_{j=1}^{N} p_{ij} = 1, i = 1,2,\cdots,N \qquad (6\text{-}21)$$

设系统的状态转移过程是一个齐次马尔可夫链，状态空间 $S = \{1,2,\cdots,N\}$ 为有限集合，状态转移概率为 p_{ij}，则称矩阵

$$\boldsymbol{P} = \begin{pmatrix} p_{11} & p_{12} & \cdots & p_{1N} \\ p_{21} & p_{22} & \cdots & p_{2N} \\ \vdots & \vdots & & \vdots \\ p_{N1} & p_{N2} & \cdots & p_{NN} \end{pmatrix} \qquad (6\text{-}22)$$

为该系统的状态转移概率矩阵，简称转移矩阵。

为了论述和计算的需要，引入下述有关概念。

（1）概率向量

对任意的行向量（或列向量），如果其每个元素均非负且总和等于 1，则称该向量为概率向量。

（2）概率矩阵

由概率向量作为行向量所构成的方阵称为概率矩阵。

对一个概率矩阵 $\boldsymbol{P}$，若存在正整数 m 使 $\boldsymbol{P}^m$ 的所有元素均为正数，则称矩阵 $\boldsymbol{P}$ 为正规概率矩阵。

【例 6-2】 概率矩阵举例。

答：矩阵

$$\boldsymbol{A} = \begin{pmatrix} 0.7 & 0.3 \\ 0.5 & 0.5 \end{pmatrix}$$

中每个元素均非负，每行元素之和皆为 1，且为 2 阶方阵，故矩阵 $\boldsymbol{A}$ 为概率矩阵。

概率矩阵有如下性质。如果 $\boldsymbol{A}$、$\boldsymbol{B}$ 皆是概率矩阵，则 $\boldsymbol{AB}$ 也是概率矩阵；如果 $\boldsymbol{A}$ 是概率矩阵，则 $\boldsymbol{A}$ 的任意次幂 $\boldsymbol{A}^m (m \geqslant 0)$ 也是概率矩阵。

对 $k \geqslant 1$，记

$$p_{ij}^{(k)} = P\{X_{n+k} = j \mid X_n = i\} \qquad (6\text{-}23)$$

$$\boldsymbol{P}^{(k)} = (p_{ij}^{(k)})_{N \times N} \qquad (6\text{-}24)$$

称 $p_{ij}^{(k)}$ 为 k 步状态转移概率，$\boldsymbol{P}^{(k)}$ 为 k 步状态转移概率矩阵。它们均与 n 无关。

当 $k = 1$ 时，$p_{ij}^{(1)} = p_{ij}$，为 1 步状态转移概率。马尔可夫链中任何 k 步状态转移概率都可由 1 步状态转移概率求出。

由全概率公式可知，对 $k \geqslant 1$ 有（其中 $\boldsymbol{P}^{(0)}$ 表示单位矩阵）

$$p_{ij}^{(k)} = P\{X_{n+k} = j \mid X_n = i\}$$

$$= \sum_{i=1}^{N} P\{X_{n+k-1} = l \mid X_n = i\} P\{X_{n+k} = j \mid X_{n+k-1} = l\}$$

$$= \sum_{i=1}^{N} p_{il}^{(k-1)} p_{lj}, i,j = 1,2,\cdots,N \qquad (6\text{-}25)$$

其中用到马尔可夫链的无记忆性和齐次性。用矩阵表示，即为 $\boldsymbol{P}^{(k)} = \boldsymbol{P}^{(k-1)} \boldsymbol{P}$，从而可得

$$\boldsymbol{P}^{(k)} = \boldsymbol{P}^k, k \geqslant 1 \qquad (6\text{-}26)$$

6.4.3 马尔可夫预测步骤

（1）确定初始状态向量

记 t_0 为过程的开始时刻，$p_i(0) = P\{X_0 = X(t_0) = i\}$，则称

$$P(0)=(p_1(0),p_2(0),\cdots,p_N(0)) \qquad (6\text{-}27)$$

为初始状态概率向量。

（2）确定状态转移概率矩阵

状态转移概率矩阵的确定方法见 6.4.2 小节内容。

（3）计算状态转移结果

如已知齐次马尔可夫链的转移矩阵 $\boldsymbol{P}=(p_{ij})_{N\times N}$ 以及初始状态概率向量 $\boldsymbol{P}(0)$，则任一时刻的状态概率分布也就确定了。

对 $k\geqslant 1$，记 $p_i(k)=P\{X_k=i\}$，则由全概率公式有

$$p_i(k)=\sum_{j=1}^{N}p_j(0)p_{ji}^{(k)},i=1,2,\cdots,N \qquad (6\text{-}28)$$

若记向量 $\boldsymbol{P}(k)=(p_1(k),p_2(k),\cdots,p_N(k))$，则上式可写为

$$\boldsymbol{P}(k)=\boldsymbol{P}(0)\boldsymbol{P}^{(k)}=\boldsymbol{P}(0)\boldsymbol{P}^k \qquad (6\text{-}29)$$

由此可得

$$\boldsymbol{P}(k)=\boldsymbol{P}(k-1)\boldsymbol{P} \qquad (6\text{-}30)$$

【例 6-3】 状态转移概率矩阵举例。

答： 某个小镇的天气每天都在快速变化。如果今天是晴天，则明天出现晴天的可能性就比今天是雨天明天出现晴天的可能性大。如果今天是晴天，则明天也是晴天的概率为 0.8。而今天是雨天，明天是晴天的概率为 0.6。即使考虑了今天之前所有的天气状态，这个概率值也不会发生改变。

该小镇的天气变化可看作一个随机过程 $\{X_t,\ t=0,1,2\cdots\}$。从某天（这一天被记为第 0 天）开始，连续记录随后每一天的气象状况，第 t 天系统的状态可能为 0（代表第 t 天为晴天），也可能为 1（代表第 t 天为雨天）。因此，对于 $t=0,1,2,\cdots$，随机变量 X_t 可表示为

$$X_t=\begin{cases}0,\text{如果第 }t\text{ 天是晴天}\\1,\text{如果第 }t\text{ 天是雨天}\end{cases}$$

因此，随机过程 $\{X_t,t=0,1,2,\cdots\}=\{X_0,X_1,X_2,\cdots\}$ 是一种描述该小镇天气状态随时间变化的数学表达式。

该小镇的天气变化是一个随机过程 $\{X_t,t=0,1,2,\cdots\}$，其取值可表示为

$$X_t=\begin{cases}0,\text{如果第 }t\text{ 天是晴天}\\1,\text{如果第 }t\text{ 天是雨天}\end{cases}$$

由题设可知

$$P\{X_{t+1}=0|X_t=0\}=0.8,P\{X_{t+1}=0|X_t=1\}=0.6$$

此外，由于第二天的天气状态不受今天之前天气状态的影响，即有

$$P\{X_{t+1}=0|X_t=0,X_{t-1}=k_{t-1},\cdots,X_1=k_1,X_0=k_0\}=P\{X_{t+1}=0|X_t=0\}$$
$$P\{X_{t+1}=0|X_t=1,X_{t-1}=k_{t-1},\cdots,X_1=k_1,X_0=k_0\}=P\{X_{t+1}=0|X_t=1\}$$

在上式中，当用 $X_{t+1}=1$ 替换 $X_{t+1}=0$ 时，这些等式也是成立的。因此，该随机过程具有马尔可夫属性，从而是马尔可夫链。则 1 步转移概率可表示为

$$p_{00}=P\{X_{t+1}=0|X_t=0\}=0.8,t=0,1,2,\cdots$$
$$p_{10}=P\{X_{t+1}=0|X_t=1\}=0.6,t=0,1,2,\cdots$$

由于 $p_{00}+p_{01}=1,p_{10}+p_{11}=1$，故 $p_{01}=1-0.8=0.2,p_{11}=1-0.6=0.4$。

因此，状态转移概率矩阵可表示为

$$\boldsymbol{P}=\begin{matrix}0\\1\end{matrix}\begin{pmatrix}p_{00}&p_{01}\\p_{10}&p_{11}\end{pmatrix}=\begin{matrix}0\\1\end{matrix}\begin{pmatrix}0.8&0.2\\0.6&0.4\end{pmatrix}$$

其中转移概率是指从行状态到列状态的概率。状态 0 代表晴天，状态 1 代表雨天。矩阵中转移概率即指在当前天气状态下，第二天为雨天或晴天的概率值。

图 6-2 所描述的状态转移图与转移矩阵提供了相同信息，图中的两个节点（圆圈）代表了天气的两种可能状态。箭头代表从当天到第二天的可能转移。箭头上的数字代表转移概率。

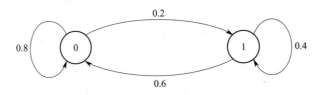

图 6-2　案例的状态转移图

【例 6-4】计算例 6-3 的 n 步转移矩阵。

答：运用上述公式计算案例的 1 步转移矩阵 $\boldsymbol{P}$ 的 n 次方，求解其 n 步转移矩阵。

2 步转移矩阵为

$$\boldsymbol{P}^{(2)}=\boldsymbol{PP}=\begin{pmatrix} 0.8 & 0.2 \\ 0.6 & 0.4 \end{pmatrix}^2=\begin{pmatrix} 0.76 & 0.24 \\ 0.72 & 0.28 \end{pmatrix}$$

该 2 步转移矩阵说明，如果今天是晴天（0），那么两天后仍为晴天（0）的概率为 0.76，为雨天（1）的概率为 0.24；如果今天是雨天（1），那么两天后为晴天（0）的概率为 0.72，为雨天（1）的概率为 0.28。

3 天、4 天或 5 天后的天气状态转移概率可通过计算 3 步、4 步和 5 步转移矩阵得到。

$$\boldsymbol{P}^{(3)}=\boldsymbol{P}^3=\boldsymbol{PP}^2=\begin{pmatrix} 0.8 & 0.2 \\ 0.6 & 0.4 \end{pmatrix}\begin{pmatrix} 0.76 & 0.24 \\ 0.72 & 0.28 \end{pmatrix}=\begin{pmatrix} 0.752 & 0.248 \\ 0.744 & 0.256 \end{pmatrix}$$

$$\boldsymbol{P}^{(4)}=\boldsymbol{P}^4=\boldsymbol{PP}^3=\begin{pmatrix} 0.8 & 0.2 \\ 0.6 & 0.4 \end{pmatrix}\begin{pmatrix} 0.752 & 0.248 \\ 0.744 & 0.256 \end{pmatrix}=\begin{pmatrix} 0.75 & 0.25 \\ 0.749 & 0.251 \end{pmatrix}$$

$$\boldsymbol{P}^{(5)}=\boldsymbol{P}^5=\boldsymbol{PP}^4=\begin{pmatrix} 0.8 & 0.2 \\ 0.6 & 0.4 \end{pmatrix}\begin{pmatrix} 0.75 & 0.25 \\ 0.749 & 0.251 \end{pmatrix}=\begin{pmatrix} 0.75 & 0.25 \\ 0.75 & 0.25 \end{pmatrix}$$

注意：在 5 步转移矩阵中有一个十分有趣的现象，即该矩阵两行的值完全一样，这表明 5 天之后的天气状态的概率与 5 天前的天气状态无关。因此，这个 5 步转移矩阵中每行的概率被称为该马尔可夫链的平稳概率，表示晴天的概率是 0.75，雨天的概率是 0.25。

【例 6-5】考察一台机床的运行状态，进行马尔可夫过程分析。

答：机床的运行存在正常和故障两种状态。由于出现故障带有随机性，故可将机床的运行看作一个状态随时间变化的随机系统。可以认为，机床以后的状态只与目前的状态有关，而与过去的状态无关，即具有无后效性。因此，机床的运行过程可看作一个马尔可夫链。

设正常状态为 1，故障状态为 2，即机床的状态空间由两个元素组成。机床在运行过程中出现故障，这时从状态 1 转移到状态 2。处于故障状态的机床经维修恢复到正常状态，即从状态 2 转移到状态 1。

现以一个月为时间单位。经观察统计，已知从某月份到下月份机床出现故障的概率为 0.2，即 $p_{12}=0.2$，保持正常状态的概率为 $p_{11}=0.8$。在这一时间，故障机床经维修恢复到正常状态的概率为 0.9，即 $p_{21}=0.9$，不能修好的概率为 $p_{22}=0.1$。机床的状态转移情况如图 6-3 所示。

由机床的 1 步转移概率得到状态转移概率矩阵

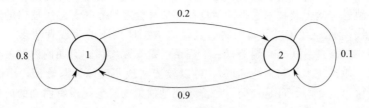

図 6-3　机床的状态转移图

$$\boldsymbol{P} = \begin{pmatrix} p_{11} & p_{12} \\ p_{21} & p_{22} \end{pmatrix} = \begin{pmatrix} 0.8 & 0.2 \\ 0.9 & 0.1 \end{pmatrix}$$

若已知本月机床的状态向量 $\boldsymbol{P}(0) = (0.85 \quad 0.15)$，现要预测机床 2 个月后的状态。先求出 2 步转移概率矩阵。

$$\boldsymbol{P}^{(2)} = \boldsymbol{PP} = \begin{pmatrix} 0.8 & 0.2 \\ 0.9 & 0.1 \end{pmatrix}^2 = \begin{pmatrix} 0.82 & 0.18 \\ 0.81 & 0.19 \end{pmatrix}$$

矩阵的第一行表明，本月处于正常状态的机床，两个月后仍处于正常状态的概率为 0.82，转移到故障状态的概率为 0.18，第二行表明，本月处于故障状态的机床，两个月后转移到正常状态的概率为 0.81，仍处于故障状态的概率为 0.19。

于是，两个月后机床的状态向量为

$$\boldsymbol{P}(2) = \boldsymbol{P}(0)\boldsymbol{P}^{(2)} = (0.85 \quad 0.15) \begin{pmatrix} 0.82 & 0.18 \\ 0.81 & 0.19 \end{pmatrix} = (0.8185 \quad 0.1815)$$

拓展阅读 6-3

马尔可夫链拓展应用实例

6.5　灰色预测法

6.5.1　灰色系统及灰色预测

（1）灰色系统

灰色系统产生于控制理论的研究中。若一个系统的内部特征是完全已知的，即系统的信息是充足完全的，称之为白色系统。若一个系统的内部信息是一无所知的，只能从它同外部的联系来观测研究，便称之为黑色系统。灰色系统介于二者之间，灰色系统的一部分信息是已知的，另一部分是未知的。区别白色和灰色系统的重要标志是系统各因素之间是否有确定的关系。

在工程技术、社会、经济、农业、生态、环境等各种系统中，经常会遇到信息不完全的情况。例如：在农业方面，农田耕作面积往往因许多非农业因素而改变，因此很难准确计算农田产量、产值，这是缺乏耕地面积信息；在生物防治方面，害虫与天敌之间的关系即使是明确的，但天敌与饵料、害虫与害虫之间的许多关系却不明确，这是缺乏生物之间的关联信息；一项土建工程，尽管材料、设备、施工计划、图样是齐备的，可还是很难估计施工进度与质量，这是缺乏劳动力及技术水平的信息；一般社会经济系统，除了输出的时间数据序列（如产值、产量、总收入、总支出等）外，其输入数据序列不明确或者缺乏，因而难以建立确定的完整的模型，这是缺乏系统信息；工程系统是客观实体，有明确内外关系（即系统内部与系统外部，或系统本体与系统环境），可以较清楚地明确输入与输出，因此可以较方便地分析输入对输出的影响，可是社会、经济系统是抽象的对象，没有明确的内外关系，不是客观实体，因此就难以分析输入（投入）对输出（产出）的影响，这是缺乏模型信息（即用什么模型，用什么量进行观测控制等信息）。信息不完全的情况归纳起来有：元素（参数）信息不完全、结构信息不完全、关系信息（特指内外关系）不完全、运行的行为信息不完全。

一个商店可看作是一个系统，在人员、资金、损耗、销售信息完全明确的情况下，可计算出该店的盈利大小、库存多少，可以判断商店的销售态势、资金的周转速度等。这样的系统是白色系统。

遥远的某个星球也可以看作一个系统，虽然知道其存在，但体积多大，质量多少，距离地球多远，这些信息完全不知道。这样的系统是黑色系统。

人体是一个系统，人体的一些外部参数（如身高、体温、脉搏等）是已知的，而其他一些参数，如人体穴位的生物、化学、物理性能，生物的信息传递等尚未知道透彻。这样的系统是灰色系统。

显然，黑色、灰色、白色都是一种相对的概念。世界上没有绝对的白色系统，因为任何系统总有未知的部分，也没有绝对的黑色系统，因为既然一无所知，也就无所谓该系统的存在了。

（2）灰色系统的特点

灰色系统理论以部分信息已知、部分信息未知的小样本、贫信息不确定型系统为研究对象。灰色系统有以下三个特点。

① 用灰色数学来处理不确定量，使之量化。在数学发展史上，最早研究的是确定型微分方程，即在拉普拉斯决定论框架内的数学。他认为一旦有了描写事物的微分方程及初值，就能确知事物任何时候的运动。随后发展了概率论与数理统计，用随机变量和随机过程来研究事物的状态和运动。模糊数学则研究没有清晰界限的事物，如儿童和少年之间没有确定的年龄界限加以截然划分等，它通过隶属度函数来使模糊概念量化。因此，能用模糊数学来描述语言、不精确推理以及若干人文科学等。灰色系统理论则认为不确定量是灰数，用灰色数学来处理不确定量，同样能使不确定量量化。

② 充分利用已知信息寻求系统的运动规律。研究灰色系统的关键是如何使灰色系统白化、模型化、优化。灰色系统视不确定量为灰色量，提出了灰色系统建模的具体数学方法，它能利用时间序列来确定微分方程的参数。灰色预测不是把观测到的数据序列视为一个随机过程，而是看作随时间变化的灰色量或灰色过程，通过累加生成和累减生成逐步使灰色量白化，从而建立相应于微分方程解的模型并做出预报。这样，对某些大系统和长期预测问题就可以发挥作用。

③ 灰色系统理论能处理贫信息系统。灰色预测模型要求较短的观测资料即可，这与时间序列分析、多元分析等概率统计模型要求较长的观测资料不同。因此，对某些只有少量观测数据的系统来说，灰色预测是一种有用的工具。

（3）灰色预测

灰色预测基于 GM（其中 G 表示灰色，Grey，M 表示模型，Model）模型来进行定量预测，包括数列预测、区间预测和畸变预测等。

① 数列预测。用等时距观测到的反映预测对象特征的一系列数据（如产量、销量、人口数量、存款数量、利率等）构造灰色预测模型，预测未来某一时刻的特征量，或者达到某特征量的时间。

② 区间预测。通过模型预测其未来取值的变化范围。

③ 畸变预测（灾变预测）。通过模型预测异常值出现的时刻，预测异常值什么时候出现在特定时区内。

上述灰色预测方法的共同特点如下。

① 允许少数据预测。

② 允许对灰因果律事件进行预测，包括以下事件。

（a）灰因白果律事件。例如，在粮食生产预测中，影响粮食生产的因子很多，多到无法枚举，称为灰因，然而粮食产量却是具体的，称为白果。粮食产量预测即为灰因白果律事件预测。

（b）白因灰果律事件。例如，在开发项目前景预测时，开发项目的投入是具体的，为白因，而项目的效益暂时不能很清楚，为灰果。项目前景预测即为白因灰果律事件预测。

③ 具有可检验性。具体包括建模可行性的级比检验（事前检验）、建模精度检验（模型检验）和预测的滚动检验（预测检验）。

6.5.2 灰色预测建模步骤

（1）确定原始数据序列

设原始离散数据序列 $x^{(0)} = (x_1^{(0)}, x_2^{(0)}, \cdots, x_N^{(0)})$，其中 N 为序列长度，上标（0）表示累加次数为 0 次。

（2）确定一次累加数据序列

按下式对其进行一次累加生成处理，得到序列 $x^{(1)} = (x_1^{(1)}, x_2^{(1)}, \cdots, x_N^{(1)})$，其中 $x_1^{(0)} = x_1^{(1)}$。以序列 $x^{(1)} = (x_1^{(1)}, x_2^{(1)}, \cdots, x_N^{(1)})$ 为基础建立灰色的生成模型：

$$x_k^{(1)} = \sum_{j=1}^{k} x_j^{(0)}, k = 1, 2, \cdots, N \tag{6-31}$$

（3）确定响应方程

下式称为一阶灰色微分方程，记为 GM(1,1)，式中 a 和 u 为待辨识参数：

$$\frac{\mathrm{d}\boldsymbol{x}^{(1)}}{\mathrm{d}t} + a\boldsymbol{x}^{(1)} = u \tag{6-32}$$

设参数向量：

$$\hat{\boldsymbol{a}} = (a, u)^{\mathrm{T}}$$
$$\boldsymbol{y}_N = (x_2^{(0)}, x_3^{(0)}, \cdots, x_N^{(0)})^{\mathrm{T}}$$
$$\boldsymbol{B} = \begin{pmatrix} -\dfrac{x_1^{(1)} + x_2^{(1)}}{2} & 1 \\ \vdots & \vdots \\ -\dfrac{x_N^{(1)} + x_{N-1}^{(1)}}{2} & 1 \end{pmatrix}$$

则由下式求得 $\hat{\boldsymbol{a}}$ 的最小二乘解。

$$\hat{\boldsymbol{a}} = (\boldsymbol{B}^{\mathrm{T}}\boldsymbol{B})^{-1}\boldsymbol{B}^{\mathrm{T}}\boldsymbol{y}_N \tag{6-33}$$

得到响应方程为：

$$\hat{x}_{k+1}^{(1)} = \left(x_1^{(1)} - \frac{u}{a} \right) \mathrm{e}^{-ak} + \frac{u}{a} \tag{6-34}$$

（4）确定原始数据预测向量

模型得出的是一阶累加量，建模运算后需作逆生成：

$$\hat{x}_{k+1}^{(0)} = \hat{x}_{k+1}^{(1)} - \hat{x}_k^{(1)} \tag{6-35}$$

GM(1,1)模型的拟合残差中往往还有一部分动态有效信息，可以通过建立残差 GM(1,1)模型对原模型进行修正。

（5）预测模型后验差检验

可以用关联度及后验差对预测模型进行检验，下面介绍后验差检验。记 0 阶残差为：

$$\varepsilon_i^{(0)} = x_i^{(0)} - \hat{x}_i^{(0)}, i = 1, 2, \cdots, n \tag{6-36}$$

式中，$\hat{x}_i^{(0)}$ 是通过预测模型得到的预测值。

残差均值：

$$\overline{\varepsilon}^{(0)} = \frac{1}{n} \sum_{i=1}^{n} \varepsilon_i^{(0)} \tag{6-37}$$

引用式(6-5)，残差的方差可以表示为：

$$S_1^2 = \frac{1}{n} \sum_{i=1}^{n} (\varepsilon_i^{(0)} - \overline{\varepsilon}^{(0)})^2 \tag{6-38}$$

式中，$n = N - 1$。

原始数据均值：

$$\overline{x} = \frac{1}{N} \sum_{i=1}^{N} x_i^{(0)} \tag{6-39}$$

引用式(6-5)，原始数据的方差可以表示为：

$$S_2^2 = \frac{1}{N} \sum_{i=1}^{n} (x_i^{(0)} - \overline{x})^2 \tag{6-40}$$

因此，可计算后验差检验指标。

后验差比值 c：

$$c = \frac{S_1}{S_2} \tag{6-41}$$

小误差概率 P：

$$P = P\left\{ \left| \varepsilon_i^{(0)} - \overline{\varepsilon}^{(0)} \right| < 0.6745 S_2 \right\} \tag{6-42}$$

按照上述两指标，可根据表 6-3 查出精度检验等级。

表 6-3　精度检验等级

预测精度等级	P	c
好（GOOD）	>0.95	≤0.35
合格（QUALIFIED）	>0.8	<0.45
勉强（JUST MARK）	>0.7	<0.5
不合格（UNQUALIFIED）	≤0.7	≥0.65

拓展阅读 6-4

灰色预测建模拓展应用案例

要准确地预测，就必须研究事物的因果关系。回归分析法就是一种从事物变化的因素关系出发的预测方法。它利用数理统计原理，在大量统计数据的基础上，通过寻求数据变化规律来推测、判断和描述事物未来的发展趋势。

事物变化的因果关系可用一组变量来描述，即自变量与因变量之间的关系。这些关系一般可以分为两大类。一类是确定关系，它的特点是：自变量为已知时就可以准确地求出因变量，变量之间的关系可用函数关系确切地表示出来。另一类是相关关系，或称为非确定关系，它的特点是：虽然自变量与因变量之间存在密切的关系，却不能由一个或几个自变量的数值准确地求出因变量，在变量之间往往没有准确的数学表达式，但可以通过观察，应用统计方法，大致地或平均地说明自变量与因变量之间的统计关系。回归分析法正是根据这种相互关系建立回归方程的。

比较典型的回归法是一元线性回归法，它根据自变量 x 与因变量 y 的相互关系，用自变量的变动来推测因变量变动的方向和程度。

一元线性回归预测的步骤如下。

（1）建立一元回归预测方程

其基本方程式是：

$$y = a + bx \tag{6-43}$$

式中，系数 a，b 通常称为回归系数。

（2）计算回归系数

回归系数 a，b 是根据统计的事故数据，通过以下方程组来确定的。

$$\begin{cases} \sum y = na + b\sum x \\ \sum xy = a\sum x + b\sum x^2 \end{cases} \tag{6-44}$$

式中，x 表示自变量，为时间序号；y 表示因变量，为事故数据；n 表示事故数据总数。

解上述方程组得：

$$\begin{cases} a = \dfrac{\sum x \sum xy - \sum x^2 \sum y}{(\sum x)^2 - n\sum x^2} \\ b = \dfrac{\sum x \sum y - n\sum xy}{(\sum x)^2 - n\sum x^2} \end{cases} \tag{6-45}$$

（3）计算相关系数

在回归分析中，为了了解回归直线对实际数据变化趋势的符合程度的大小，还应求出相关系数 r。其计算公式如下。

$$r = \frac{L_{xy}}{\sqrt{L_{xx}L_{yy}}} \tag{6-46}$$

式中，

$$L_{xy} = \sum xy - \frac{1}{n}\sum x \sum y \tag{6-47}$$

$$L_{xx} = \sum x^2 - \frac{1}{n}(\sum x)^2 \tag{6-48}$$

$$L_{yy} = \sum y^2 - \frac{1}{n}(\sum y)^2 \tag{6-49}$$

（4）相关性分析

相关系数$|r|=1$时，说明回归直线与实际数据的变化趋势完全相符。$|r|=0$时，说明x与y之间完全没有线性关系。在大部分情况下，$0<|r|<1$。这时，就需要判别变量x与y之间有无密切的线性相关关系。一般来说，r越接近1，说明x与y之间存在着的线性关系越强，用线性回归方程来描述这两者的关系就越合适，利用回归方程求得的预测值就越可靠。

【例6-6】表6-4是某矿务局近10年来顶板事故死亡人数的统计数据。根据表中数据进行一元线性回归分析。

答：将表中数据代入式(6-45)便可求出a和b的值，即：

$$\begin{cases} a=\dfrac{\sum x \sum xy - \sum x^2 \sum y}{(\sum x)^2 - n\sum x^2}=\dfrac{55\times657-385\times146}{55^2-10\times385}=24.3 \\ b=\dfrac{\sum x \sum y - n\sum xy}{(\sum x)^2 - n\sum x^2}=\dfrac{55\times146-10\times657}{55^2-10\times385}=-1.77 \end{cases}$$

表6-4　某矿务局近10年来顶板事故死亡人数统计

时间顺序 x	死亡人数 y	x^2	xy	y^2
1	30	1	30	900
2	24	4	48	576
3	18	9	54	324
4	4	16	16	16
5	12	25	60	144
6	8	36	48	64
7	22	49	154	484
8	10	64	80	100
9	13	81	117	169
10	5	100	50	25
$\sum x=55$	$\sum y=146$	$\sum x^2=385$	$\sum xy=657$	$\sum y^2=2802$

回归直线的方程为：

$$y=24.3-1.77x$$

将表6-4中的有关数据代入，得：

$$L_{xy}=657-\frac{1}{10}\times55\times146=-146$$

$$L_{xx}=385-\frac{1}{10}\times55^2=82.5$$

$$L_{yy}=2802-\frac{1}{10}\times146^2=670.4$$

所以

$$r=\frac{L_{xy}}{\sqrt{L_{xx}L_{yy}}}=\frac{-146}{\sqrt{82.5\times670.4}}=-0.62$$

$|r|=0.62>0.6$，说明回归直线与实际数据的变化趋势相符合。

在回归分析法中，除了一元线性回归法外，还有一元非线性回归分析法、多元线性回归分析法、多元非线性回归分析法等。

非线性回归的回归曲线有多种，选用哪一种曲线作为回归曲线，则要看实际数据在坐标系中的变化分布形状，也可根据专业知识确定分析曲线。非线性回归的分析方法是通过一定的变换，将非线性问题转化为线性问题，然后利用线性回归的方法进行回归分析。

根据专业知识和实用的观点，这里仅列举一种非线性回归曲线——指数函数。

（1）$y=a\mathrm{e}^{bx}$

令 $y'=\ln y$，$a'=\ln a$，则有 $y'=a'+bx$。

（2）$y=a\mathrm{e}^{\frac{b}{x}}$

令 $y'=\ln y$，$x'=\dfrac{1}{x}$，$a'=\ln a$，则有 $y'=a'+bx'$。

拓展阅读 6-5

一元非线性回归方法拓展应用案例

6.7 计算机系统安全决策

目前使用计算机进行安全预测，应用非常广泛。前面介绍的马尔可夫预测法、灰色预测法、回归预测法，因为计算量比较大，目前一般是采用计算机编程进行分析，使用 Matlab 软件可以非常方便地计算出预测结果。

下面介绍一种目前安全决策领域使用非常广泛的一种方法——蚁群算法。蚁群算法是对蚂蚁群落食物采集过程的模拟，已成功应用于许多离散优化问题。

蚁群算法最初由意大利学者于 1991 年首次提出，其本质上是一个复杂的智能系统，它具有较强的鲁棒性、优良的分布式计算机制、易于与其他方法结合等优点。如今这一新兴的仿生优化算法已经成为人工智能领域的一个研究热点。目前对其研究已渗透到多个应用领域，并由解决一维静态优化问题发展到解决多维动态组合优化问题。应急救援决策过程也可解决多维动态组合优化问题。

在求解应急疏散优化问题时，其疏散路径寻优过程与蚁群路径寻优过程有高度的相似性，可根据海底隧道特点进行改进，提高搜索效率与算法性能，发挥其解决动态组合优化问题的优势，为应急救援决策提供优化方案。

蚁群算法机理具有以下特点。分布式计算、自组织、强鲁棒性、正反馈。

蚁群算法是一种随机搜索算法，与其他模型进化算法一样，通过候选解组成的群体的进化过程来寻求最优解。该过程包含两个阶段：适应阶段和协作阶段。在适应阶段，各候选解根据积累的信息不断调整自身结构。在协作阶段，候选解之间通过信息交流，以期产生性能更好的解。

作为与遗传算法同属一类的通用型随机优化方法，蚁群算法不需要任何先验知识，最初只是随机地选择搜索路径，随着对解空间的"了解"，搜索变得有规律，并逐渐接近直至最终达到全局最优解。蚁群算法对搜索空间的"了解"机制主要包括3个方面。

（1）蚂蚁的记忆

一只蚂蚁搜索过的路径在下次搜索时就不会再被选择，由此在蚁群算法中建立禁忌列表来进行模拟。

（2）蚂蚁利用信息素进行相互通信

蚂蚁在所选择的路径上会释放一种叫作信息素的物质，当同伴进行路径选择时，会根据路径上的信息素进行选择，这样信息素就成为蚂蚁之间进行通信的媒介。

（3）蚂蚁的集群活动

通过一只蚂蚁的运动很难到达食物源，但整个蚁群进行搜索就完全不同。当某些路径上通过的蚂蚁越来越多时，在路径上留下的信息素数量也越来越多，导致信息素强度增大，蚂蚁选择该路径的概率随之增加，从而进一步增加该路径的信息素强度，而某些路径上通过的蚂蚁较少时，路径上的信息素就会随时间的推移而蒸发。因此，模拟这种现象即可利用群体智能建立路径选择机制，使蚁群算法的搜索向最优解推进。蚁群算法所利用的搜索机制呈现出一种自催化或正反馈的特征，因此，可将蚁群算法模型理解成增强型学习系统。

优化算法程序如图 6-4 所示。

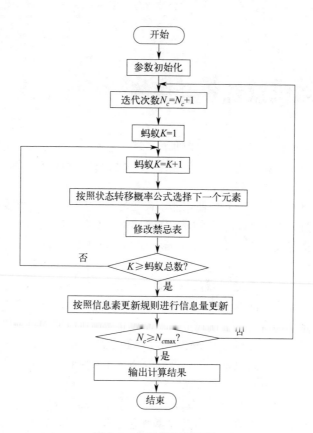

图 6-4　蚁群算法程序图

本章小结

(1) 预测精确性的衡量指标：预测点的绝对误差、预测点的相对误差、平均绝对误差与相对平均绝对误差。

(2) 层次分析法步骤：建立层次结构模型、构造判断（成对比较）矩阵、计算权向量、进行一致性检验。

(3) 一级模糊决策步骤：建立因素集、建立评语集、计算权值、单因素模糊决策、模糊决策。

(4) 马尔可夫预测步骤：确定初始状态向量、确定状态转移概率矩阵、计算状态转移结果。

(5) 灰色预测步骤：确定原始数据序列、确定一次累加数据序列、确定响应方程、确定原始数据预测向量、预测模型后验差检验。

(6) 一元回归预测步骤：建立一元回归预测方程、计算回归系数、计算相关系数、相关性分析。

(7) 蚁群算法：是对蚂蚁群落食物采集过程的模拟，已成功应用于许多离散优化问题。如今这一新兴的仿生优化算法已经成为人工智能领域的一个研究热点。

<<<< **复习思考题** >>>>

(1) 如何评价预测结果的优良？

(2) 层次分析法步骤是什么？

(3) 如何进行一级模糊评价？

(4) 什么是马尔可夫状态转移概率矩阵？

(5) 灰色预测法的步骤是什么？

(6) 什么是蚁群算法？

(7) 某机械企业 2007～2014 年的轻伤事故统计见表 6-5，试利用灰色 GM(1,1) 模型对该企业 2015 年、2016 年的轻伤事故次数进行预测，并对拟合精度进行后验差检验。

表 6-5　某机械企业 2007～2014 年轻伤事故统计表

年份	2007	2008	2009	2010	2011	2012	2013	2014
轻伤事故数/起	295	286	305	273	241	222	235	213

(8) 某型号内燃机气缸的磨损量（平均值）和行驶里程的关系见表 6-6，试用灰色 GM(1,1) 模型对行驶里程为 30000km 时气缸的磨损量进行预测。

表 6-6　某型号内燃机气缸的磨损量和行驶里程的关系

行驶里程/km	5000	7500	10000	12500	15000
气缸磨损量/μm	30	46	50	60	70
行驶里程/km	17500	20000	22500	25000	27500
气缸磨损量/μm	88	100	110	125	135

参 考 文 献

[1] 孔祥伟，刘冰，董巧玲．初值修正和函数变换的改进灰色模型在管道腐蚀深度预测中的应用 [J]．安全与环

境学报，2023，23（6）：1837-1843.

［2］ 吕辉，谢欣，李芳，等．基于区间直觉模糊数决策的应急疏散仿真研究［J］．灾害学，2023，38（3）：187-191.

［3］ 熊伟，潘涛．基于模糊决策的海上救助力量优选研究［J］．安全与环境学报，2021，21（3）：1145-1150.

［4］ 徐泽水，张申．概率犹豫模糊决策理论与方法综述［J］．控制与决策，2021，36（1）：42-51.

［5］ 张兰．煤矿安全事故预测与风险性评价［D］．重庆：重庆大学，2005.

［6］ 刘思，等．灰色系统理论及其应用［M］．北京：科学出版社，2018.

［7］ 朱书堂．从卜筮到大数据：预测与决策的智慧［M］．北京：清华大学出版社，2017.

［8］ 营利荣，刘思峰，刘勇．预测与决策软计算方法及应用［M］．北京：电子工业出版社，2016.

［9］ 景国勋，施式亮．系统安全评价与预测［M］．徐州：中国矿业大学出版社，2009.

［10］《运筹学》教材编写组．运筹学［M］.3 版．北京：清华大学出版社，2005.

［11］ 沈斐敏．安全系统工程［M］．北京：机械工业出版社，2022.

［12］ 徐志胜．安全系统工程［M］.3 版．北京：机械工业出版社，2016.

［13］ 沈斐敏．安全评价［M］．徐州：中国矿业大学出版社，2009.

［14］ 林柏泉，张景林．安全系统工程［M］．北京：中国劳动社会保障出版社，2007.

［15］ 曹庆贵．安全评价［M］．北京：机械工业出版社，2017.

［16］ 汪元辉．安全系统工程［M］．天津：天津大学出版社，1999.

［17］ 张乃禄．安全评价技术［M］．西安：西安电子科技大学出版社，2011.

［18］ 中国就业培训指导中心，中国安全生产协会．安全评价师（国家职业资格一级）［M］．北京：中国劳动社会保障出版社，2010.

［19］ 中国就业培训指导中心，中国安全生产协会．安全评价师（国家职业资格二级）［M］．北京：中国劳动社会保障出版社，2010.

［20］ 中国就业培训指导中心，中国安全生产协会．安全评价师（国家职业资格三级）［M］．北京：中国劳动社会保障出版社，2010.

［21］ 李华，胡奇英．预测与决策教程［M］．北京：机械工业出版社，2019.

［22］ AQ/T 3049—2013.危险与可操作性分析（HAZOP 分析）应用导则.

延伸阅读文献

安 / 全 / 系 / 统 / 工 / 程

第7章

系统安全控制

本章学习目标

① 熟悉安全控制措施应遵循的原则、计算机系统安全控制策略。
② 掌握安全技术控制措施、安全管理控制措施和应急救援控制措施。

7.1 选择安全控制措施的原则

（1）安全技术措施等级顺序

当安全技术措施与经济效益发生矛盾时，应优先考虑安全技术措施上的要求，并应按下列安全技术措施等级顺序选择安全技术措施。

① 直接安全技术措施。生产设备本身应具有本质安全性能，不出现任何事故和危害。

② 间接安全技术措施。若不能或不能完全实现直接安全技术措施时，必须为生产设备设计出一种或多种安全防护装置（必须由设计单位考虑而不得留给用户以后去承担），最大限度地预防、控制事故或危害的发生。

③ 指示性安全技术措施。间接安全技术措施也无法实现或实施时，需采用检测报警装置、警示标志等措施，警告、提醒从业人员注意，以便采取相应的对策措施或紧急撤离危险场所。

④ 安全管理和个体防护。若间接、指示性安全技术措施仍然不能避免事故、危害发生，则应采用安全操作规程、安全教育、培训和个体防护用品等措施来规定人的行为和人与机（物）接触的规则，预防、减弱系统的危险、危害程度。

（2）根据安全技术措施等级顺序的要求应遵循的具体原则

① 消除。通过合理的设计和科学的管理，尽可能从根本上消除危险、有害因素。如采用无害化工艺技术，在生产中以无害物质代替有害物质，实现自动化、遥控作业等。

② 预防。当消除危险、有害因素有困难时，可采取预防性技术措施，预防危险、危害的发生。如使用安全屏障、漏电保护装置、安全电压、熔断器、防护罩、负荷限制器、行程限制器、制动设施等。

③ 减弱。在无法消除危险、有害因素和难以预防的情况下，可采取降低危险和危害的

措施。如加设局部通风排毒装置，生产中以低毒性物质代替高毒性物质，采取降温措施，设置避雷、消除静电、减振、消声等装置。

④ 隔离。在无法消除、预防和减弱的情况下，应将从业人员与危险、有害因素隔开，将不能共存的物质分开。如遥控作业、安全罩、隔离屏、隔离操作室、安全距离、事故发生时的自救装置（如防护服、各类防毒面具）等。

⑤ 联锁。当操作者失误或设备运行一旦达到危险状态时，应通过联锁装置终止危险、危害的发生。

⑥ 警告。在易发生故障和危险性较大的地方，应设置醒目的安全色、安全标志，必要时设置声、光或声光组合报警装置。

（3）安全对策措施应具有针对性、可操作性和经济合理性

① 针对性。指针对不同行业的特点和评价得到的主要危险、有害因素及其后果，提出对策措施。由于危险、有害因素及其后果具有隐蔽性、随机性、交叉影响性，对策措施不仅要针对某项危险、有害因素孤立地采取措施，还应为使系统达到安全的目的，采取优化组合的综合措施。

② 可操作性。提出的对策措施是设计单位、建设单位、生产经营单位进行设计、生产、管理的重要依据。因而对策措施应该在经济、技术、时间上是可行的，能够落实和实施。此外，应尽可能具体指明对策措施所依据的法规、标准，说明应采取的具体对策措施，以便应用和操作，不宜笼统地以"按某某标准有关规定执行"作为对策措施提出。

③ 经济合理性。指不应超越国家、建设项目、生产经营单位的实际经济水平和技术水平，而按过高的安全要求提出安全对策措施。即在采用先进技术的基础上，考虑到进一步发展的需要，以安全法规、标准和规范为依据，结合评价对象的经济、技术状况，使安全技术装备水平与工艺装备水平相适应，求得经济、技术、安全的合理统一。

（4）对策措施应符合国家有关法规、标准及设计规范的规定

在安全评价时，针对已辨识出来的危险、有害因素以及对应的危险源，要严格按国家有关法规、安全标准和行业设计的安全要求对照分析。对未设置安全设施、安全设施失效或安全设施不满足安全要求的危险、有害因素以及对应的危险源，要指出事故隐患种类和名称，并提出设置或改进安全设施的安全对策措施，使其符合安全指标。

这里必须说明，达到国家有关法规、标准及设计规范是最低要求，若有行业标准或企业标准应该以后者为准，达不到行业标准或企业标准，即使满足国家标准也不能判定符合标准。安全评价要注意属地管理原则，注意当地的地方行政文件以及这些文件引用的标准，因为这是最实际、最具体的要求，而且比国家标准严格得多。如果部分地方标准低于国家标准（在规定上不允许，但实际上可能存在），评价应该以国家标准为最低限，不能低于国家标准的要求。

外资企业引用的外国标准，在评价时建议视同企业标准，外国标准高于国家标准的条款可以参照，外国标准低于国家标准时，按国家标准执行，不能低于国家标准的要求。

7.2 安全技术控制措施

（1）安全技术对策措施

① 能消除或减弱生产过程中产生的危险、危害。

② 处置危险有害物，并降低到国家规定的限值内。

③ 预防生产装置失灵和操作失误产生的危险、危害。

④ 能有效地预防重大事故和职业危害的发生。

⑤ 发生意外事故时，能为遇险人员提供自救和互救条件。

（2）机械化和自动化技术对策措施

采用机械化和自动化技术使人的操作岗位远离危险或有害现场，从而减少工伤事故。

① 操作自动化。在比较危险的岗位或被迫按机器的节奏连续生产过程，使用机器人或机械手代替人的操作，使工作条件不断改善。

② 装卸搬运机械化。装卸可通过机械将工件送进滑道、手动分度工作台等作业点。搬运可采用工业机器人、机械手、自动送料装置等实现。应注意防止由于装置与机器零件或被加工物料之间阻挡而产生的危险，以及检修故障时产生的危险。

（3）调整、维修对策措施

在设计机器时，应尽量考虑将一些易损而需经常更换的零部件设计得便于拆装和更换，提供安全接近或站立措施（梯子、平台、通道），锁定切断的动力，机器的调试、润滑、维修等操作点应布置在危险区外，这样可减少操作者进入危险区的次数，从而减小操作者面临危险的概率。

（4）安全布局对策措施

① 功能分区的布局。功能分区的布局，应考虑生产特点、工艺流程和火灾爆炸危险性，结合地形、风向等条件，以减少危险、有害因素的交叉影响。将生产区、辅助区（含动力区、储运区等）、管理区和生活区按功能相对集中分别布置。管理区、生活区一般应布置在全年或夏季主导风向的上风侧或全年最小频率风向的下风侧。

② 危险有害设施的布局。可能泄漏或散发易燃、易爆、腐蚀、有毒、有害介质（气体、液体、粉尘等）的生产、储存和装卸设施（包括锅炉房、污水处理设施等）、有害废弃物堆场等的布局应符合标准要求。例如：远离管理区、生活区、中央实（化）验室、仪表修理间，尽可能露天、半封闭布置；不得布置在窝风低洼地段；剧毒物品远离人员集中场所，宜以围墙与其他设施隔开；腐蚀性物质布置在其他建筑物、构筑物和设备的下游，并考虑地下水位和流向；易燃易爆区应与厂内外居住区、人员集中场所、主要人流出入口、铁路、道路干线和产生明火地点保持安全距离；辐射源（装置）应设在僻静的区域，与居住区、人员集中场所、人流密集区和交通主干道、主要人行道保持安全距离等。

③ 火灾危险性生产及储存设施布局。根据火灾危险性的不同，可从防火间距、建筑耐火等级、容许层数、安全疏散、消防灭火设施等方面提出防止和限制火灾爆炸的要求和措施。

④ 建筑物的耐火等级。在《建筑设计防火规范》里，将建筑物分为 4 个耐火等级。对建筑物的主要构件，如承重墙、梁、柱、楼板等的耐火性能均做出了明确规定。在建筑设计时对那些火灾危险性特别大的，使用大量可燃物质和贵重器材设备的建筑，在容许的条件下，应尽可能采用耐火等级较高的建筑材料施工。在确定耐火等级时，各构件的耐火极限应全部达到要求。厂房的层数及面积、耐火等级应符合《建筑设计防火规范》等标准的要求。

⑤ 防火间距的布局。在总平面布局时，应留有足够的防火间距。防火间距应满足发生火灾时，相邻的装置或设施不会受到火焰加热，邻近装置中的可燃物（或厂房）不会被辐射热引燃，燃烧的液体不能从火灾地点流到或飞散到附近建筑设施。

⑥ 噪声源和振动源的布局。强噪声源布局应远离厂内外要求安静的区域，宜相对集中、低位布置。高噪声厂房与低噪声厂房应分开布置，其周围宜布置对噪声非敏感设施（如辅助车间、仓库、堆场等）和较高大、朝向有利于隔声的建（构）筑物作为缓冲带。交通干线应与管理区、生活区保持适当距离。强振动源（包括锻锤、空压机、压缩机、振动落砂机、重

型冲压设备等生产装置、发动机实验台和铁路、通行重型汽车的道路等）应与管理区、生活区和对其敏感的作业区（如实验室、超精加工、精密仪器等）之间保持防振距离。

（5）安全工艺对策措施

采用工艺对策措施，应尽可能选择危险性较小的物质，选择成熟和工艺条件较缓和的工艺路线。

① 防火防爆工艺对策措施。生产过程中若有易燃、易爆炸危险的原材料、中间物料、成品及危险物料（包括各种杂质），应列出其主要的物理化学性能（如爆炸极限密度、闪点、自燃点、引燃能量、燃烧速度、导电率、介电常数、腐蚀速度、毒性、热稳定性、反应热、反应速度、热容量等）及危险性（爆炸性、燃烧性、混合危险性等），并综合分析研究，采取有效措施加以控制。

对可能产生火灾爆炸的工艺流程，应针对正常开停车、正常操作、异常操作处理及紧急事故处理等采取有效的安全措施。工艺上要考虑安全泄压系统。监测仪表和自动控制回路要配套吹扫设施。工艺操作的计算机控制应考虑分散控制系统，确保发生火灾爆炸亦能正常操作。配置各种自控检测仪表、报警信号系统及自动和手动紧急泄压排放安全联锁设施。对非常危险的部位，工艺上应设置常规检测系统和异常检测系统的双重检测体系。

② 静电工艺控制对策措施。从工艺流程等方面采取措施，减少、避免静电荷的产生和积累。对因经常发生接触、摩擦、分离而起电的物料和生产设备，宜选用在静电起电极性序列表中位置相近的物质（或在生产设备内衬配与生产物料相同的材料层），或生产设备采取合理的物质组合使分别产生的正、负电荷相互抵消，最终达到起电最小的目的。选用导电性能好的材料，可限制静电的产生和积累。

在搅拌过程中，适当安排加料顺序和每次加料量，可降低静电电压。用金属齿轮传动代替带传动，采用导电带轮和导电性能较好的带（或带涂以导电性涂料），选择防静电运输带、抗静电滤料等。

在生产工艺设计上，控制输送、卸料、搅拌速度，尽可能使有关物料接触压力小、接触面积小、接触次数少、运动和分离速度慢。

（6）安全防护方式对策措施

根据存在事故隐患的不同特点，可以从安全防护方式上考虑不同的安全对策措施。

① 保险装置。保险装置是发生危险情况时，能自动动作消除危险状态的装置。例如：停电的情况下，为确保安全生产，可采用备用电源，能在突然停电时自动接入，从而避免事故，一般比较重要的工厂都应设置独立的两路进电，至少也要考虑失电再启动装置或不间断供电装置。蒸馏塔的回流调节阀和高压罐的压力控制调节阀要选用气关式，以备停气时，确保调节阀开，避免塔、罐超温超压。储罐上的呼吸阀是防止储罐被抽瘪和超压破裂的安全保险设备。

② 通风换气。厂房通风有自然通风、机械通风和正压通风。采用自然通风时，要根据季节风向采取相应措施，以保证厂房内有足够的换气次数。当自然通风达不到要求时，应设置机械通风。有可燃气体的生产车间，应设事故排风装置，防爆场所风机应采用防爆型，非敞开式的甲、乙类生产厂房应有良好通风，以减少厂房内部可燃气体、可燃液体蒸气或可燃粉尘的积累，使之不至于达到爆炸范围。正压通风是化工等生产装置采用的一种独特的通风形式，正压通风就是使控制室内的空气压略大于室外空气压，这样，就能阻止室外的可燃气体进入控制室内。同时，送进控制室的正压风必须清新干净。因此，正压通风的风源必须取自安全清洁的地点。甲、乙类生产区域内的变电所也应进行正压通风。各种通风的进风口位置、排风方式等的设计必须遵守有关标准或规范。

③ 惰性气体保护。惰性气体保护的作用是缩小或消除易燃可燃物质的爆炸范围，从而

防止燃烧爆炸。工业上常用的惰性气体有氮、二氧化碳、水蒸气等。惰性气体保护可应用于以下几种情况：对具有爆炸性的生产设备和储罐，充灌惰性气体；易燃固体的粉状、粒状的料仓可用惰性气体加以保护；用惰性气体（如氮气）输送爆炸危险性液体；发生事故有大量危险物质泄漏时，可用大量惰性气体（如水蒸气）稀释；在有爆炸危险性的生产中，对能引起火花危险的电气、仪表等，用惰性气体（如氮气）正压保护等。

④ 隔离密封。隔离密封是一种阻断方式。例如，敷设电气线路的沟道以及保护管、电缆或钢管在穿过爆炸危险环境等级不同的区域之间的隔墙或楼板时，用非燃性材料严密堵塞。

隔离密封盒的防爆等级应与爆炸危险环境的等级相适应。隔离密封盒不应作为导线的连接或分线用，在可能引起凝结水的地方，应选用排水型隔离密封盒。钢管配线的隔离密封盒应采用粉剂密封填料。隔离密封盒的位置应尽量靠近隔墙，墙与隔离密封盒之间不允许有管接头、接线盒或其他任何连接件。电缆配线的保护管管口与电缆之间，应使用密封胶泥进行密封。在两级区域交界处的电缆沟内应充砂、填阻火材料或加设防火隔墙。

⑤ 安全监测。可燃气体、可燃液体蒸气或可燃粉尘在空气中的浓度达到爆炸极限时，遇到火源就会发生爆炸。因此，随时监测空气中可燃物质的浓度是防止发生火灾爆炸的重要措施。当测量仪表监测出空气中的可燃物质浓度超过爆炸下限的20%或25%时，就会发出报警，警告操作者尽快采取措施，降低空气中可燃物质的浓度，爆炸危险性大的生产装置和反应设备设置可燃气体自动分析仪器并自动报警和联锁控制已成为必不可少的安全措施。

（7）特种设备安全对策措施

特种设备必须符合安全要求。例如，锅炉、压力容器、压力管道、电梯、起重机械的制造、安装、改造、维修、使用、检验需严格执行《特种设备安全监察条例》，安全阀、压力表、水位表必须定期检测。

（8）设备防火、防爆对策措施

设备、机器种类繁多，以化工设备为例，可分为塔槽类、换热设备、反应器、分离器、加热炉和废热锅炉等。压力容器按工作压力不同，分为低压、中压、高压和超高压4个等级。生产过程中接触的物料易燃、易爆、有毒、有腐蚀性，且生产工艺复杂，工艺条件苛刻，设备与机器的质量、材料等要求高。材料的正确选择是设备与机器优化设计的关键，必须全面考虑设备与机器的使用场合、结构形式、介质性质、工作特点、材料性能、工艺性能和经济合理性，设备与机器必须安全可靠，其选型、结构、技术参数等方面必须准确无误，并符合设计标准的要求。工艺提出的专业设计条件应正确无误（包括形式、结构、材料、压力、温度、介质、腐蚀性、安全附件、抗振、防静电、泄压、密封、接管、支座、保温、保冷、喷淋等设计参数），对于易燃、易爆、有毒介质的储运机械设备，应符合有关安全标准要求。

（9）电气设备防火、防爆对策措施

电气设备应使用环境的等级、电气设备的种类和使用条件选择，所选用的防爆电气设备的级别和组别，不应低于该环境内爆炸性混合物的级别和组别。当存在两种以上的爆炸性物质时，应按混合后的爆炸性混合物的级别和组别选用，如无据可查又不可能进行试验时，可按危险程度较高的级别和组别选用。爆炸危险环境内的电气设备，应能防止周围化学、机械、热和生物因素的危害，并与环境温度、空气湿度、海拔高度、日光照射、风沙、地震等环境条件相适应。其结构应满足电气设备在规定的运行条件下不会降低防爆性能的要求。

（10）屏护设施和安全距离

屏护设施指屏蔽和障碍，能防止人体有意或无意触及或过分接近带电体的遮栏、护罩、护盖、箱匣等设施，是将带电部位与外界隔离，防止人体误入带电间隔的简单、有效的安全装置。例如开关盒、母线护网、高压设备的围栏、变配电设备的遮栏等。金属屏护装置必须接零或接地。屏护上应根据屏护对象特征挂有警示标志。必要时，还应设置声、光报警信号和联锁保护装置，当人体越过屏护装置可能接近带电体时，声、光报警且被屏护的带电体自动断电。

安全距离是指有关规程明确规定的、必须保持的带电部位与地面、建筑物、人体、其他设备、其他带电体、管道之间的最小电气安全空间距离，安全距离的大小取决于电压的高低、设备的类型和安装方式等因素，设计时必须严格遵守规定的安全距离，当无法达到时，还应采取其他安全技术措施。

（11）联锁保护

设置防止误操作、误入带电间隔等造成触电事故的安全联锁保护装置。例如变电所的程序操作控制锁、双电源的自动切换联锁保护装置、打开高压危险设备的屏护时的报警和带电装置自动断电保护装置、电焊机空载断电或降低空载电压装置等。

7.3 安全管理控制措施

安全管理是以保证建设项目建成以后生产过程安全为目的的现代化、科学化的管理。其基本任务是发现、分析和清除生产过程中的危险、有害因素，制定相应的职业安全健康规章制度，对企业内部实施安全监督、检查，对各类从业人员进行安全知识培训和教育，防止发生事故和职业病，避免、减少损失。

具体讲，可从以下几个部分概括安全管理对策措施的内容。

① 建立完善的安全管理体系。

② 建立、健全安全生产责任制和各项安全生产管理规定及安全操作规程。

③ 配备安全管理、检查、事故调查分析、检测检验部门，配备通信、检查车辆等设施和设备。

④ 配备安全培训、教育的场所，制订安全培训的计划和制度。

⑤ 对可能发生的事故进行应急救援演练。

⑥ 与外界相关安全部门建立紧密的联系，一旦发生事故，可立即动员各方力量进行救护。

⑦ 加强安全教育和检查，避免违章作业。

⑧ 督促和检查个体防护用品的使用，并严格执行各项个体防护的规章制度。

⑨ 对于特种设备必须严格管理，按规定进行检修。对特种设备操作人员，严格执行持证上岗制度。

⑩ 严格执行国家法律、法规和标准中规定的安全措施，如女工保护、重大危险源监控等。

7.4 应急救援控制措施

对事故应急救援措施的要求主要有以下几个方面。

（1）建立应急组织，明确各应急组织和人员的职责

建立坚强有力的应急组织是落实事故应急救援的关键。健全的应急组织应包括处理紧急事故的领导机构、专业和自愿救护队伍以及医疗、后勤、保卫等其他必要的机构和人员。

（2）灾情的发现与报告制度

应选择适合本企业情况的、准确可靠的监测和报警设备，布设地点既要照顾全局又要突出重点，应建立设备档案，绘制布设图板，以便于检修，并设专人管理，安检人员应熟知隐患的监察和处置、灾情的报告和治理方法。

（3）通信联络保障

紧急状态下的通信联络系统应能够沟通救灾组织内部、救灾组织与遇险人员之间、救灾组织与上级领导和同级单位之间的信息。应对救灾组织各分支机构在紧急时刻的通信设备、通信线路以及通信方式进行统一安排。同时应考虑当通信系统被破坏时，利用其他方式进行联络的可能性。

（4）救灾器材与设备保障

救灾器材应可靠有效、操作简单、启用方便，应布设在不易被破坏又随手可得的明显之处，主要救灾物资及装备应有一定储备，布设和储备救灾器材、救灾物资的地点，应有明显标志并认真管理。

（5）安全通道与安全出口

对从业人员较多、危险性较大的地点和工段，安全通道和安全出口应做统一设计并安设明显标志，每个生产者都应熟悉其位置、掌握通道门的开闭。平时应严禁在安全通道堆放杂物，保证其畅通无阻。对于安全通道和安全出口不符合要求的要及时整改。

（6）自救与救护的规定

为实现灾害时的自救，应考虑在各主要工作岗位安排急救员，急救员应通晓常见外伤、休克的检查与诊断，熟练掌握外伤急救和抗休克等院前急救技术，还必须做到先抢救后转运的原则，急救员应具有一定文化知识和生产实践经验，热爱救护工作，由经过培训后能掌握初级急救知识和救护技术的从业人员担任。并且，应明确指定安全技术培训工作负责人制订培训计划。除了培训急救员以外，还要对班组人员进行自救、互救知识的教育，使从业人员掌握通畅呼吸道、人工呼吸、止血包扎、骨折固定和搬运等急救技术，了解在恶劣条件下求生待救的方法。

7.5 计算机系统安全控制

随着信息技术发展，大数据在生产生活中应用日益广泛。同样，大数据在安全系统工程中的应用也逐渐显现。目前，主要是政府安全生产监管部门、企业或者其他机构通过对生产经营活动中的海量、无序的安全大数据进行分析处理，从大数据中总结规律，从而为安全预测、风险评估等提供依据，以便采取针对性的安全控制措施。

下面介绍采用大数据进行安全控制的案例。

某市煤矿安全生产大数据管理平台用于整合该地区煤矿监控系统的海量数据，充分利用现有煤矿采煤系统、掘进系统、机电系统、运输系统、通风系统、排水系统、监测监控、人员定位、紧急避险、压风自救、供水施救和通信联络等系统产生的煤矿监管数据，运用管理平台核心计算软件，实现煤矿监控、智能分析风险预警、智能决策下达整改指令、闭环监督等管理需求。

煤矿安全生产大数据管理平台总体功能架构如图 7-1 所示，分为基础数据层、应用层、表现层和访问层四个部分。

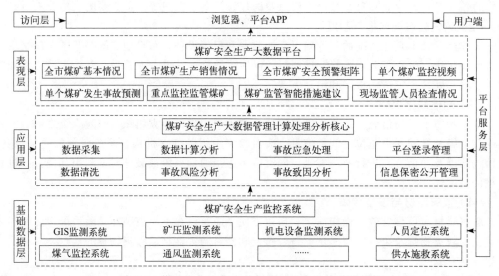

图 7-1　煤矿安全生产大数据管理平台总体功能架构

（1）基础数据层

基础数据层是煤矿安全生产大数据管理平台的基础，按照数据采集范围与目标，收集监控系统产生的各类数据，为大数据分析提供支撑，包括 GIS 监测系统、矿压监测系统、机电设备监测系统、煤气监控系统、通风监测系统、供水施救系统等煤矿安全生产监控系统。对结构化数据、半结构化数据和非结构化数据进行读取、传输、储存及预处理，主要包含机械设备运行原始数据、传感器数据、网页数据、动态视频图像数据等。

（2）应用层

应用层是煤矿安全生产大数据管理平台的核心层，主要是对基础数据层保存的数据进行处理，包括数据采集、数据清洗、数据计算分析、事故风险分析、事故应急处理、事故致因分析、平台登录管理、信息保密公开管理等核心板块，采用 RapidMiner 软件对基础数据层进行处理，处理过程主要是将非结构化数据、半结构化数据转化整合为结构化数据，让监控数据以更好的姿态展示在监管平台中，搜索结果能良好地展示丰富网页摘要，能更方便搜索引擎识别分类、判断相关性，为监管人员的具体查询、风险分析、风险管控应急管理、决策措施等提供详细重要的监管信息，同时保障管理系统具有良好的计算能力、扩展性和数据视图化能力。

（3）表现层

表现层是煤矿安全生产大数据管理平台的显示窗口。它以统计基础数据的原始任务、数据处理、建立大数据为目的，包括全市煤矿基本情况、全市煤矿生产销售情况、全市煤矿安全预警矩阵等内容。显示窗口呈现表格、柱形图、折线图、风险矩阵图、风险等级排名图、各煤矿分布图、决策动画等，并实现对各个县（区）监控平台的视频监管。

（4）访问层

访问层是数据传递的窗口，主要基于平台管理员对数据的查询、查收、删除、更新、信息发布、智能决策、应急处理、救援调度、日常监管系统维护等，实现对安全生产系统数据库的访问。访问层实行专人负责，通过密码验证和指纹识别登录管理平台，管理平台采用外

安/全/系/统/工/程

网＋内网实现信息交互，基于授权或有权管理者配备平台 APP，方便安全监管人员实现现场监管、数据传送等表层功能，外网对平台实行有限访问，内网与外网实现高级别防火墙，保障系统稳定、不泄密。

在煤矿监管过程中的监测监控数据、生产自动化数据、人员管理数据等数据采集基础上，对数据内容进行充分挖掘，基于统计学析因设计的特征算法（full factorial design，FFD)，从输入数据集中自动搜索析因设计，在实际数据集中能有效挖掘与目标变量相关的特征和交互作用，实现对煤矿监控大数据的深入挖掘，达到煤矿生产、安全、事故决策、整改措施等的视图一体化的目的。

本章小结

(1) 根据安全技术措施等级顺序的要求应遵循的具体原则：消除、预防、减弱、隔离、联锁、警告。

(2) 安全控制措施可以从以下几个方面提出：安全技术控制措施、安全管理控制措施、应急救援控制措施、计算机系统安全控制措施。

<<<< 复习思考题 >>>>

(1) 简述选择安全对策措施的原则。

(2) 制定安全技术对策措施主要考虑哪几个方面？

(3) 制定安全管理对策措施应主要考虑哪几个方面？

(4) 简述编制事故应急救援预案对事故预防和控制的意义。

(5) 防火防爆对策措施有哪些？

(6) 机械化和自动化技术对策措施有哪些？

(7) 安全布局对策措施有哪些？

(8) 举例说明大数据在安全系统工程中的应用。

参考文献

[1] 欧阳秋梅，吴超，黄浪．大数据应用于安全科学领域的基础原理研究 [J]．中国安全科学学报，2016，26 (11)：13-18.

[2] 翟成，林柏泉，周延．控制图分析法在煤矿安全管理中的应用 [J]．中国安全科学学报，2007 (4)：157-161.

[3] 康海宏．智能化安全生产监督管理综合信息平台研究 [D]．青岛：青岛理工大学，2011.

[4] 沈斐敏．安全系统工程 [M]．北京：机械工业出版社，2022.

[5] 徐志胜．安全系统工程 [M]．3 版．北京：机械工业出版社，2016.

[6] 沈斐敏．安全评价 [M]．徐州：中国矿业大学出版社，2009.

[7] 林柏泉，张景林．安全系统工程 [M]．北京：中国劳动社会保障出版社，2007.

[8] 曹庆贵．安全评价 [M]．北京：机械工业出版社，2017.

[9] 汪元辉．安全系统工程 [M]．天津：天津大学出版社，1999.

[10] 张乃禄．安全评价技术 [M]．西安：西安电子科技大学出版社，2011.

[11] 中国就业培训指导中心，中国安全生产协会．安全评价师（国家职业资格一级）[M]．北京：中国劳动社会保障出版社，2010.

[12] 中国就业培训指导中心，中国安全生产协会．安全评价师（国家职业资格二级）[M]．北京：中国劳动社会保障出版社，2010.

[13] 中国就业培训指导中心，中国安全生产协会．安全评价师（国家职业资格三级）[M]．北京：中国劳动社会保障出版社，2010.

第7章 系统安全控制

[14] 李华，胡奇英．预测与决策教程［M］．北京：机械工业出版社，2019.

[15] AQ/T 3049—2013.危险与可操作性分析（HAZOP分析）应用导则．

[16] 赵小虎，丁恩杰，张申，等．物联网与智能矿山［M］．北京：科学出版社，2016.

[17] 田水承，景国勋．安全管理学［M］.2版．北京：机械工业出版社，2016.

[18] 周苏，王文．大数据导论［M］．北京：清华大学出版社，2016.

[19] 孙增圻，邓志东，张再兴．智能控制理论与技术［M］.2版．北京：清华大学出版社，2011.

[20] 王丰，张剑芳，卢宝亮．仓库安全管理与技术［M］．北京：中国物资出版社，2004.

延伸阅读文献

附录

附表 1　生产过程危险和有害因素分类与代码表

代码	名称	说明
1	人的因素	
11	心理、生理性危险和有害因素	
1101	负荷超限	
110101	体力负荷超限	包括劳动强度、劳动时间延长引起疲劳、劳损、伤害等的负荷超限
110102	听力负荷超限	
110103	视力负荷超限	
110199	其他负荷超限	
1102	健康状况异常	伤、病期等
1103	从事禁忌作业	
1104	心理异常	
110401	情绪异常	
110402	冒险心理	
110403	过度紧张	
110499	其他心理异常	包括泄愤心理
1105	辨识功能缺陷	
110501	感知延迟	
110502	辨识错误	
110599	其他辨识功能缺陷	
1199	其他心理、生理性危险和有害因素	
12	行为性危险和有害因素	
1201	指挥错误	
120101	指挥失误	包括生产过程中的各级管理人员的指挥
120102	违章指挥	
120199	其他指挥错误	
1202	操作错误	
120201	误操作	
120202	违章作业	
120299	其他操作错误	
1203	监护失误	
1299	其他行为性危险和有害因素	包括脱岗等违反劳动纪律行为
2	物的因素	
21	物理性危险和有害因素	
2101	设备、设施、工具、附件缺陷	

代码	名称	说明
210101	强度不够	
210102	刚度不够	
210103	稳定性差	抗倾覆、抗位移能力不够、抗剪能力不够。包括重心过高、底座不稳定、支承不正确、坝体不稳定等
210104	密封不良	密封件、密封介质、设备辅件、加工精度、装配工艺等缺陷以及磨损、变形、气蚀等造成的密封不良
210105	耐腐蚀性差	
210106	应力集中	
210107	外形缺陷	设备、设施表面的尖角利棱和不应有的凹凸部分等
210108	外露运动件	人员易触及的运动件
210109	操纵器缺陷	结构、尺寸、形状、位置、操纵力不合理及操纵器失灵、损坏等
210110	制动器缺陷	
210111	控制器缺陷	
210112	设计缺陷	
210113	传感器缺陷	精度不够,灵敏度过高或过低
210199	设备、设施、工具、附件其他缺陷	
2102	防护缺陷	
210201	无防护	
210202	防护装置、设施缺陷	防护装置、设施本身安全性、可靠性差,包括防护装置、设施、防护用品损坏、失效、失灵等
210203	防护不当	防护装置、设施和防护用品不符合要求、使用不当。不包括防护距离不够
210204	支撑（支护）不当	包括矿井、隧道、建筑施工支护不符合要求
210205	防护距离不够	设备布置、机械、电气、防火、防爆等安全距离不够和卫生防护距离不够等
210299	其他防护缺陷	
2103	电危害	
210301	带电部位裸露	人员易触及的裸露带电部位
210302	漏电	
210303	静电和杂散电流	
210304	电火花	
210305	电弧	
210306	短路	
210399	其他电危害	
2104	噪声	
210401	机械性噪声	
210402	电磁性噪声	
210403	流体动力性噪声	
210499	其他噪声	
2105	振动危害	
210501	机械性振动	
210502	电磁性振动	
210503	流体动力性振动	
210599	其他振动危害	
2106	电离辐射	包括 X 射线、γ 射线、α 粒子、β 粒子、中子、质子、高能电子束等
2107	非电离辐射	
210701	紫外辐射	

安／全／系／统／工／程

代码	名称	说明
210702	激光辐射	
210703	微波辐射	
210704	超高频辐射	
210705	高频电磁场	
210706	工频电场	
210799	其他非电离辐射	
2108	运动物危害	
210801	抛射物	
210802	飞溅物	
210803	坠落物	
210804	反弹物	
210805	土、岩滑动	包括排土场滑坡、尾矿库滑坡、露天采场滑坡
210806	料堆(垛)滑动	
210807	气流卷动	
210808	撞击	
210899	其他运动物危害	
2109	明火	
2110	高温物质	
211001	高温气体	
211002	高温液体	
211003	高温固体	
211099	其他高温物质	
2111	低温物质	
211101	低温气体	
211102	低温液体	
211103	低温固体	
211199	其他低温物质	
2112	信号缺陷	
211201	无信号设施	应设信号设施处无信号,例如无紧急撤离信号等
211202	信号选用不当	
211203	信号位置不当	
211204	信号不清	信号量不足,例如响度、亮度、对比度、信号维持时间不够等
211205	信号显示不准	包括信号显示错误、显示滞后或超前等
211299	其他信号缺陷	
2113	标志标识缺陷	
211301	无标志标识	
211302	标志标识不清晰	
211303	标志标识不规范	
211304	标志标识选用不当	
211305	标志标识位置缺陷	
211306	标志标误设置顺序不规范	例如多个标志牌在一起设置时,应按警告、禁止、指令、提示类型的顺序
211399	其他标志标识缺陷	
2114	有害光照	包括直射光、反射光、眩光、频闪效应等
2115	信息系统缺陷	
211501	数据传输缺陷	例如是否加密
211502	自供电装置电池寿命过短	例如标准工作时间过短,经常出现监测设备断电
211503	防爆等级缺陷	例如 Exib 等级较低,不适合在涉及"两重点一重大"环境安装

代码	名称	说明
211504	等级保护缺陷	防护不当导致信息错误、丢失、盗用
211505	通信中断或延迟	光纤或 GPRS/NB-IOT 等传输方式不同导致延迟严重
211506	数据采集缺陷	导致监测数据变化过于频繁或遗漏关键数据
211507	网络环境	保护过低，导致系统被破坏、数据丢失、被盗用等
2199	其他物理性危险和有害因素	
22	化学性危险和有害因素	见 GB 13690 的规定
2201	理化危险	
220101	爆炸物	见 GB 30000.2
220102	易燃气体	见 GB 30000.3
220103	易燃气溶胶	见 GB 30000.4
220104	氧化性气体	见 GB 30000.5
220105	压力下气体	见 GB 30000.6
220106	易燃液体	见 GB 30000.7
220107	易燃固体	见 GB 30000.8
220108	自反应物质或混合物	见 GB 30000.9
220109	自燃液体	见 GB 30000.10
220110	自燃固体	见 GB 30000.11
220111	自热物质和混合物	见 GB 30000.12
220112	遇水放出易燃气体的物质或混合物	见 GB 30000.13
220113	氧化性液体	见 GB 30000.14
220114	氧化性固体	见 GB 30000.15
220115	有机过氧化物	见 GB 30000.16
220116	金属腐蚀物	见 GB 30000.17
2202	健康危险	
220201	急性毒性	见 GB 30000.18
220202	皮肤腐蚀/刺激	见 GB 30000.19
220203	严重眼损伤/眼刺激	见 GB 30000.20
220204	呼吸或皮肤过敏	见 GB 30000.21
220205	生殖细胞致突变性	见 GB 30000.22
220206	致癌性	见 GB 30000.23
220207	生殖毒性	见 GB 30000.24
220208	特异性靶器官系统毒性——一次接触	见 GB 30000.25
220209	特异性靶器官系统毒性——反复接触	见 GB 30000.26
220210	吸入危险	见 GB 30000.27
2299	其他化学性危险和有害因素	
23	生物性危险和有害因素	
2301	致病微生物	
230101	细菌	
230102	病毒	
230103	真菌	
230199	其他致病微生物	
2302	传染病媒介物	
2303	致害动物	
2304	致害植物	
2399	其他生物性危险和有害因素	
3	环境因素	包括室内、室外、地上、地下（如隧道、矿井）、水上、水下等作业（施工）环境
31	室内作业场所环境不良	

代码	名称	说明
3101	室内地面滑	室内地面、通道、楼梯被任何液体、熔融物质润湿,结冰或有其他易滑物等
3102	室内作业场所狭窄	
3103	室内作业场所杂乱	
3104	室内地面不平	
3105	室内梯架缺陷	包括楼梯、阶梯、电动梯和活动梯架,以及这些设施的扶手、扶栏和护栏、护网等
3106	地面、墙和天花板上的开口缺陷	包括电梯井、修车坑、门窗开口、检修孔、孔洞、排水沟等
3107	房屋基础下沉	
3108	室内安全通道缺陷	包括无安全通道、安全通道狭窄、不畅等
3109	房屋安全出口缺陷	包括无安全出口、设置不合理等
3110	采光照明不良	照度不足或过强、烟尘弥漫影响照明等
3111	作业场所空气不良	自然通风差、无强制通风、风量不足或气流过大、缺氧、有害气体超限等,包括受限空间作业
3112	室内温度、湿度、气压不适	
3113	室内给、排水不良	
3114	室内涌水	
3199	其他室内作业场所环境不良	
32	室外作业场地环境不良	
3201	恶劣气候与环境	包括风、极端的温度、雷电、大雾、冰雹、暴雨雪、洪水、浪涌、泥石流、地震、海啸等
3202	作业场地和交通设施湿滑	包括铺设好的地面区域、阶梯、通道、道路、小路等被任何液体、熔融物质润湿,冰雪覆盖或有其他易滑物等
3203	作业场地狭窄	
3204	作业场地杂乱	
3205	作业场地不平	包括不平坦的地面和路面,有铺设的、未铺设的、草地、小鹅卵石或碎石地面和路面
3206	交通环境不良	包括道路、水路、轨道、航空
320601	航道狭窄、有暗礁或险滩	
320602	其他道路、水路环境不良	
320699	道路急转陡坡、临水临崖	
3207	脚手架、阶梯和活动梯架缺陷	包括这些设施的扶手、扶栏和护栏、护网等
3208	地面及地面开口缺陷	包括升降梯井、修车坑、水沟、水渠、路面、排土场、尾矿库等
3209	建(构)筑物和其他结构缺陷	包括建筑中或拆毁中的墙壁、桥梁、建筑物;简仓、固定式粮仓、固定的槽罐和容器;屋顶、塔楼;排土场、尾矿库等
3210	门和周界设施缺陷	包括大门、栅栏、畜栏、铁丝网、电子围栏等
3211	作业场地基下沉	
3212	作业场地安全通道缺陷	包括无安全通道、安全通道狭窄、不畅等
3213	作业场地安全出口缺陷	包括无安全出口、设置不合理等
3214	作业场地光照不良	光照不足或过强、烟尘弥漫影响光照等
3215	作业场地空气不良	自然通风差或气流过大、作业场地缺氧、有害气体超限等,包括受限空间作业
3216	作业场地温度、湿度、气压不适	
3217	作业场地涌水	
3218	排水系统故障	例如排土场、尾矿库、隧道等
3299	其他室外作业场地环境不良	

附录

代码	名称	说明
33	地下(含水下)作业环境不良	不包括以上室内室外作业环境已列出的有害因素
3301	隧道/矿井顶板或巷帮缺陷	例如矿井冒顶
3302	隧道/矿井作业面缺陷	例如矿井片帮
3303	隧道/矿井底板缺陷	
3304	地下作业面空气不良	包括无风、风速超过规定的最大值或小于规定的最小值、氧气浓度低于规定值、有害气体浓度超限等,包括受限空间作业
3305	地下火	
3306	冲击地压(岩爆)	井巷或工作面周围岩体,由于弹性变形能的瞬时释放而产生突然剧烈破坏的动力现象
3307	地下水	
3308	水下作业供氧不当	
3399	其他地下作业环境不良	
39	其他作业环境不良	
3901	强迫体位	生产设备、设施的设计或作业位置不符合人类工效学要求而易引起作业人员疲劳、劳损或事故的一种作业姿势
3902	综合性作业环境不良	显示有两种以上作业环境致害因素且不能分清主次的情况
3999	以上未包括的其他作业环境不良	
4	管理因素	机构和人员、制度及制度落实情况
41	职业安全卫生管理机构设置和人员配备不健全	
42	职业安全卫生责任制不完善或未落实	包括平台经济等新业态
43	职业安全卫生管理制度不完善或未落实	
4301	建设项目"三同时"制度	
4302	安全风险分级管控	
4303	事故隐患排查治理	
4304	培训教育制度	
4305	操作规程	包括作业指导书
4306	职业卫生管理制度	
4399	其他职业安全卫生管理规章制度不健全	包括事故调查处理等制度不健全
44	职业安全卫生投入不足	
46	应急管理缺陷	
4601	应急资源调查不充分	
4602	应急能力、风险评估不全面	
4603	事故应急预案缺陷	包括预案不健全、可操作性不强、无针对性
4604	应急预案培训不到位	
4605	应急预案演练不规范	
4606	应急演练评估不到位	
4699	其他应急管理缺陷	
49	其他管理因素缺陷	

复习思考题答案

复习思考题答案